绿色低碳建筑设计
与工程实例

主　编　徐至钧
副主编　徐　卓　付细泉

中国质检出版社
中国标准出版社
北京

图书在版编目（CIP）数据

绿色低碳建筑设计与工程实例/徐至钧编著．—北京：中国质检出版社，2013
ISBN 978－7－5026－3638－8

Ⅰ．①绿…　Ⅱ．①徐…　Ⅲ．①生态建筑—节能设计　Ⅳ．①TU201.5

中国版本图书馆 CIP 数据核字（2012）第 204211 号

中国质检出版社
中国标准出版社　出版发行

北京市朝阳区和平里西街甲 2 号（100013）
北京市西城区三里河北街 16 号（100045）

网址：www.spc.net.cn

总编室：（010）64275323　发行中心：（010）51780235
读者服务部：（010）68523946

中国标准出版社秦皇岛印刷厂印刷
各地新华书店经销

＊

开本 880×1230　1/16　印张 13　字数 407 千字
2013 年 3 月第一版　2013 年 3 月第一次印刷

＊

定价　36.00　元

前 言 FOREWORD

2009 年 11 月 3 日，温家宝总理发表了题为《让科技引领中国可持续发展》的讲话，这使得"低碳生活"、"节能减排"、"绿色建筑"等词语空前流行。2009 年 12 月召开的哥本哈根世界气候大会更将这些词语推至风口浪尖，让人们无不关注。

随着社会的高速发展，能源消耗的速度逐步加快，气候异常等问题成为人们关注的焦点。要实现这一目标，需要付出极大的努力。建筑业所面临的节能减排的任务是艰巨的，同时建筑业所处的市场也是新兴的、广阔的。国家大力提倡"绿色建筑"，并且给予大量政策、技术的扶持。

最近，住房和城乡建设部先后组织起草了建筑节能领域一系列制度方案，并针对地方政府推行建筑节能热情不高的现状，提出将建筑节能与地方政府的政绩挂钩，纳入地方政府工作考核范围。财政部在既有建筑节能改造和推动可再生能源在建筑上的应用方面也下发了支持性文件，表示将提高对使用节能材料技术的单位及开发商进行财政奖励和税费优惠额度，并且日后财政部将建立节能专项资金，用于改善民用建筑节能改造资金来源的问题。

可见，国家和人民对"低碳生活"、"节能减排"、"绿色建筑"的重视程度日益提升，这也是大自然赋予人类的重要使命。

据统计，人类将从自然界获得 50% 的原料用来建造各类建筑和附属设施，建造和使用过程中又消耗了近 30% 的能源。我国既有建筑已达 430 亿 m^2，每年城乡新建住房面积约 20 亿 m^2，80% 以上的建筑属于高能耗建筑，每建造 $1m^2$ 房屋要释放 1.8t 二氧化碳，每燃烧 1kg 汽油排放 2.2kg 二氧化碳，单位建筑面积能耗更是发达国家的 2 倍~3 倍。我们国家承诺，至 2020 年，单位国内生产总值二氧化碳排放比 2005 年下降 40%~45%。

住房和城乡建设部在第五届国际智能、绿色建筑与建筑节能大会上透露，目前全国城镇已累计建成节能建筑面积 28.5 亿 m^2，占城镇既有建筑总量的 16.1%。预计到 2010 年年底，城镇建筑达到节能 50% 的设计标准，其中特大城市和部分大城市率先实施节能 65% 的设计标准。

随着全球气候的变暖，世界各国对建筑节能的关注程度日益增加。人们越来越认识到，建筑使用能源所产生的二氧化碳是造成气候变暖的主要来源。节能建筑成为建筑发展的必然趋势，绿色建筑也应运而生。

根据绿色建筑与低碳之路的要求，本书主要介绍绿色低碳经济与绿色低碳建筑、绿色建筑、国外绿色低碳建筑案例、绿色建筑评估体系及评选结果、深圳绿色建筑之都已现雏形、绿色建筑的设计、绿色建材在绿色建筑中的应用、绿色工程应用实例、绿色环保的地基处理技术孔内深层强夯等。本书适用于从事绿色建筑领域开发设计、研究、施工、运营管理等部门的专业人员及大专院校师生，同时也可作为广大建设单位、房地产开发商和咨询单位等从事绿色建筑的参考书。

本书由徐至钧主编，徐卓、付细泉副主编，参加本书部分工作的还有张勇、李景、杨瑞清、陈静、全科政、林婷、张睿等。

在撰写本书中引用了一些科研、教学和工程单位的研究成果和技术总结，在书中的参考文献中已尽量注明出处，但难免有遗漏，再次谨向所有作者表示深深的谢意。

由于编者水平所限，书中不妥之处尚祈读者不吝指正。

编　者
2012 年 7 月于深圳

目 录 CONTENTS

第一章

绿色低碳经济与绿色低碳建筑

随着全球人口和经济规模的不断增长，能源使用带来的环境问题及其诱因不断地为人们所认识，尤其是大气中二氧化碳浓度升高带来的全球气候变化已被确认为不争的事实，全球气候变暖对人类生存和发展已经产生了严峻挑战。在此背景下，"低碳经济"、"低碳生活方式"、"低碳地产"、"低碳建筑"等一系列新概念、新政策应运而生。

一、低碳百科

1. 低碳

低碳（low carbon）是指较低（更低）的温室气体（二氧化碳为主）排放，其核心是低能耗、低污染、低排放。这是一个全球和国家的战略，关系到我们人类以后的生存方式，包括生存环境、国家经济的发展、新产业的革命等。

2. 低碳经济

低碳经济是指以低能耗、低污染、低排放为基础的经济模式，低碳经济实质是能源高效利用、清洁能源开发、追求绿色 GDP 的问题，核心是能源技术和减排技术创新、产业结构和制度创新以及人类生存发展观念的根本性转变。它是相对于现有"高碳经济"模式而言的。所谓高碳经济是指在人类生产、流通和消费的一系列社会活动中，无限制地使用化石燃料，无限制地排放二氧化碳等温室气体，从而导致地球变暖的经济模式。

3. 低碳地产

低碳地产的概念源于低碳，对建筑体进行绿化、精装修等降低碳排放的地产项目均可以算入低碳地产。低碳地产将不再是简单的概念，而是实实在在的技术体系的结合。目前，由中国房地产研究会、住宅产业发展和技术委员会设计提出的"低碳住宅技术体系"分为八个部分：低碳设计、低碳用能、低碳构造、低碳运营、低碳排放、低碳营造、低碳用材、增加碳汇。

4. 低碳建筑

低碳建筑是指在建筑材料与设备制造、施工建造和建筑物使用的整个生命周期内，减少化石能源的使用，提高能效，降低二氧化碳排放量。低碳建筑的主要特征为舒适宜居、采光通风、节能减排。低碳建筑全方位体现"节约能源、节约资源、保护环境、以人为本"的基本理念。

具体到建筑上，低碳建筑具体的指标要求是：节能，即减少建筑能耗需求，提高能源系统效率，开发利用新能源；节水，即减少用水量（强化节水器具推广应用），提高水的有效使用效率（再生利用、中水回用、雨水回灌、污水处理），防止泄漏（降低供水管网漏损率）；节地，即提高土地利用率，提高建筑空间使用率，原生态保护，旧建筑利用，地下空间利用；节材，即建筑设计节材，建材应用节材，建筑施工节材，建筑垃圾利用；人居环境，即化学污染，生物污染，放射污染，声光热环境，景观绿化。

二、低碳经济

1. 发展低碳经济的战略意义

低碳经济不仅是为了应对全球气候变暖带来的环境危机和美国次贷产生的全球经济危机，更重要的是为了促进我国经济社会的可持续发展，提升我国在国际社会中的国家竞争力，具有重要的战略意义。

（1）减少碳排放，防止全球进一步变暖

当许多经济学家预测全球经济开始复苏之时，另一场旷日持久的全球危机却在步步紧逼。这场全球危机就是气候变化导致地球变暖所带来的危机。如果二氧化碳等温室气体的排放无法得到控制，气候变化没有减缓的话，预计在今后20年气温的上升幅度将达到每10年0.2℃。这会给人类的生活环境带来巨大的影响，主要有：冰河与永久冻土减少，大洋的生态系统发生变化，湖泊及河流的水温上升；陆地的生态系统发生变化，海水酸性化等。可见，气候变化将会对社会经济发展及人类的生存产生严峻挑战。当务之急，必须削减二氧化碳等温室气体的排放，控制全球气候进一步恶化，这就意味着我们必须走低碳经济的道路。

（2）投资未来，应对经济危机

2008年，世界遭遇了能源危机和金融危机，导致了世界经济出现了从20世纪30年代大萧条以来最严重的衰退。为了化解当今威胁世界经济的重重危机，各国纷纷采取一系列科学有效的经济刺激计划。从2008年10月到2009年4月，美国、欧盟和日本等发达国家宣布的经济刺激计划总额达到了18400亿美元。在这些巨额的经济刺激计划中，有"投资未来"和"投资过去"两种途径。"投资未来"是在刺激经济、增加就业机会的同时，兼顾气候变化，节能环保，减排二氧化碳，获得新的竞争力。"投资过去"是刺激经济，增加就业，同时也增加能源消耗，增加二氧化碳的排放量，这势必会增加这些国家和企业在未来时期付出的为削减排放量所需的对策费用以及实施减排的困难度。而且，随着今后国际上有关碳价格政策的成型，将会影响发展中国家减少对碳集约型社会基础设施的大规模投资。

从中长期发展角度看，发展低碳经济是应对金融危机、发展经济的有效途径。

（3）创新低碳经济，关系到国家竞争力

目前，发达国家纷纷站出来否定自己"高碳经济"的增长模式。正面的回答是对气候变化负责，防止地球进一步变暖，探索应对气候变化和经济增长双赢的模式。负面的回答是想通过发展低碳经济在全球范围内重新构建经济竞争格局的一个"阴谋"，希望在欧盟区域内，从理念、政策和制度，技术和产业，企业经营和消费生活的各个领域，进行低碳经济的一系列创新活动，通过创新活动为自己创造新的国际竞争力。

低碳经济创新是一个环环相扣的社会变革的巨大工程，涉及理念的创新、制度和政策的创新、技术和产业的创新、消费者意识的创新以及企业经营的创新。通过低碳经济创新所形成的竞争优势就成为一种综合优势，可以说谁拥有了这些创新谁就是低碳经济的"规则制定者"。这些必将影响到全球贸易和投资的走向，为发展中国家的"高碳经济"增长带来新的障碍。因此，作为发展中的大国，中国必须积极地参加低碳经济"游戏规则"的制定，共享低碳技术创新的知识产权，争取在低碳经济的创新中和欧、美、日等发达国家和地区站在同一起跑线上。

（4）实现低碳经济，符合中国可持续发展的内在要求

中国是一个资源贫乏的国家，能源结构不尽合理，能源技术和设备落后，能源利用效率不高。从长远来看，这些不仅威胁到我国的能源安全，也制约了我国在国际市场上的竞争力。因此，我国实现低碳经济，并非是应对国际舆论压力的权宜之计，而是出于自身发展的需要，也是可持续发展的所需。通过发展低碳经济。有助于我国产业结构的调整，能源结构的优化，跨越式发展的实现，国际合作的开展及国际"游戏规则"的参与制定，从而有利于我国的中长期发展和长治久安。

2. 发展低碳经济的产业路线

（1）环保产业

目前，环境压力较大，为了支持绿色革命，环保产业必须得到迅速地发展，主要包括污水处理和固定废弃物处理等。

（2）节能产业

主要包括工业节能（如余热回收发电）、建筑节能（如智能建筑、节能家电、节能照明等）以及汽车节能（如混合动力汽车）。

（3）减排产业

主要包括清洁燃煤、整体煤气化联合循环发电系统（IGCC）、碳捕获与封存技术（CCS）、农业减排增汇等，也涉及余热回收、余热循环和余热发电。

（4）清洁能源产业

主要包括新能源的风能、太阳能、地热、潮汐、生物质能等，也包括清洁能源的水电、核电等。更包括能源的传输方式，比如高压、超高压以及由此衍生出的智能电网业务。

3. 各国低碳经济发展动向及措施

金融危机以来，欧、美等主要发达国家已将低碳经济视为重振经济、带动新一轮增长的重要动力，纷纷制定政策措施以加快实现向低碳经济的转型。

（1）美国——重振国家经济

金融危机以来，美国政府将开发新能源、发展低碳经济作为应对危机、重振美国经济的战略选择。其发展低碳经济的政策措施是以开发新能源为核心，同时包括节能增效、应对气候变化等多个方面。具体包括如下几方面：制定经济系统范围内的温室气体排放总量管制与排放权交易方案；取消对石油和天然气行业的税收减免和补贴；建设低碳交通运输系统，发展汽车燃油经济；加强替代低碳燃料的生产和供应；投资低碳交通运输基础设施；提高能源生产、传输和消费的效率；加强可再生能源的生产；开发利用碳回收与储藏技术。

（2）欧盟——保持国家竞争优势

在应对气候变化时，欧盟率先抓住发展低碳经济的机会，进行低碳经济的一系列创新活动，并积极主导全球气候外交活动，力争成为低碳经济游戏规则的制定者，以形成相对于美、日等发达国家的竞争优势。具体措施如下：设定碳价格和排放权交易制度，让排放主体负担自己的行动所产生的社会性费用，即利用价格的杠杆促使人们投资低碳型的商品和服务，促使高碳型的商品和服务退出市场；加强政府和民间部门的紧密合作与协调，加快低碳技术的研究开发并且降低这些技术普及应用的成本。

（3）日本——着力建设低碳社会

在全球金融危机及发展低碳经济的浪潮中，日本提出发展低碳经济并非仅仅停留在经济发展层面，其最终目的是为了创建"低碳社会"。具体政策措施如下：加强技术的创新研发，实施"环境能源革新技术开发计划"；在全国构建低碳经济的基本框架；促进各地方的低碳社会建设；加大国民"低碳化教育"的投资，实现国民的低碳化。

（4）英国——促进经济尽快复苏

早在2003年，英国就以政府文件形式提出了低碳经济的概念，并通过不断地探索和发展，已经突破了发展低碳经济的最初瓶颈，走出了一条可持续发展的低碳之路。金融危机以来，英国更是迅速推进各项低碳战略，尝试以低碳经济模式从衰退中复苏，从根本上提升英国国家和企业的核心竞争力。具体措施为：积极支持绿色制造业，研发新的绿色技术；大力推进智能能源系统的建立；大力发展新能源，推广新的节能生活方式。

4. 我国发展低碳经济的措施

纵观世界各国发展低碳经济所采取的行动，技术创新和制度创新是关键因素，政府主导和企业参与是实施的主要形式。对中国来说，发展低碳经济可以从以下几个方面入手。

（1）建立与完善发展低碳经济的政策法规

作为发展低碳经济的主导，政府应加快低碳经济的立法，在相关法规修订中，增加应对气候变化的有关条款。如可以在规划、项目批准、战略环评的技术导则中加入气候影响评价的相关规定，逐步建立应对气候变化的法规体系。加强管理能力建设，提高各级政府、企业及公众适应和减缓气候变化的能力。

（2）探索建立发展低碳经济的长效机制

借鉴国外发展低碳经济的经验和教训，制定气候变化国家规划，在条件相对成熟时创建碳市场，研究制定价格形成机制。制定财税激励政策，对低碳经济给予政策倾斜和引导，综合考虑能源、环境和碳排放的税种和税率，引导企业和社会行为，形成低碳发展的长效机制。如对发展低碳经济的企业和行业给予减免税收的政策，对高碳消耗和排放的企业给予征收气候税、环境税或关停并转的处理。

（3）加快产业结构调整

正确发挥政府在结构调整中的作用，制定市场准入规则，运用税收与财政政策调节投资方向，加快结构调整、优化升级是实现低碳经济发展的主要途径。主要包括三个方面：一是调整优化产业结构，加快发展现代装备制造业、现代物流业、现代服务业及高新技术产业，提高第三产业在地区生产总值中的比重，减少经济发展对工业增长的过度依赖，从而相对控制对能源消费总量的过度需求；二是调整优化工业内部的产业结构，重点支持新材料、生态农业、生物制药等绿色产业；三是调整优化能源结构，大力开发利用风能、水能、太阳能等新型清洁能源，逐步改变我国的能源结构，提高能源使用效率和效益。

（4）加快低碳技术开发与应用

低碳技术是低碳经济的重要支撑，没有低碳技术的创新，低碳经济就没有发展的源泉和动力。加大对低碳技术的投入，增强自主创新能力，开发低碳技术和低碳产品；整合市场现有的低碳技术，加以迅速推广和应用；加强国际间交流与合作，积极引进国外已有的成熟低碳技术。

（5）推进碳金融体系建设

发展低碳经济需要大量的资金投入，而且目前低碳经济融资水平远远低于预计的需求。因此，需要金融机构广泛参与，利用碳交易等金融市场手段开拓资金来源。碳金融作为有别于传统金融的创新金融活动，是推动低碳经济发展不可或缺的重要一环，将在客观上缓解低碳经济发展面临的融资问题，促进低碳技术的创新，推动低碳经济的发展。

（6）倡导低碳文化，鼓励全社会广泛参与

低碳发展不但是政府主管部门或企业关注的事情，还需要各利益相关方乃至全社会的广泛参与。由于消费端是能源消耗的终端，能源很大程度上是由消费来驱动的，应加强"低碳经济重要性和紧迫性"的舆论宣传，从消费环节降低对碳的依赖。通过消费端来引导生产环节降低碳能源的消耗，流通环节降低碳资源的污染，从而全面推动低碳经济的发展。

三、绿色低碳建筑

1. 发展绿色低碳建筑的战略意义

由低碳经济，引出低碳城市的发展理念，再到低碳建筑，都将越来越多的进入我们的视野。当前大力推行低碳建筑是低碳经济时代抢占全球经济制高点、金融危机后促进经济发展、实现产业优化升级的一条优选路径，具有重要的战略意义。因此，低碳建筑将成为未来建筑的发展趋势。

（1）绿色低碳建筑切合节能减排的主题

目前，建筑相关能耗（包括建筑能耗、生活能耗、采暖空调能耗等）已经超过工业成为社会第一能耗大户，占总能耗的46.7%。而我国在住宅使用过程中的能耗与发达国家相比，在相同技术条件下为发达国家的2倍~3倍。同时，建筑在二氧化碳排放总量中，几乎占到了50%，这一比例远远高于运输和工业领域。在发展低碳经济的道路上，建筑的"低碳"和"节能"注定成为绕不开的话题，每个行业从业者都有责任与义务解决所面临的严峻问题。发展建筑节能减排将成为建筑业发展的必然趋势，其减碳潜力巨大，更切合全球"节能减排"的发展主题。

（2）绿色低碳建筑是城市与产业发展的需要

在中国，绿色建筑探索了10年，绿色化进程蹒跚起步。随着经济的发展、城市化进程的加快，环境问题越来越受到世界的关注，人们越来越意识到全球气候变暖对人类生存和发展产生的严峻挑战与后果。从建筑节能，到绿色建筑，再到低碳建筑，可以看到对建筑"可持续"的研究不断深入和拓展。在全社会对低碳的呼吁与共同参与中，下一个10年，低碳建筑将成为绿色建筑发展的新视角。发展低碳建筑不仅符合当前金融危机下国家出台的一系列宏观经济措施，缓解我国对能源的高需求，而且也符合国际上的可持续理念与绿色建筑的发展，从而推进我国建筑业的国际化，提高在国际上的竞争力。低碳建筑的发展，将推动一系列相关产业的发展，如绿色建材、可再生能源产业等，从而带动整个产业的优化升级。

（3）绿色低碳建筑有助于抢占全球经济制高点

随着碳强度控制时代的开启和"碳标准"的诞生，意味着未来社会的所有经济行为都会以低能耗、低排放为衡量标准，而低碳建筑节能减排的特征符合低碳社会的标准，因此，推行低碳建筑将是经济社会发展的必然选择。同时，中国是世界上最大的建筑材料生产国和消费国，处于城镇化进程中的中国具有更加广阔的低碳建筑市场，低碳建筑技术以其巨大的市场潜在需求和相对较小的国际差距，将成为支撑我国新能源革命、抢占全球经济制高点的有力保障。

（4）绿色低碳建筑再造将促进我国内需发展

目前，我国有近 200 亿 m^2 的城镇房屋，其中约有 40 亿 m^2 属于危房、旧房，在未来 10 年、20 年之内部分建筑寿命将到期，部分建筑质量必须要改进。与此同时，在农村也有 340 亿 m^2 的房屋改造需求。如果能将这两部分房屋转变为低碳建筑，就可能创造巨大的低碳建筑需求。这些建筑及相关配套设施的使用，除了大幅度降低能耗和温室气体排放外，也为启动我国消费市场、扩大内需寻找到关键突破口。

2. 发展绿色低碳建筑对我国房地产业的影响

（1）改变规划与技术标准

低碳建筑不仅对建筑采暖、制冷、通风、照明、给排水等提出了更高的能耗与减排要求，而且还对土地与空间的利用提出了节约、高效的目标。如能自然采光的尽可能利用自然光。这些要求与目的势必会改变未来房地产领域的建筑规划，提高建筑产品的技术标准。

（2）更多采用新材料与新技术

建筑的低碳节能主要取决于新材料与新技术的应用。在建筑用能与构造中，主要通过将新技术应用到能源供给、外立面结构、废水循环等系统中，同时采用环保耐久建筑新材料，以提高建筑的节能减排。因此，在未来以低碳建筑作为一种趋势的情况下，节能减排的新材料和新技术将具有很大的市场潜力。

（3）大幅度提高建设成本与售价

在低碳建筑中，由于对能耗与碳排放提出了更高水平的要求，这就意味着在建设与运营当中必须应用到新技术与新材料。而新技术、新材料的采用，势必提高建筑的建设成本。同时，开发商为了维护与普通建筑一样的利润，毫无疑问会提高产品的售价。可见，低碳建筑对建设成本和售价的提高是必然的。

（4）增加建筑物的运营费用

延长建筑物的使用寿命也是建筑低碳之路的主要途径之一。虽然增加了产品的使用效率，但由于在长寿命的使用过程中，采用了低碳节能的新技术和新材料，将会大大增加建筑产品的运营费用，提高业主的生活成本。

3. 发展绿色低碳建筑面临的问题

低碳建筑是低碳经济的重要组成。但在我国要将低碳建筑与低碳经济联系起来，还有一些困难和问题需要解决。

（1）缺乏有效的鼓励政策和监管机制

目前，由于我国缺乏有效的成体系的鼓励政策和监督机制，导致了市场各方参与积极性不高，制约着低碳建筑的发展。

对于建材制造商而言，由于现阶段没有成体系的激励机制，在技术和资金上都受到了限制，研发能力较为不足，低碳材料造价比较昂贵，致使低碳建筑很难得到较快推广。

对于开发商而言，由于成本造价相对较高，利润空间有限，加之房价处于高位，市场认知度低，他们对于低碳建筑的积极性并不高。尤其在当前供需矛盾依然突出的情况下，卖方市场导致开发商更多地关注短期利益，推行低碳建筑的动力严重不足。

对于消费者而言，由于低碳建筑的建造成本通常高于普通建筑，而这部分附加成本往往会转化为用户的负担。当相关税收优惠不足以抵消购房成本的增加额时，低碳建筑就只能成为高档住宅的尝试，而难以赢得绝大多数市场。

（2）缺乏完善的产业相关技术标准

由于我国绿色建筑起步晚、实践经验少、基础数据不足，现有的评估标准往往偏重于对设计和建设过程的引导，使得评估结果的权威性、科学性和可靠性大打折扣。一方面，评估指标以定性居多，过多的主观判断很大程度上影响了评估质量；另一方面，评估体系侧重建筑环境质量的评价，强调节地、节能、节水、节材等内容，忽视了建筑本身的经济性和使用的舒适性，不利于实现包括开发商和建筑使用者利益在内的绿色效应最大化，也影响低碳建筑的推广和拓展。

（3）欠缺低碳建筑的设计能力

低碳建筑要求在建筑设计、建造及使用中充分考虑环保、节能、低碳、经济、舒适等综合因素，实现建筑与生态的协调可持续发展。而目前无论是设计体制还是设计人员资质，与低碳建筑设计要求都还有一定的距离，这就很难推行低碳建筑的规模化。

（4）低碳改造中资金来源不足

目前，我国缺乏有效的民用建筑节能激励措施，对民用建筑节能在补贴、金融、税收等方面的激励措施非常有限，民用建筑节能工作推进起来难度较大。同时，我国还未成功搭建起与低碳建筑项目相关的融资平台，包括从政府层面建立风险补偿机制，政府对部分低碳建筑项目的融资提供信用担保等。这使得现有存量建筑低碳节能改造资金的来源不稳定，主要依赖地方财政，资金压力比较大。

4. 从产品周期角度推行低碳建筑的技术路线

建筑业的二氧化碳气体排放量约占人类温室气体排放总量的30%。从建筑全寿命周期来看，主要分布在建筑的材料生产与制造、建设使用期间能耗、拆除和重新利用三个方面。因此，可以考虑从这三个方面分别进行低碳建筑的推行。

（1）材料生产与建造：指原材料提取、材料生产、运输、建造等各方面过程中的碳排放量。

对策：采取"产学研"模式，加大对低碳材料和产品研发的资金投入，加快低碳材料和技术的开发、应用与推广。利用环保耐久建筑材料（如新型管材、新型墙材、保温隔热材料、新型防水材料及就地取材等），提高用材效率和材料性能，节约材料，节约运材能耗。

（2）建设使用期间能耗：主要包括建筑采暖、制冷、通风、照明等维持建筑正常使用功能的能耗，以及在建筑使用寿命周期内，为保证建筑处于满足全部功能需求的状态，为此进行必要的更新和维护、设备更换等过程中产生的能耗。

对策：低碳设计——通过规划设计系统和建筑设计系统，有效节约土地资源，提高住宅使用空间；低碳用能——通过能源供给系统与可再生能源系统，使用洁净能源，提高能源用效；低碳构造——通过墙体、门窗、屋面、遮阳和楼地面系统，提高住宅建筑本体的保温隔热性能，减少能源消耗；低碳运营——通过建筑设备和运行管理系统，采用节能设备产品和集成控制，提高设备能效，降低管理费用；低碳排放——通过优化给排水、绿化景观用水、室内环境保护和垃圾收集处理系统，消除和减少对水资源的污染，提高循环用水能力，净化室内环境、减少碳源；低碳营造——通过建筑结构、建筑装修、建筑施工、既有建筑节能改造及废弃材料再生循环利用系统，提高住宅的安全性、耐久性，减少废弃物，提高材料的再生和复用程度；增加碳汇——通过绿化系统，增加绿量，减少二氧化碳释放量。

（3）拆除和重新利用：指在建筑使用寿命周期终点时，建筑拆除和重新利用过程中的碳排放量。

对策：不但在建筑设计过程中考虑到未来建筑的拆除和材料分类，以尽可能减少建筑拆除过程中建筑垃圾的产生，而且在建筑设计、构造设计方面，使之有利于今后建筑材料的分离，有利于不同利用价值材料的分类处理和再回收利用。即将被拆除的建筑进入到下一个使用流程，或被用来再回收建造新的房屋，从而使得二氧化碳排放量大为减少。

5. 我国低碳建筑推广的政策措施

发展低碳建筑需要的是广泛地参与和关注，需要各方力量共同努力，其中意识更新是根本，技术创新是关键，制度监督是重要手段。

（1）出台指导意见，规范低碳建筑评估体系

在评估体系标准的制定上，坚持强制与指导、理论与实际相结合的原则。在国家层面上，规定低碳建筑应达到的总要求，提高相关节能技术标准，降低最高能耗标准；在执行层面上，结合当地的气候、

资源、经济以及社会文化特点，由管理部门因地制宜地制定评价标准。发展低碳建筑并非高价低碳建材的堆积，而是一种从理念到行动全方位的模式创新，需有计划地稳步推进。目前，现有的低碳住宅技术体系（框架）是由中国房地产研究会住宅产业发展和技术委员会提出的，涵盖了低碳设计、低碳用能、低碳构造、低碳运营、低碳排放、低碳营运、低碳用材和增加碳汇八个方面。如将低碳理念引入设计规范，合理规划城市功能区布局。在建筑物的建设中，推广利用太阳能，尽可能利用自然通风采光，选用节能型取暖和制冷系统；选用保温材料，倡导适宜装饰，杜绝毛坯房；在家庭推广应用节能灯和节能电器，在不影响生活质量的同时有效降低日常生活中的碳排放量。

（2）启动低碳公共建筑，强化社会低碳意识

在推广初期，通过国家机关办公建筑和大型公共建筑建设强制执行低碳建筑标准，启动市场需求，强化社会低碳节能意识。地方政府在前期可积极与有实力的房地产企业合作，将政府在政策推动、引导市场上的优势和房地产企业在资金、技术、人才等方面的优势相结合，试点推出一系列受市场认可的低碳建筑产品，并逐步带动其他房企加入。

（3）制定优惠政策，调动各方参与积极性

建筑低碳节能是市场机制部分失灵的领域，在市场形成初期政府应出台对低碳建筑各环节的税收优惠政策，充分调动开发商、建材制造商、消费者等各方的积极性，形成鼓励发展低碳节能建筑的财税政策体系。只有当开发商在生产和销售低碳建筑方面，获得实际收益，低碳建筑才能得到较好的发展。只有当更多的用户去购买并使用节能建筑时，低碳建筑市场才能得到根本形成。通过财政拨款、税收优惠等方式，加强低碳材料与技术研发的投入，加快新技术与新材料的开发、应用以及推广，从而进一步促进低碳建筑的发展。同时，鼓励发展绿色低碳房地产信托投资基金，通过多种融资方式为低碳地产开发提供发展资金。

（4）强力推广节能服务公司模式

推进建筑节能最终需要以市场化手段取代原有的依靠行政命令，以此调动社会民间企业和金融机构推广节能技术的积极性。节能服务公司将是一个比较有代表性的方式，该模式能够使用节能企业（包括开发商和后期用户）在整个项目过程中不需要为项目进行建设投资，对于开发商建节能建筑是个利好。同时，由于节能服务公司的收益与节能量直接挂钩，从而有利于节能建筑和技术的推广。因此，政府应出台相关政策措施对节能服务公司模式予以扶持和引导。

四、绿色低碳建筑是发展低碳经济的重要内容

低碳建筑是指在建筑材料与设备制造、施工建造和建筑物使用的整个生命周期内，提高能效，减少化石能源的使用，降低二氧化碳排放量。建筑节能和低碳是发展低碳经济的重要内容。

研究报告显示，中国每建成 $1m^2$ 的房屋，约释放出 $0.8t$ 碳。另外，在建筑运行过程中，建筑采暖、空调、通风、照明等方面的能源都参与其中，碳排放量很大。因此，加快发展低碳建筑，实现节能技术创新，建立建筑物全生命周期碳排放控制体系，并形成可循环持续发展的模式，具有重要的经济、社会和生态意义。

从未来看，低碳建筑的发展重点主要有三个：一是新建建筑节能。我国正处在快速城镇化的过程中，城镇化率平均每年增长 1 个百分点。如果我国新建建筑都严格按照节能 50% 或 65% 的标准进行设计建造，将对节能减排工作做出巨大贡献。二是现有建筑节能改造。包括住宅和大型公共建筑节能改造。其中，大型公共建筑比普通住宅运行能耗高 5 倍 ~ 10 倍甚至 10 倍 ~ 20 倍，是节能改造的重点。三是北方地区城镇供热计量改革。以秦岭淮河为分界线，秦岭以北的城市年户均二氧化碳气体排放量基本都在 2.5t 以上，而秦岭以南没有实行集中供热的城市年户均二氧化碳气体排放一般都在 1.5t 以下，这说明供热计量改革的节能减排潜力巨大。

推动低碳建筑发展，关键在于发挥政策合力：

第一，加强对低碳建筑及其意义的宣传。目前，人们为了与传统住宅区别开来，提出了节能住宅、绿色住宅和低碳住宅等概念，但从公众的角度看，这些概念之间是什么关系，异同在哪里，并不清楚。

因此，只有在理论上进一步明晰节能住宅、绿色住宅和低碳住宅的定义，才能让大家都能了解和接受，并加以推广。

第二，制定和严格执行建筑节能标准。在标准制定上，要继续完善建筑节能标准体系，包括基础标准、技术标准、产品标准、工程标准、管理标准等。在标准执行上，目前在建筑设计和施工阶段基本上已经严格执行节能50%以上的标准，但这项工作还存在一些薄弱环节，如施工环节现在还有10%左右的建筑没有严格执行节能标准、中小城市和村镇还没有启动这项改革等。

第三，发展低碳建筑需要树立全过程、全生命周期理念。一是建筑材料低碳。低碳建筑首先应在建筑材料上实现突破，包括屋顶技术、屋面技术、涂料技术等，这种突破应该通过技术革新来实现，为此需要加大相关低碳建筑材料和技术的研发力度。二是建筑施工低碳。据测算，与传统施工方式相比，绿色施工方式每平方米能耗可以减少约20%，水耗可以减少63%，木模板消耗量减少87%，产生的施工垃圾量减少91%。如果要在施工阶段大幅度减少能源消耗，最好的办法就是推动住宅产业化、工业化，采取装配式施工，推广全装修。三是建筑使用低碳，更加注重可再生能源在建筑中应用。

第四，制定低碳建筑推广应用的经济激励政策。从供应端看，对低碳建筑新材料、新技术的研发、生产和使用，应研究和制定财政补贴或信贷、税收优惠政策。从需求端看，对购买符合标准的低碳住宅，应在国家住宅消费政策中加以考虑和引导。

五、绿色建筑的发展现状

随着人类的文明、社会的进步、科技的发展以及对住房的需求，房屋建设正在如火如荼地进行当中，而以牺牲环境、生态和可持续发展为代价的传统建筑和房地产业已经走到了尽头。发展绿色建筑的过程本质上是一个生态文明建设和学习实践科学发展观的过程。其目的和作用在于促进与实现人、建筑和自然三者之间高度的和谐统一；经济效益、社会效益和环境效益三者之间充分的协调一致；国民经济、人类社会和生态环境又好又快地可持续发展。

1. 绿色建筑

（1）绿色建筑的概念

绿色建筑是指在建筑的全寿命周期内，最大限度地节约资源（节能，节地，节水，节材），保护环境和减少污染，为人们提供健康、适用和高效的使用空间，与自然和谐共生的建筑。所谓"绿色建筑"的"绿色"，并不是指一般意义的立体绿化、屋顶花园，而是代表一种概念或象征，指建筑对环境无害，能充分利用环境自然资源，并且在不破坏环境基本生态平衡条件下建造的一种建筑，又可称为可持续发展建筑、生态建筑、回归大自然建筑、节能环保建筑等。

（2）绿色建筑的特征

绿色建筑主要有以下几点特征：建筑本身较传统建筑耗能大大降低。绿色建筑尊重当地自然、人文、气候，因地制宜，就地取材，因此没有明确的建筑模式和规则。绿色建筑充分利用自然，如绿地、阳光、空气，注重内外部的有效联通，其开放的布局较封闭的传统建筑的布局有很多区别。绿色建筑过程中，对整个过程都注重环保因素。

（3）绿色建筑的内涵

1）节约环保。节约环保就是要求人们在构建和使用建筑物的全过程中，最大限度地节约资源、保护环境、呵护生态和减少污染，将因人类对建筑物的构建和使用活动所造成的对地球资源与环境的负荷和影响降到最低限度并控制在生态再造能力范围之内。

2）健康舒适。创造健康和舒适的生活与工作环境是人们构建和使用建筑物的基本要求之一。就是要为人们提供一个健康、适用和高效的活动空间。对于经受过非典SARS肆虐和甲型H1N1流感全球蔓延困扰的人们来说，对拥有一个健康舒适的生存环境的渴望是不言而喻的。

3）自然和谐。自然和谐就是要求人们在构建和使用建筑物的全过程中，亲近、关爱与呵护人与建筑物所处的自然生态环境，将认识世界、适应世界、关爱世界和改造世界自然和谐与相安无事地统一起来，做到人、建筑与自然和谐共生。只有这样，才能兼顾与协调经济效益、社会效益和环境效益，才能实现国民经济、人类社会和生态环境又好又快地可持续发展。

（4）绿色建筑的意义

节约能源和资源，减少二氧化碳污染。建筑本身就是能源消耗大户，同时对环境也有重大影响。据统计，全球有50%的能源用于建筑，同时人类从自然界所获得的50%以上的物质原料也是用来建造各类建筑及其附属设施。尽管诸如道路、桥梁、隧道等不能以绿色建筑去衡量，但是居住区、办公大厦、公寓等对资源的利用是周而复始的。另外，建筑引起的空气污染、光污染、电磁污染占据了环境总污染的1/3还多，人类活动产生的垃圾，其中40%为建筑垃圾。对于发展中国家而言，由于大量人口涌入城市，对住宅、道路、地下工程、公共设施的需求越来越高，所耗费的能源也越来越多，这与日益匮乏的石油资源、煤资源产生了不可调和的矛盾。

2. 绿色建筑的发展现状

（1）全社会的环保意识在不断增强，营造绿色建筑、健康住宅正成为越来越多的开发商、建筑师追求的目标。

人们不但注重单体建筑的质量，也关注小区的环境；不但注重结构安全，也关注室内空气的质量；不但注重材料的坚固耐久和价格低廉，也关注材料消耗对环境和能源的影响。同时，用户的自我保护意识也在增强。今天，人们除了对于煤气、电器、房屋结构方面可能出现的隐患日益重视外，对一些慢性危害人体健康东西的认识也在加强，人们已经意识到"绿色"和我们息息相关。

（2）开发生产了一批"绿色建材"

通过引进、消化、借鉴，先后开发出环保型、健康型的壁纸、涂料、地毯、复合地板、管道纤维强化石膏板等装饰建材，如："防霉壁纸"是壁纸革命性的改变；"塑料金属复合管"是国外20世纪90年代刚开始的替代金属管材的高科技产品，其内外两层为高密度聚乙烯，中层为铝，塑料与金属铝之间为两层胶，具有塑料与金属的优良性能，它有不会生锈，不使水质受污染的优势，目前国内已研制成功。

（3）重视施工过程中环境问题

目前建筑行业主要的环境问题有噪声的排放，粉尘的排放（扬尘），运输的遗撒，大量建筑垃圾的废弃，油漆、涂料以及化学品的泄露、资源能源的消耗（如生产生活水电的消耗），装修过程中引起投诉较多的油漆、涂料、胶及含胶材料产生的甲苯、甲醛的排放等。一些企业已通过ISO 14001环境管理标准认证。

六、发展绿色建筑存在的问题及对策建议

全球气候变化和环境恶化深刻影响着人类的生存和发展，发展低碳经济、建设低碳社会已成为全球共识。建筑物在建造和运行过程中需要消耗大量的自然资源和能源，是温室气体排放的主要来源之一。目前，人类越来越认识到建筑及其运行对气候和环境的巨大影响，掀起了世界范围内发展绿色建筑的高潮。

我国2006年发布的《绿色建筑评价标准》对绿色建筑做出如下定义：在建筑的全寿命周期内，最大限度地节约资源（节能、节地、节水、节材）、保护环境、减少污染，为人们提供健康、适用和高效的使用空间，与自然和谐共生的建筑。从概念上来讲，绿色建筑主要包含三点：一是节能，这个节能是广义上的，包含了上面所提到的"四节"，主要是强调减少各种资源的浪费；二是保护环境，强调的是减少环境污染，减少二氧化碳的排放；三是满足人们使用上的要求，为人们提供健康、适用和高效的使用空间。

1. 发展绿色建筑意义重大

（1）建设资源节约型社会的必然选择

近年来，随着经济的快速发展，资源消耗多、能源短缺等问题已经成为制约我国经济社会持续发展、危及我国现代化建设进程和国家安全的战略问题。目前，我国正处于城镇化快速发展阶段，城乡建设规模空前，伴随而来的是严峻的能源资源问题和生态环境问题。我国拥有世界上最大的建筑市场，每

年新增建筑面积达 18~20 亿 m²，建筑能耗约占全社会总能耗的 1/3，单位建筑面积能耗是发达国家的 2 倍~3 倍，同时建筑还消耗大量的水资源、原材料等，无论是能源、物质消耗，还是污染的产生，建筑都是问题的关键所在。绿色建筑在建筑活动及建筑物全生命周期实现节能、节地、节水、节材，高效利用资源，最低限度地影响环境，因此，发展绿色建筑是我国建设资源节约型和环境友好型社会的必然选择。

（2）应对全球气候变化的重要措施

气候变化是全球关注的问题，是全世界面临的共同挑战。我国高度重视应对气候变化的工作，并在 2009 年 12 月的哥本哈根联合国气候变化大会上郑重承诺，到 2020 年，我国单位 GDP 二氧化碳排放量将比 2005 年下降 40%~45%。建筑是温室气体排放的主要来源之一，对气候变化有着重要的影响，绿色建筑符合以低能源消耗、低温室气体排放为特点的低碳时代的要求，切合节能减排应对全球气候变化的主题。《中国应对气候变化的政策与行动》第四部分"减缓气候变化的政策与行动"中提出："积极推广节能省地环保型建筑和绿色建筑，新建建筑严格执行强制性节能标准，加快既有建筑节能改造。"推进绿色建筑的发展，不但对实现 2020 年绿色经济减排目标具有关键性作用，而且对全球应对气候变化也将有重要影响。

（3）实现建筑业可持续发展的有效途径

建筑业是国民经济的支柱产业。绿色建筑是引领建筑技术发展的重要载体，绿色建筑的发展将改变我国建筑业技术含量低、产品质量不高、品质低劣的现状，转变建筑业粗放型的发展模式，引领建筑业摆脱传统落后的局面，使建筑业向注重科技含量、注重循环经济、重视质量和效益、健康协调的方向发展。

2. 绿色建筑活动不断推进

我国推行绿色建筑战略是在国家战略发展的背景下逐步进行的。在可持续发展战略、科学发展观、建设资源节约型和环境友好型社会、建设生态文明等国家相关战略的背景下，相关法律法规逐步完善。此外，随着政府推动力度的加强和人们对绿色建筑概念的逐渐了解，相关人士依据绿色建筑理念展开了大量的建设实践活动。

（1）列入国家科技发展规划

2005 年，国务院颁布的《国家中长期科学和技术发展规划纲要》（2006~2020）将"城镇化与城市发展"作为 11 个重点领域之一，在"城镇化与城市发展"中，"建筑节能与绿色建筑"是五个优先发展的主题之一。

（2）初步确立法规标准体系

《中华人民共和国节约能源法》、《民用建筑节能条例》、《公共机构节能条例》等法律法规的相继出台和实施为绿色建筑的发展提供了法律保障。同时，绿色建筑标准体系初步建立，《绿色建筑技术导则》、《建筑节能工程施工质量验收规范》、《绿色建筑评价标准》、《绿色建筑评价标识管理办法》、《绿色建筑评价技术细则》、《绿色建筑评价技术细则补充说明（规划设计部分）》及《绿色建筑评价技术细则补充说明（运行使用部分）》等技术标准与技术规范相继发布，建立了绿色建筑评价标识制度，正式启动绿色建筑评价工作，结束了我国依赖国外标准进行绿色建筑评价的历史。

（3）搭建绿色建筑交流平台

2005 年起，住房和城乡建设部联合有关部委每年召开国际绿色建筑与建筑节能大会暨新技术与产品博览会。大会主要交流、展示国内外绿色建筑与建筑节能的最新成果、发展趋势和成功案例，研讨绿色建筑与建筑节能技术标准、政策措施、评价体系和检测标识，分享国际国内发展绿色建筑与建筑节能工作的新经验，促进我国绿色建筑与建筑节能的深入开展。大会已成为推进绿色建筑发展，传播交流新技术、新产品、新经验，加强国际合作的宣传、交流和示范的平台。

（4）创新绿色建筑技术研究

2004 年，原建设部设立了"全国绿色建筑创新奖"，绿色建筑创新奖分为工程类项目奖和技术与产品类项目奖，为推进我国绿色建筑及其技术的健康发展起到了积极的促进作用。2007 年 7 月，"百项绿色建筑与百项低能耗建筑示范工程项目"启动，旨在通过这项工程形成一批以科技为先导、节能减排为重点、功能完善、特色鲜明、具有辐射带动作用的绿色建筑示范工程和低能耗建筑示范工程。

近年来，绿色建筑和建筑节能有了长足的发展。到 2009 年底，绿色建筑面积累计达到 2000 多万 m^2，全国城镇新建建筑设计阶段执行节能强制性标准的比例为 99%，施工阶段执行节能强制性标准的比例为 90%。北方采暖地区完成既有建筑节能改造共计 10949 万 m^2，可形成年节约 75 万 t 标准煤的能力，减排二氧化碳 200 万吨。

3. 发展绿色建筑存在的问题

与发达国家相比，我国的绿色建筑发展时间较晚，无论是理念还是技术实践与国际标准还有很大的差距。虽然目前发展势头良好，在政策制度、评价标准、创新技术研究上都取得了一定的成果，各地也出现了一批示范项目，但我国绿色建筑发展总体上仍处于起步阶段，地区发展不平衡、总量规模比较小，现有的绿色建筑项目主要集中在沿海地区、经济发达地区以及大城市。目前，推动建筑节能、发展绿色建筑已成为社会共识，但绿色建筑的推广仍存在很多困难。

（1）认识理念仍有局限

一是不少地方尚未将发展绿色建筑放到保证国家能源安全、实施可持续发展的战略高度，缺乏紧迫感，缺乏主动性，相关工作得不到开展。二是由于发展起步较晚，各界对绿色建筑理解上的差异和误解仍然存在，对绿色建筑还缺乏真正的认识和了解，只简单片面地理解绿色建筑的含义，如认为绿色建筑需要大幅度增加投资，是高科技、高成本建筑，我国现阶段难以推广应用等。关于绿色建筑真正内涵的普及工作仍然艰巨。

（2）法规标准有待完善

绿色建筑在我国处于起步阶段，相应的政策法规和评价体系还需进一步完善。国家对绿色建筑没有法律层面的要求，缺乏强制各方利益主体必须积极参与节能、节地、节水、节材和保护环境的法律法规，缺乏可操作的奖惩办法规范。

绿色建筑与区域气候、经济条件密切相关，我国各个地区气候环境、经济发展差异较大，目前的绿色建筑标准体系没有充分考虑各地区的差异，不同地区差别化的标准规范有待制定。因此，结合各地的气候、资源、经济及文化等特点建立针对性强、可行性高的绿色建筑标准体系和实施细则是当务之急。

（3）激励政策相对滞后

相对于各种法规、标准和规范的不断出台，激励优惠政策配套相对滞后。尽管目前已经在推行可再生能源在建筑中规模化应用的财政补贴政策，但支持建筑节能和绿色建筑发展的财政税收长效机制尚未建立，对绿色建筑缺乏补贴或税收减免等有效的激励，很难提高企业开发绿色建筑的积极性。制度与市场机制的结合度有待提高。

对于企业来说，虽然绿色建筑更加节能与环保，从长远来说更加经济，但绿色建筑的设计与建造本身可能会增加一定的成本，加上目前消费者偏重商品房的价格、位置与安全，对于绿色建筑所体现的节能、环保、健康价值认知不够；尽管政府不断加大绿色建筑的推广力度，但企业在法律不强制、政策不优惠、受众没要求的客观环境下，限于急功近利的心态和责任意识的不足，同时考虑绿色建筑所带来的初期投资增加，多数没有自觉开发绿色建筑的动力。对于消费者来说，由于绿色建筑的建造成本通常高于普通建筑，这部分附加成本往往会转化成用户的负担，在相关税收优惠不足以抵消购房成本的增加额时，绿色建筑难以赢得绝大多数市场。因此，在绿色建筑发展初期，政府如何通过制度建设，运用有效的激励机制，充分调动各方的积极性，是目前面临的一大挑战。

（4）技术选择存在误区

在绿色建筑的技术选择上还存在误区，认为绿色建筑需要将所有的高精尖技术与产品集中应用在建筑中，总想将所有绿色节能的新技术不加区分地堆积在一个建筑里。一些项目为绿色而绿色，堆砌一些并无实用价值的新技术，过分依赖设备与技术系统来保证生活的舒适性和高水准，建筑设计中忽视自然通风、自然采光等措施，直接导致建筑成本上升，在市场推广上难以打开局面。

4. 国外发展绿色建筑的启示

国外对绿色建筑的研究与实践开始得较早，发展绿色建筑是从建筑节能起步的，在建筑节能取得进展的同时，伴随着可持续发展理念的产生和健康住宅概念的提出，又将其扩展到建筑全过程的资源节约、提高居住舒适度等领域，将原有节能建筑改造成绿色建筑的活动越来越广泛。绿色建筑由理念到实践，在发达国家逐步完善，渐成体系，成为世界建筑发展的方向，成为建筑领域的国际潮流。

发达国家法律法规体系健全、市场经济体制完善，主要通过法律和经济作为调控手段推动绿色建筑的发展。政府通过制定和实施环境保护、建筑节能等方面的法律法规为绿色建筑的发展提供法律保障，并通过提供财政支持、税收优惠、奖励、免税、快速审批、特别规划许可等措施大力推动和扶持绿色建筑的发展，促使绿色建筑被社会广泛关注和认可。

推行绿色建筑较为成功的美国、英国、日本等发达国家都有一套科学、完备、适合本国的绿色建筑评价体系，规范管理和指导绿色建筑的发展。如美国的绿色建筑评价体系，即《能源与环境设计导则》，政府通过一系列的制度强制和引导发展商申请绿色建筑认证。一些州与地方政府采取命令的方式要求政府投资超过一定面积的新建筑（包括私人建筑与政府投资建筑）符合绿色建筑标识的要求。一些州与地方政府对绿色建筑设计、建造者、业主减免、扣除税收，对获得绿色建筑评价标识的新建筑给予快速审批并降低审批费，还根据建筑获得评价标识的级别给予不同程度的奖励。

5. 发展绿色建筑的对策建议

（1）理念先行引领绿色建筑发展

绿色建筑代表了世界建筑未来的发展方向，推广和发展绿色建筑有赖于绿色理念深入人心，需要全社会观念与意识的提高，要向全社会宣传普及绿色建筑的理念和基本知识，提高民众的接受度。绿色建筑不等同于高科技、高成本建筑，不是高技术的堆砌物，因地制宜地选择适用的技术和产品，通过合理的规划布局和建筑设计，并不需要增加过多的成本。

（2）完善法规保障绿色建筑发展

推广绿色建筑需要政策法规的引导和制约，应完善相关法律法规，体现大力发展绿色建筑的内容，对建筑节能、节地、节水、节材及环境保护做出补充要求，增加奖惩条文。要加大强制执行新建建筑节能标准的力度。对于符合一定条件的政府投资建筑应要求符合绿色建筑评价标准，发挥政府示范作用，增强绿色建筑的社会影响，起到更好的引领作用。

我国幅员辽阔，各地的气候条件、地理环境、自然资源、经济发展、生活水平与社会习俗都有巨大的差异。作为未来建筑发展方向的绿色建筑与区域气候、经济条件等密切相关，需要加快绿色建筑标准的编制，使标准能够覆盖不同的气候区及不同类型的建筑。完善绿色建筑地方标准体系，建立适合各地特点的标准。

（3）激励政策促进绿色建筑发展

促进绿色建筑的发展，建立有效的激励政策是其中重要的一环。目前，完善各种财政税收刺激政策已刻不容缓。借鉴国外经验，政府应制定一系列符合国情的激励政策，建立市场机制和财政鼓励相结合的激励机制，提高相关行业、企业和消费者的积极性。对符合绿色建筑标准的建筑投资者、消费者实行一定的政策优惠，采取经济补贴、低息贷款、税收减免等激励政策推动绿色建筑的发展。

（4）适用技术推动绿色建筑发展

在绿色建筑的技术策略上要因地制宜。绿色建筑技术研究在国外开展得较早，已有大批的成熟技术，在积极引进、消化、吸收国外先进适用的绿色建筑技术的基础上，更重要的是选择与创造适宜本土的绿色建筑技术，走本土化绿色之路。大量建筑在建造过程中要结合本地实际情况，选择最适用的技术与产品，把适用技术合理地集成在建筑上，尤其是自然通风和天然照明技术要得到强化应用。可以推广且成本不高的技术与产品才是绿色建筑技术与产品的重点。

面对全球能源危机和日趋严重的环境污染，在发展低碳经济、力推建筑节能的大背景下，绿色建筑将成为未来建筑的趋势和目标，具有广阔的发展前景。

第二章
绿色建筑

不破坏环境基本生态平衡建造的建筑称为绿色建筑。

一、绿色建筑是我国经济持续发展的需要

根据 GB/T 50378—2006《绿色建筑评价标准》，绿色建筑是指在建筑的全寿命周期内，最大限度地节约资源（节能、节地、节水、节材），保护环境和减少污染，为人们提供健康、适用和高效的使用空间，与自然和谐共生的建筑。

1. 什么是绿色建筑

所谓"绿色建筑"的"绿色"，并不是指一般意义的立体绿化、屋顶花园，而是代表一种概念或象征，指建筑对环境无害，能充分利用环境自然资源，并且在不破坏环境基本生态平衡条件下建造的一种建筑，又可称为可持续发展建筑、生态建筑、回归大自然建筑、节能环保建筑等。

绿色建筑的室内布局十分合理，尽量减少使用合成材料，充分利用阳光，节省能源，为居住者创造一种接近自然的感觉。

以人、建筑和自然环境的协调发展为目标，在利用天然条件和人工手段创造良好、健康的居住环境的同时，尽可能地控制和减少对自然环境的使用和破坏，充分体现向大自然的索取和回报之间的平衡。

2. 绿色建筑标识

为贯彻执行资源节约和环境保护的国家发展战略政策，引导绿色建筑健康发展，住房和城乡建设部自 2008 年 4 月委托住房和城乡建设部科技发展促进中心成立绿色建筑评价标识管理办公室（以下简称中心绿标办）负责具体工作，已评出 15 项获得"绿色建筑评价标识"的项目，其中公共建筑 10 项，住宅建筑 5 项，获得三星级标识的项目 7 项，获得二星级标识的项目 3 项，获得一星级标识的项目 5 项。这些建筑的建筑节能率、住区绿地率、可再生能源利用率、非传统水源利用率、可再循环建筑材料用量等绿色建筑评价指标，都严格达到了 GB/T 50378—2006《绿色建筑评价标准》的相应要求，对减少建筑能耗和二氧化碳排放量做出了确实的贡献。

在评价过程中，为了完善我国的绿色建筑评价标识体系，成立了专门的绿色建筑评价标识专家委员会来解决评价中遇到的技术问题，并发布了相关技术文件，如《绿色建筑评价技术细则补充说明（规划设计部分）》和《绿色建筑评价技术细则补充说明（运行使用部分）》；通过召开绿色建筑评价标识记者见面会、国际绿色大会绿色建筑评价与标识分论坛（2009 年 3 月 28 日）和绿色建筑评价标识推进会（2009 年 6 月 24 日），将绿色建筑评价标识活动在全国范围内进行了广泛宣传和推广。

目前评价一星、二星绿色建筑权力已经下放到部分省份，目前有 26 个省份可以自己评价一星和二星的绿色建筑，三星绿色建筑需要到住建部绿标办和城科会进行评定，目前绿色建筑发展速度南方快于北方，绿色建筑发展较多的省市有广东、江苏、上海，现在北京和天津发展速度比较快。

3. 绿色建筑的内涵

绿色建筑的基本内涵可归纳为：减轻建筑对环境的负荷，即节约能源及资源；提供安全、健康、舒适性良好的生活空间；与自然环境亲和，做到人、建筑与环境的和谐共处、永续发展。

4. 世界绿色建筑发展历史

1990 年世界首个绿色建筑标准在英国发布；1993 年美国创建绿色建筑协会；1996 年香港地区推出

自己的标准；1999 年台湾地区推出自己的标准；2000 年加拿大推出绿色建筑标准；2006 年中国大陆也推出相应的绿色建筑评价标准。

5. 绿色建筑设计理念

绿色建筑设计理念包括以下几个方面。

（1）节能能源。充分利用太阳能，采用节能的建筑围护结构以及采暖和空调，减少采暖和空调的使用。根据自然通风的原理设置风冷系统，使建筑能够有效地利用夏季的主导风向。建筑采用适应当地气候条件的平面形式及总体布局。

（2）节约资源。在建筑设计、建造和建筑材料的选择中，均考虑资源的合理使用和处置。要减少资源的使用，力求使资源可再生利用。节约水资源，包括绿化的节约用水。

（3）回归自然。绿色建筑外部要强调与周边环境相融合，和谐一致、动静互补，做到保护自然生态环境。

舒适和健康的生活环境：建筑内部不使用对人体有害的建筑材料和装修材料。室内空气清新，温度、湿度适当，使居住者感觉良好，身心健康。

（4）绿色建筑的建造特点包括对建筑的地理条件有明确的要求，土壤中不存在有毒、有害物质，地温适宜，地下水纯净，地磁适中。

（5）绿色建筑应尽量采用天然材料。建筑中采用的木材、树皮、竹材、石块、石灰、油漆等，要经过检验处理，确保对人体无害。

（6）绿色建筑还要根据地理条件，设置太阳能采暖、热水、发电及风力发电装置，以充分利用环境提供的天然可再生资源。

（7）随着全球气候的变暖，世界各国对建筑节能的关注程度正日益增加。人们越来越认识到，建筑使用能源所产生的二氧化碳是造成气候变暖的主要来源。节能建筑成为建筑发展的必然趋势，绿色建筑也应运而生。

6. 绿色建筑应走出三大误区

（1）绿色并不等于高价和高成本

在楼盘销售以广告和概念炒作盛行的年代，"绿色建筑"也毫无例外地成为房地产商们朗朗上口的新词儿，以至于让人们误以为绿色建筑就是高档建筑。

绿色建筑的成本究竟怎样，是否会成为提高房价的因素？住房和建设部副部长仇保兴做出了回答：绿色建筑是一个广泛的概念，绿色并不意味着高价和高成本。比如延安窑洞冬暖夏凉，把它改造成中国式的绿色建筑，造价并不高；新疆有一种具有当地特色的建筑，它的墙壁由当地的石膏和透气性好的秸秆组合而成，保温性很高，再加上非常当地化的屋顶，就是一种典型的乡村绿色建筑，其造价只有 800 元/平方米，可谓价廉物美。

仇保兴说，在中国老百姓收入不太高的情况下，大家对房价和房屋成本是非常敏感的。我们引进绿色建筑标准和技术时，就充分考虑了这些问题，规定绿色建筑所采用的技术、产品和设施，成本要低，要对整个房地产的价格影响不大。值得一提的是，一旦应用了这些技术和设备后，投资回报率是很高的，因为住户可以最大限度地减少电费、水费和其他能源费的开支，一般 5 年~8 年之内，就可以把成本收回来。比如，德国一家公司援助的一项建筑节能改造项目，政府给每户出 3000 元，住户自己出 2000 元，国外援助 2000 元，总共一户投资 7000 元，对建筑进行了从外保温到供热、智能、玻璃、门、天花板和水循环系统的全面改造。改造后，住户一年所减少的开支就达到 3000 元以上，周边的许多老百姓也要求运用这些技术。

仇保兴还说，并不是现代化的、高科技的就是绿色的，要突破这样的认识误区。把绿色建筑和建筑节能的发展道路定位在高端化、贵族化是不会取得成功的。事实证明，把发展道路确定为中国式、普通老百姓式、适用技术式，绿色建筑才能健康发展。以前的智能化走过弯路，许多智能建筑停留在保安、音响控制等方面，线路搞得非常复杂，造价也非常高，甚至耗电量居高不下，这不是智能建筑应有的发展道路。信息时代，智能化应该是多用信息，少用能源。现在有些地方推行智能开关，用手机就可以控制家里的能源开关，冬天走的时候，就把供热开关关掉，下班之前半个小时，手机一按，就能把供热开关启动，这样回到家里时，屋里已经暖洋洋的了。主人在外边工作的时候，家中不供热，能省 1/3 的能源。再如，许多南方地区，房子里的空调 40% 是为了应对室外的阳光，安装一个很小的智能测温装置，当太阳光正热时，遮阳帘自动升起来，减少射入室内的阳光，以减少空调的能耗。这样的智能建筑才是绿色的，才是符合我们时代要求的建筑。

仇保兴直言，因为绿色建筑的标识不明确，人人都可以滥用，"绿色建筑"也就成为一些房地产开发商提高房价的欺骗性概念。现在应大力推广绿色建筑的标识，通过对建筑的节能、节水、节地、节材和室内环境的具体性能进行实测，给出数据，规定对生态环境的保障。把绿色建筑从一个简单的概念变成定量化的检测标准，对达到标准的给予绿色建筑的标识，这样伪绿色就会现原形，最终会退出房地产市场。

（2）绿色建筑不仅局限于新建筑

"我国新建建筑节能工作做得较好，基本遵循了绿色建筑的标准，但把大量既有建筑改造成绿色建筑的工作推进却不是很顺利，许多既有建筑仍是耗能大户。"业内专家提出了这样一个问题。

据建设部统计，新建建筑在设计阶段执行强制性节能标准的执行率由 2005 年的 53% 提高到了 2007 年的 97%；施工阶段执行强制性节能标准的执行率由 2005 年的 21% 提高到了 2007 年的 71%，总共每年可节约 700 万 t 标准煤。未来的 30 年之内，我们还要新建 400 多亿 m^2 的建筑，在现行建筑管理体系中，达不到绿色建筑标准就不得开工，所以新建建筑的节能只是执行问题，难度并不是很大。难度在于我国现在既有的 400 亿 m^2 建筑的节能改造，如何让既有建筑成为绿色建筑。

比如，北方地区集中供热的建筑面积是 63 亿 m^2，占全国建筑面积总量的 10% 多一点，却占全国城镇建筑总能耗的 40%。供热"大锅饭"中，有人是开着窗享受暖气，非常浪费。我国单位面积采暖平均能耗折合标准煤为 20kg/（m^2·年），为北欧等同纬度条件下建筑采暖能耗的 1 倍 ~1.5 倍。我们需要在既有建筑中引入"集中供暖、分户计量"的概念，需要改革在我国实行了数十年的"单位包费、福利供热"的供暖体制。

据仇保兴介绍，既有建筑现在从楼上到楼下都是一条管道供热，是串联式的，每一户装一只计热表，不可行。现在技术上已经有所突破，引进欧洲的先进技术，在每个散热片上装个计量表，成本低，非常适合中国的计量改造。这使得供热也像供水、供电一样，是严格计量的，是可以调控的。据估算，在北方地区，如果房间里供热是可以调节的，不用开窗，就可以节约 15% 的能耗；如果是可计量的，主人出差或者上班时把暖气关掉，回来以后再开，就可以节约 30% 的能耗。30% 的能耗意味着北京市冬季采暖节省 500 万 t 标准煤，就相当于减排 1000 万 t 的二氧化碳气体。这是一个巨大的数字，也是一个艰巨的节能减排目标，需要加大推进城镇供热体制改革。

（3）建筑节能不只是政府的职责

每台电器设备在待机状态下耗电一般为其开机功能的 10% 左右；一盏 11W 的节能灯相当于 60 瓦的白炽灯亮度；选用电子镇流器，较传统镇流器省电 30%；变频式空调较常规的非变频空调节能 20% ~30%。

这些节能小窍门看似细小，日积月累，却能节省不少能源。推广绿色建筑不只是政府的职责，广大居民也是绿色建筑的最终实践者和受益者。很多建筑本身的节能效果不错，可居民在装修过程中，把墙皮打掉了，或者换了窗户，拆掉天花板，这样就破坏了建筑本身的节能性和环保性。

仇保兴表示，现在规定，凡是财政投资的项目，都必须达到建筑节能的最低标准，一定要应用建筑节能的标识；廉租房和经济适用房，不管哪个公司或机构建造，都必须是节能的绿色建筑，这需要政府去实施，也需要广大市民关心监督。仇保兴说，建筑节能和绿色建筑，不能只停留在专家、政府官员和一些大企业、大城市，应进入寻常百姓家。要让老百姓知道什么是绿色建筑，不是有鲜花绿草、喷泉水池、绿化得好的楼盘就是"绿色建筑"。如果老百姓都能关注到建筑节能和绿色建筑，都注意到房屋的能耗、材料、对室内环境的影响、二氧化碳气体的减排，那么大家的共识就会形成绿色建筑的市场需求。有了市场需求，建筑节能和绿色建筑才能在全社会广泛地推广应用。

二、当前生存环境的变化

1. 生存环境分析（见图2-1）

 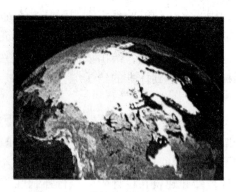

（a）NASA "南极臭氧空洞比以往任何时候都大"，面积共计2745万平方公里相当于美国和俄罗斯的面积之和

（b）NASA "北极冰层比现在想象更迅速地融化"，冰盖融化速率达到每10年9%，极地地区的温度也在以每10年1.2℃上升。

图2-1 生存环境变化

2. 生态环境与资源消耗分析（见图2-2）

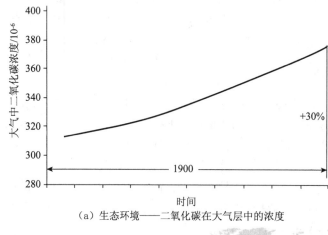

（a）生态环境——二氧化碳在大气层中的浓度

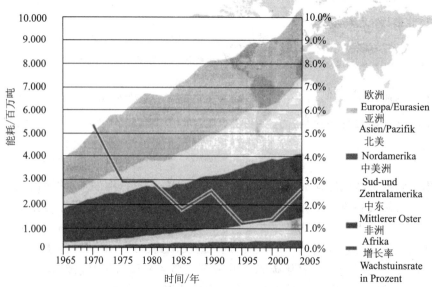

（b）能源消耗——全球能源消耗走势从上到下依次是欧盟，亚洲，北美，南美和中美洲，中东，非洲，增长速度/增加的能源消耗

图2-2 生态环境与资源消耗分析图

自然环境破坏程度、矿石能源消耗速度比我们想象的要大、要快。我国在世界气候变化大会上提出"1990 年～2005 年，单位国内生产总值二氧化碳排放强度下降46％"。在此基础上又提出，到2020 年单位国内生产总值二氧化碳排放比 2005 年下降40％～45％，在如此长时间内这样大规模降低二氧化碳排放，需要付出艰苦卓绝的努力。我们的减排目标将作为约束性指标纳入国民经济和社会发展的中长期规划，保证承诺的执行受到法律和舆论的监督。

中国的能耗结构中，建筑的建造和使用占据了大约30％，与建筑相关的工业和交通占据了 16.7％，两者相加达到了 46.7％。

中国目前总数达 430 亿平方米的既有建筑中，95％以上为高能耗建筑。每年新建的房屋面积占到世界总量的50％，每年新增的 20 多亿 m^2 建筑中，仍有80％以上的建筑是非节能建筑。

中国单位建筑面积能耗是发达国家的 2 倍～3 倍以上，预计到 2020 年建筑全能耗将占社会总能耗50％以上（见图 2－3）。

面对资源与环境的严峻形势，建筑行业具有不可推卸的责任。

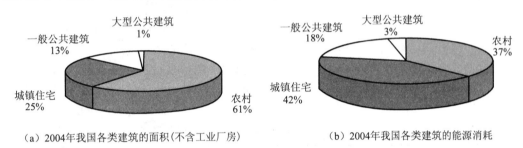

（a）2004年我国各类建筑的面积(不含工业厂房)　　　（b）2004年我国各类建筑的能源消耗

注：中国建筑节能年度发展报告 2008，中国工程院咨询项目，清华大学建筑节能研究中心。

图 2－3　我国各类建筑面积与能源消耗

三、绿色建筑理念的提出

绿色建筑正是遵循了保护环境、节约资源、确保人居环境质量一些可持续发展的基本原则，由西方发达国家于 20 世纪 70 年代率先提出的一种建筑理念。

（1）英国建筑设备研究与信息协会

一个有利于人们健康的绿色建筑，其建造和管理应基于高效的资源利用和生态效益原则。

（2）美国加利福利亚环境保护协会

绿色建筑也叫可持续建筑，是一种在设计、修建、装修或在生态和资源方面有回收利用价值的建筑形式。

（3）中国 GB/T 50378—2006《绿色建筑评价标准》

绿色建筑是指在建筑的全寿命周期内，最大限度地节约资源（节能、节地、节水、节材）、保护环境和减少污染，为人们提供健康、适用和高效的使用空间，与自然和谐共生的建筑。

四、现有评价体系——美国 LEED

（1）美国 LEED

"能源环境设计先锋奖"（Leadership in Energy & Environmental Design Building Rating System）是目前在世界各国的各类建筑环保评估、绿色建筑评估以及建筑可持续性评估标准中，被认为是最完善、最有影响力的评估标准。

LEED-NC（新建筑）、LEED-EB（既有建筑）、LEED-CS（毛坯房）、LEED-CI（室内装修）、LEED-H（独立住宅，目前只能在美国本土认证）、LEED-ND（4 万平方米以上的社区开发）、LEED for School、LEED for Healthcare、LEED for Re（针对性产品）。

（2）LEED 分四个认证等级：白金、金、银和认证级别。

（3）根据五个方面的指标进行评价：①可持续的场地规划、②保护和节约水资源、③高效的能源利用和可更新能源利用、④材料和资源问题、⑤室内环境质量。

各国的评价体系详见本书第四章。

（4）中国绿色建筑评价标准现有评价体系见表2-1、表2-2。

表2-1 住宅建筑

等级	（住宅建筑）一般项数（共40项）						优选项数（共9项）
	节地与室外环境（共8项）	节能与能源利用（共6项）	节水与水资源利用（共6项）	节材与材料资源利用（共7项）	室内环境质量（共6项）	运营管理（共7项）	
★	4	2	3	3	2	4	—
★★	5	3	4	4	3	5	3
★★★	6	4	5	5	4	6	5

绿色建筑指标体系
- 节地与室外环境 ⇒ 建筑场地；室外环境质量；多样绿化；地下空间合理运用
- 节能与能源利用 ⇒ 降低建筑能耗；提高用能效率；可再生能源利用
- 节水与水资源利用 ⇒ 节水规划；雨水收集；非传统水源利用；人工湿地
- 节材与材料资源利用 ⇒ 可再生材料利用；可循环材料应用；材料产地
- 室内环境质量 ⇒ 室内光环境、环境、风环境；室内空气品质；舒适度
- 运营管理 ⇒ 智能化系统；物业标准；环境管理体系

表2-2 公共建筑

等级	（公共建筑）一般项数（共43项）						优选项数（共14项）
	节地与室外环境（共6项）	节能与能源利用（共10项）	节水与水资源利用（共6项）	节材与材料资源利用（共8项）	室内环境质量（共6项）	运营管理（共7项）	
★	3	4	3	5	3	4	—
★★	4	6	4	6	4	5	6
★★★	5	8	5	7	5	6	10

五、中国现行相关政策法规

1. 中国绿色建筑相关政策法律标准

（1）建设部、科技部联合发布《绿色建筑技术导则》；

（2）我国第一个颁布的关于绿色建筑技术规范，2005年10月印发通知；

（3）国家标准GB/T 50378—2006《绿色建筑评价标准》，自2006年6月1日起实施；

（4）财政部、建设部《关于推进可再生能源在建筑中应用的实施意见》，2006年10月；

（5）建设部《绿色施工导则》，自2007年9月印发实行；

（6）建设部科技发展促进中心《绿色建筑评价标识实施细则（试行）》，2007年10月；

（7）《绿色建筑评价标识管理办法》，2008年；

（8）《绿色建筑评价技术细则补充说明（规划设计部分）》，2008年7月；

（9）国务院《民用建筑节能条例》，2008年10月；

（10）财政部、建设部共同发布《关于加快推进太阳能光电建筑应用实施意见》提出在全国范围实施"太阳能屋顶计划"，2009年3月；

（11）财政部、建设部共同发布《太阳能光电建筑应用财政补助资金管理暂行办法》，2009年，补

助标准原则上定为 20 元/W_p，2009 年 3 月。

2. 地方性绿色建筑相关政策法规标准

（1）《重庆市建筑节能条例》，2007 年 11 月；

（2）浙江省《绿色建筑评价标准》，2008 年 1 月起实施；

（3）山西省《太原市绿色建筑标准》，2008 年 1 月起实施；

（4）《上海市绿色建筑评价标识实施细则（试行）》，2008 年 2 月；

（5）《上海市绿色建筑评价专家组管理准则（试行)》，2008 年 2 月；

（6）《青岛市绿色建筑评价细则》，2008 年 9 月；

（7）《广西绿色建筑实施细则》已送审；

（8）《山东省绿色建筑评价标准》已发布；

（9）《天津生态城建设绿色建筑标准》实施细则已发布；

（10）《青岛市绿色建筑评价细则》，于 2009 年 1 月 1 日正式实施；

（11）《贵州省绿色建筑示范项目管理暂行办法》，2009 年 1 月 1 日；

（12）重庆市《绿色建筑评价标准》，2010 年 2 月；

（13）深圳市标准 SJG10-2003《居住建筑节能设计规范》。

3. 地方性绿色建筑相关政策（可再生资源利用）

（1）深圳市《深圳经济特区建筑节能条例》，2006 年；

（2）河北秦皇岛市《关于全面推广太阳能与建筑一体化的意见》，2007 年 9 月；

（3）海南省《关于加快太阳能热水系统推广应用工作的指导意见》，2008 年初；

（4）云南省《太阳能热水系统与建设一体化设计施工技术规程》，2008 年 5 月；

（5）河北省《关于执行太阳能热水系统与民用建筑一体化技术的通知》，2008 年 11 月；

（6）江苏省《关于进一步加强太阳能热水系统推广应用和管理的通知》，2008 年 12 月；

（7）山东省《山东省关于加快新能源产业发展的指导意见（征求意见稿)》，2009 年 4 月；

（8）浙江省《关于组织申报中央太阳能光电建筑应用财政补助资金的通知》，2009 年 4 月；

（9）江苏、广东、甘肃、云南、内蒙古等地区的太阳能补贴规划正在制定。

六、绿色建筑增量

我国绿色建筑增量统计数据成本分析：

从 2006 年、2007 年、2008 年的绿色建筑项目增量造价统计数据来看，绿色建筑的增量成本将逐年下降。

绿色建筑各星级的增加量及占总建筑造价的百分比（见表 2 - 3 和图 2 - 4）。

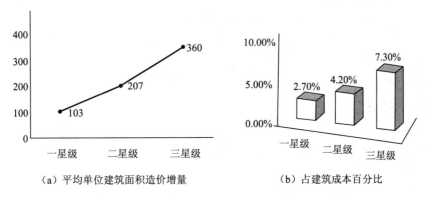

（a）平均单位建筑面积造价增量　　　　（b）占建筑成本百分比

图 2 - 4　绿色建筑造价与建筑总建筑造价关系图

表 2 - 3　绿色建筑造价与建筑总建筑造价关系

星　级	单位面积增量额度/（元/m²）	占总造价平均百分比
★	103	2.70%
★★	207	4.20%
★★★	360	7.30%

通过 18 个项目的绿色建筑增量成本综合统计，在六大方面中增量排名如下（见表 2 - 4 和图 2 - 5）：节能与能源利用 > 运营管理 > 室内环境 > 节水 > 节地 > 节材。

表 2 - 4　影响造价增量因素及措施

影响造价增量较大的方面	技术措施
围护结构节能	呼吸幕墙、屋顶或垂直绿化
可再生能源利用	地源热泵
	太阳能光电、太阳能集热
中水利用、雨水收集	屋顶雨水收集
室内环境控制	地下车库导光筒、环境模拟分析、辐射平面空调末端
建筑智能化	实施监测系统及行为节能提示系统

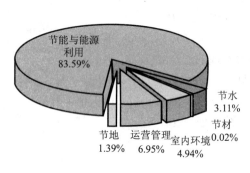
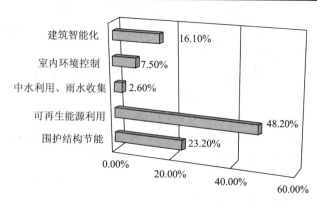

图 2 - 5　绿色建筑增量成本综合分析图

七、设计的关注点

1. 优先被动设计措施以减少能源需求

（1）选择一个紧凑的建筑形状，以尽量减少其表面积；

（2）选择建筑朝向和风口位置，以减少损失和提高能源效率；

（3）使用高性能保温材料，避免热桥以减少能量损失；

（4）确保气密性，以减少能量损失，提高人员的舒适度；

（5）整合外部遮阳系统以避免过量的太阳直射得热；

（6）选择反射屋顶或屋顶绿化，以减少过多的太阳光照。

2. 满足高效率的能源需求

（1）利用自然通风或混合室内空气系统；

（2）整合通风系统，以提高舒适性、能源效率和能值；

（3）增强通风和水分蒸发达到自然和高效冷却。

3. 由被动变积极的可再生能源

（1）核算玻璃面积，以取得在太阳能获得、热量损失和光能之间的最佳收益；

（2）反射和/或增高窗户的设计可以最大限度地采光和提高视觉舒适度；

（3）使用表面不透明的材料吸收太阳能；

（4）利用热质内裸露来提高建筑舒适度；

（5）主张用可再生能源代替化石燃料（太阳能热水，热泵，风力发电，太阳能，生物质能）。

4. 可持续建筑的其他方面

（1）确保美学设计，并让用户在未来灵活地优化建筑本身；

（2）预估建筑要素，实现卓越的听觉舒适度；

（3）雨水和废水收集利用，以减少需求和对基础设施的影响；

（4）使用适应于本地的耐腐蚀、可再回收使用的材料，取代降低建筑整个生命周期环境的材料；

（5）致力于整体设计，以达到整个环境规划和成本降低的目的。

八、推广绿色建筑工作的核心内容

推广绿色建筑工作时应聘请专业绿色建筑咨询单位从项目的规划到设计再到施工阶段进行全程参与（见表 2-5）。

表 2-5

1	建筑环境模拟工作（室内外风环境模拟、光环境模拟、噪声模拟、热岛效应模拟）
2	建筑能耗分析工作（节能率计算、围护结构优化等）
3	非传统水源利用方案及利用率计算（中水及雨水利用）
4	节材与材料利用（3R 材料利用方案及利用率计算）
5	绿色建筑施工管理
6	室内环境质量（建筑平面布局优化）
7	运营管理（物业管理节约机制编写）

绿色建筑咨询单位与建筑各个专业的设计师沟通讨论，根据项目设计目标，分析目前的技术，并提出相关的设计优化方案。

九、主要工作内容

1. 建筑日照模拟设计分析

（1）分析建筑物的自身遮蔽和阴影的情况；

（2）分析规划设计方案对周边建筑的日照影响，对设计方案进行调整和优化，使其不会对周边已有建筑的日照造成不利影响；

（3）住区日照采光环境分析，满足日照标准 [冬至日照时间不低于 1 小时（房子最底层窗户）]；

（4）控制玻璃幕墙反射光，减少对周边环境的光污染。

2. 环境噪声模拟设计分析（见图 2-6）

图 2-6 环境噪声模拟设计分析图

（1）模拟分析环境噪声（交通、工业、施工）的分贝等级；

（2）优化建筑布局、建筑造型、绿化种植带、隔声屏障等布置，提高围护结构隔声降噪性能，使得区域环境噪音满足：白天 $L_{Aeq} \leqslant 70dB$（A），夜间 $L_{Aeq} \leqslant 55dB$（A）；

（3）GB 3096《声环境质量标准》。

3. 建筑风环境模拟设计分析

（1）优化建筑单体设计和群体布局，合理分布窗口和大门；

（2）住区风环境有利于冬季室外行走舒适及过渡季、夏季的自然通风；

（3）控制建筑周围人行区距地 1.5m 高处风速 $v < 5m/s$；

（4）减少无风区或漩涡区，以利于室外散热和污染物消散。

4. 太阳能利用设计分析（太阳能光电）

（1）太阳能电池方阵：硅电池类型，电池组件大小、倾角、数量、位置、串并联；

（2）蓄电池：充、放电效率，容量；

（3）逆变器：直流→交流。

5. 地源热泵设计分析（见图 2-7）

（1）土壤面积：适用于低容积率；

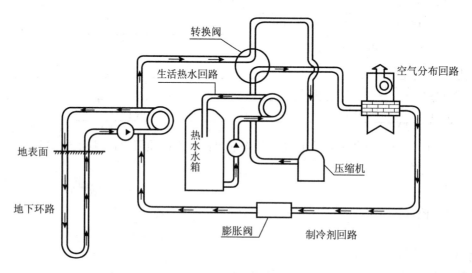

图 2-7 地源热泵设计图

（2）热平衡、机房、末端、经济性分析；

（3）地质情况：岩土层的结构、热物性、温度；地下水静水位、水温、水质及分布，地下水径流方向、速度；

（4）地埋管：负荷、类型、管材、管径、管长、井数、间距。

6. 围护结构设计分析

（1）外墙：外保温、自保温、内保温（XPS、EPS 等），外保温墙体见图 2-8；

（2）屋顶：保温隔热屋面、种植屋面、坡屋面、通风屋面；

（3）外窗：铝合金、PVC、断桥隔热、单玻、中空、低辐射；

（4）玻璃幕墙：明框、隐框、呼吸幕墙、LOW-E 玻璃；

（5）围护结构各部分对能耗的影响（见图 2-9）：外墙：填充墙、热桥；外门窗；屋顶；地面；分户楼板；架空楼板；分户墙。

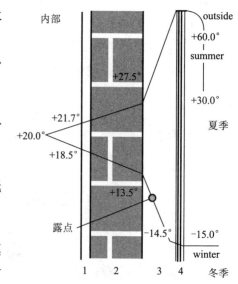

图 2-8 外保温墙体

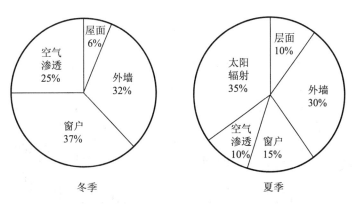

图 2 – 9　围护结构各部分对能耗的影响分析

7. 外遮阳设计分析

（1）外遮阳种类、式样：百叶、卷帘、遮阳蓬、遮阳板；

（2）控制：手动、光感、定时；

（3）材料：木质、金属、玻璃。

8. 空调照明系统设计分析

（1）空调系统设计：热电冷联供、温湿度独立控制、离心螺杆机组、热泵机组、全热回收、VRV、VAV、变频；

（2）照明系统：LED、节能灯、T5、T8、电子镇流器、光感、红外、定时、光导照明；

（3）电梯：无齿轮曳引、能源再生电梯，节能 25％；

（4）配电：高效变配电设备。

9. 综合能耗模拟分析（见图 2 – 10）

（1）建筑：布局造型、体型系数、围护结构；

（2）暖通：系统形式、负荷、设备效率、使用时间；

（3）照明：功率密度、灯具、开关控制；

（4）其他设备：电梯、电脑、复印机、打印机……；

（5）模拟软件：DOE – 2、EnergyPlus、eQUEST、PKPM、DesignBuilder……；

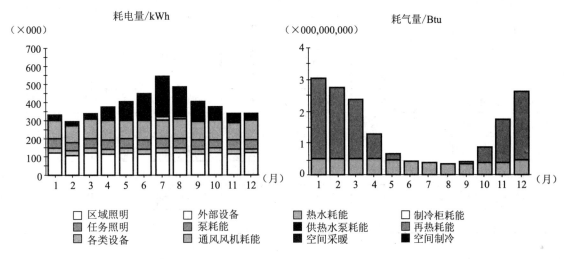

图 2 – 10　综合能耗模拟分析

（6）建筑用能系统（见图 2 – 11 和表 2 – 6）；

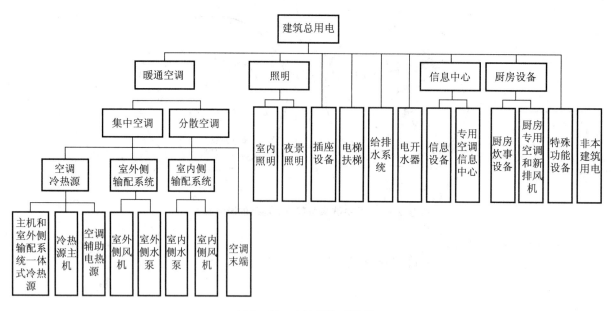

图 2-11 建筑用能系统图

表 2-6 建筑用能系统分析

	节能技术	技术成熟度	市场容量	市场急迫度	客户接受度	改造难易度	投资回收快速度	总和
中央空调节能	中央空调自动控制	5	3	4	4	2	2	20
	输配系统节能改造	5	4	5	5	5	5	29
	冷却塔节能改造	4	3	2	2	3	3	17
	过渡季节全新风运行	4	4	5	4	3	5	25
	余热回收	4	3	3	3	1	4	18
照明节能	更换节能光源、设备	5	5	5	5	5	5	30
	安装照明节电器	3	2	3	2	5	5	20
	照明系统自动控制技术	3	2	2	2	2	3	14
给排水节能	更换节水器	5	5	4	4	3	3	24
	冷却水节水技术	5	4	4	5	4	3	25
电气节能	安装改善电力品质设备	5	4	3	4	5	5	26
	终端无功补偿技术	4	3	3	3	4	5	22
	末端负载跟踪相位校正	4	5	3	4	5	5	26
	优化变压器运行办法	5	4	3	5	5	5	27
	扶梯节能控制技术	4	2	1	3	5	4	19
5：很好；4：较好；3：一般好；2：较不好；1：不好。								

（7）合同能源管理：

1）一种新型的市场化节能机制，以减少的能源费用来支付节能项目全部成本的节能业务方式；

2）一种节能投资方式，准许用户使用未来的节能效益为工厂和设备升级以及降低目前的运行成本；

3）能源管理合同在实施节能项目投资的企业（用户）与专门的盈利性能源管理公司之间签订，它有助于推动节能项目的开展。

重庆市部分建筑能耗统计见表 2-7。

表 2 – 7　重庆市部分建筑能耗统计表

商场类建筑	建筑面积/m²	年总能耗/（kw·h）	单位面积年能耗/（kw·h/m²）
沙坪坝某大型商场 A	32000.00	3690539.35	139.28
杨家坪某大型商场 A	18164.00	1863528.00	102.59
沙坪坝某大型商场 B	28962.15	6631220.00	228.96
某大型综合写字楼 A	76000.00	19682824.00	259.00
南坪某大型商场 A	10769.80	3986100.00	370.23
某综合写字楼 B	6748.00	982797.00	145.60
某大型旅游景区（商场）	41000.00	7866000.30	191.90
江北某大型商场 A	48201.00	15164720.00	314.64
某大型家具城	25519.50	5249999.00	205.70
江北某大型购物商场 B	42911.00	13291700.00	309.75
建筑平均值	33027.54	7840942.80	237.40

10. 雨水中水综合利用（见图 2 – 12）

（1）雨水收集回用：雨水收集系统、弃流设备、处理存储设备、末端和管道；

（2）雨水回渗：绿地入渗、透水地面入渗、渗透管沟、渗透井、渗透池；

（3）中水系统：用途、水量、处理工艺（生化处理、物化处理、膜处理、人工湿地）；

（4）节水浇灌系统、节水器具。

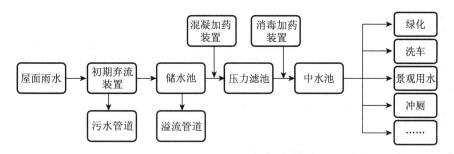

图 2 – 12　雨水中水综合利用框图

11. 室内热湿环境模拟分析

（1）室内温度、湿度、气流速度、辐射强度；

（2）热舒适性：PMV、PPD、中性温度；

（3）影响身体健康、工作学习效率（见图 2 – 13）。

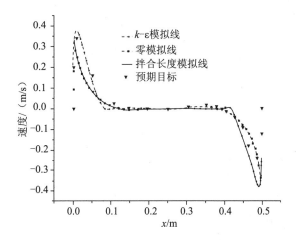

图 2 – 13　室内热湿环境模拟分析图

12. 围护结构热工模拟分析（见图 2-14）

（1）分析窗过梁、圈梁、构造柱等热桥部位的传热性能；

（2）控制内表面温度不低于室内空气露点温度，防止热桥部位内表面产生结露；

（3）如围护结构热工性能差，内表面结露，易产生霉菌，影响室内环境和人员身体健康。

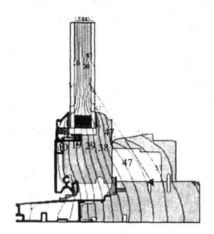

图 2-14　围护结构热工模拟分析

13. 室内空气品质控制分析（见图 2-15）

（1）室内污染物浓度控制：固体颗粒物、粉尘，甲醛、挥发性有机物（VOC）；

（2）空调系统中：表冷器、冷却塔、螨虫、真菌、细菌；

（3）最小新风量要求：CO_2 浓度、人员密度；

（4）不良反应：眼鼻刺激、头昏眼花、呼吸器官疾病、心脏疾病及癌症等。

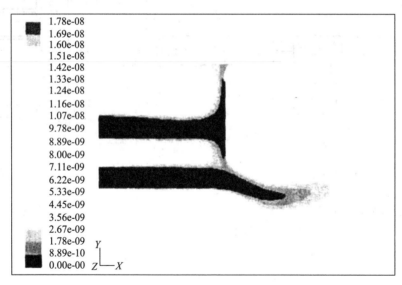

（a）对流液态不稳定和不规则示意图

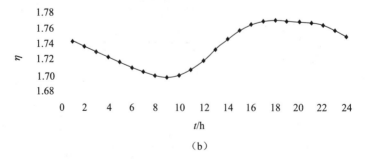

（b）

图 2-15　室内空气品质控制分析

14. 室内风环境模拟分析

（1）空调送风环境（见图 2-16）

分析空调送风风速大小、风场分布情况，避免空调风直接吹向人体引起不舒适感。同时合理布置送排风口位置，提高新风的清洁性。

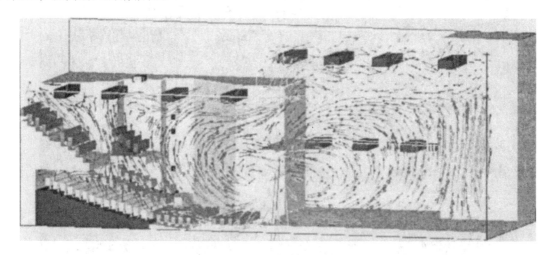

图 2-16 空调送风环境分析

（2）自然通风环境（见图 2-17）

过渡季节利用自然通风进行室内通风换气，既能排除室内热量，又能保持室内空气的新鲜度。合理设计开窗位置、开窗大小以及建筑朝向等。

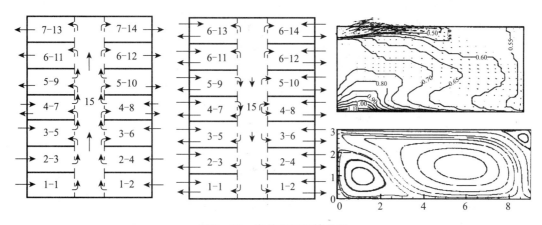

图 2-17 自然通风环境分析

15. 室内声环境模拟分析（见图 2-18）

（1）安排合理建筑平面布局和空间功能，减少相邻空间的噪声干扰以及外界噪声对室内的影响；

（2）建筑围护结构隔声性能满足要求：隔墙、楼板、门、窗等；

（3）优化室内噪声源的分布，控制背景噪声级。

16. 室内光环境模拟分析

（1）自然采光

1）自然采光不仅节能，而且为室内提供舒适、健康的光环境，是良好的室内环境不可缺少的重要部分；

2）模拟分析室内外的自然采光环境，并提出相关的调整和优化措施，满足最小采光系数要求；

3）为改善室内和地下空间的自然采光效果，可采用反光板、棱镜玻璃窗等措施，还可以采用导光管、光纤等先进的自然采光技术将室外的自然光引入室内。

（2）人工照明

1）合理设计室内照明密度以及灯具布置情况，满足房间照度要求，同时控制室内眩光和显色性的要求；

　　2）照度值、统一眩光值、显色性指数。

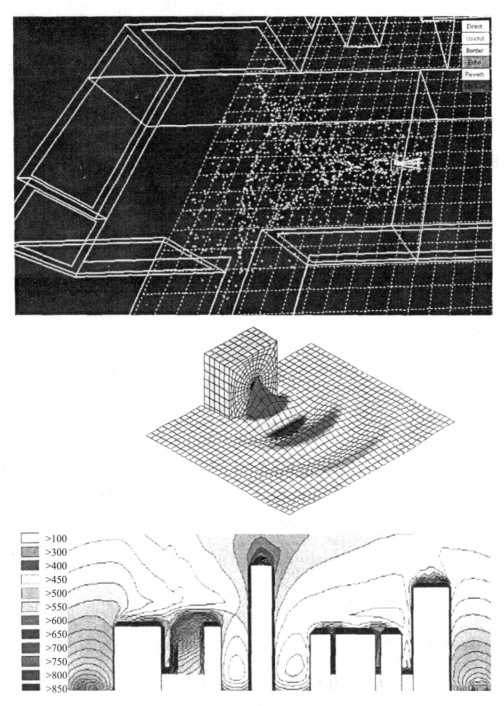

图 2 – 18　室内声环境模拟分析

17. 实时监测系统（见图 2 – 19）

（1）实时显示建筑当前能耗、节能率、CO_2 减排量、室内舒适性等情况；

（2）评价建筑设计目标与实际运行情况的吻合性；

（3）优化建筑能源管理系统；

（4）监测参数。

　　1）室外气象条件：包括室外环境温度，湿度，风速，风向，太阳辐射强度，大气压力，紫外线辐射强度；

　　2）围护结构内外表面温度；

3）室内热工参数，主要包括室内空气温度，室内空气湿度以及反映室内空气的 CO_2 浓度。

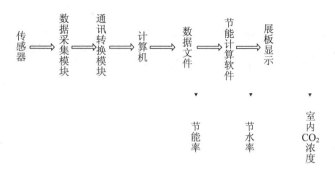

图 2－19 实时监测系统图

18. 经济、社会、环境效益综合分析（见图 2－20）

（1）经济效益分析：投资成本、运行成本、折现率、投资回收期等；

（2）环境效益分析：减少 CO_2 排放、减少污水排放、减少噪声光污染、提高室内环境质量；

（3）社会效益分析：生态技术促进区域循环经济发展、合理利用社会自然资源、示范推广节能减排。

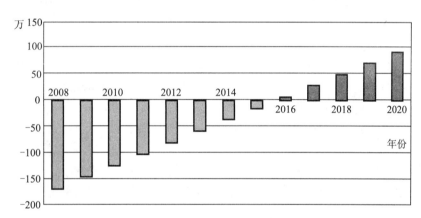

图 2－20 经济、社会、环境效益综合分析图

19. 绿色建筑咨询、方案设计

（1）计算机辅助模拟：采光、通风、热导、噪声、室内空气品质、能耗、热桥、遮阳等；

（2）围护结构节能设计；

（3）能源合同管理。

第三章

国外绿色低碳建筑案例

一、城市最佳实践区：把环保概念和技术浓缩在一座建筑

在 2010 年上海世博会上，在举办"向世界学习"城市建设论坛的同时，易居中国还邀请了来自全国将近 2000 位开发商代表来到世博会最佳实践区进行参观，并特别对马德里、马尔默、伦敦、罗阿等五个案例进行介绍，这些案例来自于全世界各个城市对于生态、零碳、环保的追求。

上海世博会城市最佳实践区部长孙联生表示："总体来说，我们城市最佳实践区以及整个上海世博会，无论是组织者、参观者还是参展方，都在贯彻低碳理念，并且在切实地实施。特别是我们的案例馆，可以把所有生态技术的概念和实用的东西结合在一栋建筑里面，让参观者汲取当中可用的部分，并得到推广和应用。"

论坛组委会相关负责人表示，现代城市经济飞速发展的同时留下了很多"后遗症"，环境变化与城市责任成为现代房地产行业必须直面的课题。这一主题论坛不仅是对世博理念的进一步深化与聚焦，也将世界案例馆的绿色可持续发展的思想和技术传播至中国更多城市。

在论坛的最后环节，易居中国董事兼总裁臧建军（微博）表示："低碳已经成为我们非常关注的话题。随着人口的增长、工业化的发展和人类无休止的欲望，我们看到了排放量越来越大。但是，未来在我们自己的手上，感谢今天的专家，特别是伦敦零碳馆提供了这样一个平台，让我们易居人及我们的客人了解了低排放。我们作为开发商和媒体，应当更加做好低碳，希望易居日从低碳开始！"

1. 世博零碳馆

世博零碳馆是中国第一座零碳排放的公共建筑。从外形来看，零碳馆更像是两栋别致的"小别墅"，而不是展览馆。除了利用传统太阳能、风能实现能源"自给自足"外，"零碳馆"还将取用黄浦江水，利用水源热泵作为房屋的天然"空调"；用餐后留下的剩饭、剩菜，将被降解为生物质能，用于发电。在每栋房子的屋顶，各安装着 11 个五颜六色的风帽，房子朝南的墙壁采用的是镂空设计以自然采光，而房子的北面墙壁则被设计为斜坡状。在坡顶设置可开启的太阳能光电板和热电板，另外还将种上一种名叫"景天"的半肉质植物。"景天"不仅有助于防止冬天室内的热量散失，而且还能使零碳馆从周边各展馆中"脱颖而出"。世博会结束，零碳馆将永远保留下来，我们会把它打造成中国首座零碳博物馆（见图 3-1）。

图 3-1　世博零碳馆

2. 德国弗莱堡：向老房子学习

在被称为"绿色之都"的德国弗莱堡，通过几乎苛刻的节能标准，成就了这座城市大量的绿色建筑。据弗莱堡弗雷建筑事务所总裁沃尔夫冈·弗雷介绍，弗莱堡的天气跟上海一样，现在非常炎热，被称为"德国最温暖的城市"。

通过一组数字，可以看出弗莱堡对节能标准的严格控制。弗莱堡的老建筑供暖能耗约为每年每平方米350度电，1992年的时候，弗莱堡的供暖能耗要求在每年每平方米65度电以下，2010年则不得多于每年每平方米15度电。沃尔夫冈·弗雷说："我们更多是利用人体散发的热，饭菜以及机器的热量来让房屋减少供暖能耗"。

弗莱堡的另一个定位是"学习中的城市"。弗雷展示了弗莱堡黑森林地区的传统民宅，它的特点是房顶很大、房屋四周都设计有阳台并且被树木包围，在一定程度上防止了风吹雨淋和紫外线的照射。在弗莱堡的城市发展中，正在不断地向老房子学习。黑森林房屋的现代版传承了这些特点（见图3-2），房顶做了一个倾斜并将房顶的一部分延伸出去，同时阳台也是围绕着房屋的四周，这样的设计在夏天可以防止紫外线直射，让房屋内部产生一些阴影，也可以防止墙体受到风吹雨淋和紫外线的照射。

图3-2 德国弗莱堡案例馆

3. 马德里：保障房是商品房的榜样

另一个案例来自于西班牙马德里，令中国听众感到惊奇的是，马德里的保障房无论是创意设计、环保科技都是商品房学习的榜样。世博会马德里案例馆建筑（见图3-3）与施工部主管马努·罗比奥介绍了马德里的社会保障住房政策。根据西班牙法律，地方政府必须担负两个职责，一是城市规划，二是市政住房的推广。马德里市的住房政策不光是着眼于住宅，而是着眼于城市。根据新的需求制定新的住房类型，来支持保障性住房的推广，并且鼓励私有机构发展保障性住房，恢复和修复建筑文物，反对保障房的边缘化。罗比奥说："我们努力使政府的行为成为市场的参照标准，并且帮助私营企业树立可持续性的理念，更积极地参与到保障房的建设。我们寻找正义和公正的住房，并随时注意新的住房需求。"在罗比奥看来，即使是对刚工作的年轻人和有着两个小孩的年轻夫妇，他们的住房需求也是不同的，需要为他们设计不同的住宅。

"第一坚持创新、高质量和可持续性；第二建造一个城市，而不仅仅只是建造住房；第三经济和文化的多元化；第四提高能源有效利用；第五根据社会需求，制定新的住房类型。这些是保障房建设的五个原则。"罗比奥说，在马德里市新建的住宅里，50%是社会保障住房，这些保障房的价格是同地段商品房价格的一半左右，但是这些保障房的建筑造价和商品房的建筑造价是一样的，在新能源的利用方面比普通商品房更好一点，在创意设计和环保科技上也胜于商品房。但是价格为什么能比商品房低？因为保障房的土地价格由政府控制。

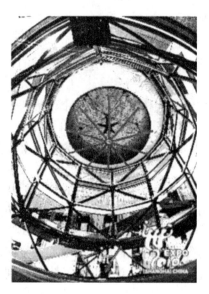

图 3-3 马德里案例馆

对于马德里在保障房建设的经验，中国房产信息集团（微博）执行董事朱旭东（微博）感慨："中国的保障房用地也是政府供应的，却比商品房要差一个档次，马德里值得我们好好学习和借鉴"。

世博会民营企业联合馆馆长孙军说："用最好的设计师设计经济适用房，这是我们要学习的。"

4. 伦敦零碳馆：便利的应用到中国民居（见图 3-4）

图 3-4 伦敦零碳馆

"每一个城市，都有一个零碳馆。"上海世博会伦敦零碳馆馆长陈硕说。他列举了石油价格的上涨数据，来说明节能的迫切性。"过去 9 年石油价格涨了 17 倍，按照这样的价格走向，未来我们的社会会因为化石能源过于昂贵而陷入瘫痪。同时，我们的公共设施、基础建设，包括高铁和市政设施，也会因负担不起化石燃料而陷入枯竭"。

"我们的零碳馆，不是为了满足领导的意愿，而是为了真正寻找一个应对人类未来城市发展的模型。什么是未来城市发展的模型？每一天我们从远处生产的食物和资源送进城市，输出的是垃圾，总有一天资源会耗竭，产生的都是垃圾。城市需要一种新的模式，这种新的模式是通向更加便宜、更加洁净的未来，我们希望城市通过地下水和河流水的处理产生水，同时可以自己处理一些垃圾，并且把这些垃圾变成电、热和肥料"。

在陈硕看来，零碳社区有两个目标，一个目标是希望这个小区不排放二氧化碳，居民不需要交水费和电费；另外一目标是希望这样的房子成本足够低，建造的方法很简单，每个人可以负担得起这样的房子。据陈硕介绍，按照这一全新的开发模式，开发商多付出 14.6% 的成本，但是销售比普通房子贵 20%～40%。

值得关注的是，伦敦零碳馆所用的技术，并不仅仅是在世博会的环境下才适用，在普通的民居同样可以应用。陈硕说："并不是零碳馆所有的技术都可以在中国各个地方拷贝，但我们会给海南、江苏的各个不同的城市开发低碳模式"。

二、世界绿色建筑发展的启示

1990年世界首个绿色建筑标准在英国发布；1993年美国创建绿色建筑协会；1996年香港地区推出自己的标准；1999年台湾地区推出自己的标准；2000年加拿大推出绿色建筑标准。国外对绿色建筑的研究与实践开始得较早，发展绿色建筑是从建筑节能起步的，在建筑节能取得进展的同时，伴随着可持续发展理念的产生和健康住宅概念的提出，又将其扩展到建筑全过程的资源节约、提高居住舒适度等领域，将原有节能建筑改造成绿色建筑的活动越来越广泛。绿色建筑由理念到实践，在发达国家逐步完善，渐成体系，成为世界建筑发展的方向，成为建筑领域的国际潮流。

发达国家法律法规体系健全、市场经济体制完善，主要通过法律和经济作为调控手段推动绿色建筑的发展。政府通过制定和实施环境保护、建筑节能等方面的法律法规为绿色建筑的发展提供法律保障，并通过提供财政支持、税收优惠、奖励、免税、快速审批、特别规划许可等措施大力推动和扶持绿色建筑的发展，促使绿色建筑被社会广泛关注和认可。

推行绿色建筑较为成功的美国、英国、日本等发达国家都有一套科学、完备、适合本国的绿色建筑评价体系，规范管理和指导绿色建筑的发展。如美国的绿色建筑评价体系——《能源与环境设计导则》，政府通过一系列的制度强制和引导发展商申请绿色建筑认证。一些州与地方政府采取命令的方式要求政府投资超过一定面积的新建筑（包括私人建筑与政府投资建筑）符合绿色建筑标识的要求。一些州与地方政府对绿色建筑设计、建造者、业主减免、扣除税收，对获得绿色建筑评价标识的新建筑给予快速审批并降低审批费，还根据建筑获得评价标识的级别给予不同程度的奖励。

目前，欧盟、美国、日本都将建筑业列入低碳经济、促进节能和克服金融危机的重点领域。欧洲近年流行的被动节能建筑，它可以在几乎不利用人工能源的基础上，依然能够使室内能源供应达到人类正常生活需要。美国实验室主要研究领域之一就涉及建筑的节能低碳，德国的建筑研究所把建筑热工学、建筑声学与室内设计有机结合起来。在日本建筑师看来，低碳建筑并不是一个新名词，他们早在20年前就开始在建筑界践行。对于一个没有资源的岛国来说，能源就意味着生命，而低碳就成为大多数日本建筑师当时考虑的出路之一。

荷兰阿姆斯福特著名的太阳能居住社区是以建筑节能为中心的、装机容量名列世界前茅的太阳能发电居住区，是当今荷兰住宅建设的示范项目。西班牙毕尔巴鄂市的Atika住宅是一座将未来的居住理念、绿色建筑设计和可持续发展的城市等设计理念相结合，运用斜屋顶技术、低能耗策略、全方位的太阳能系统（不仅是取暖，还包括降温）、楼宇智能化管理体系以及模数化技术而建造的一座欧洲最新的节能型住宅试点项目。英国伦敦的BedZED是未来居住的雏形，它创造了一种全新的生活方式，设计了一个高生活品质、低能耗、零碳排放、再生能源、零废弃物和生物多样性的未来。BedZED低能耗的一个主要原因是其组合热力发电站发挥了巨大作用，即通过燃烧木材废弃物发电为社区居民提供生活用电，而且用这一过程中产生的热能来生产热水，其燃料主要是附近地区的树木修剪废料。另外，家家户户都装上了太阳能光电板，可为40辆汽车提供电力。BedZED没有任何中央暖气系统，但在其屋顶、墙体及地面均采用高质量的绝缘材料，保证冬天住房的舒适。德国巴斯夫的"三升房"项目是由世界上最大的化学公司在一幢已有70多年历史的老建筑基础上改造而成的，因其每年每平方米使用面积消耗的采暖耗油量不超出3L而被称为"三升房"。与改造前相比，采暖耗油量从20L降到了3L。如按100m^{2}的公寓测算，每年取暖费可从5400元人民币降至770元人民币，二氧化碳的排放量也降至原来的1/7。屋顶的太阳能板群吸收太阳能用于发电，电能随之进入市政电网，用发电所得的收入来填补建筑取暖所需费用，在屋顶墙壁上悬挂的太阳能电池板还可提供热水。2009年1月25日，在美国白宫发布的《经济振兴计划进度报告》中强调，近年内要对200万所美国住宅和75%的联邦建筑物进行翻新，提高其节能水平。比如，纽约帝国大厦的绿色改造就成为公众关注的焦点，工程完工后可为该地标性建筑节能近40%，每年节省440万美元能源费。在阿联酋首都阿布扎比机场皇室专用航站楼的对面，一座占地6千平方米的马斯达城正在沙漠中崛起，目标是成为世界上首座不使用一滴石油、碳排放为零的绿色城市。

马斯达城于2008年初开始兴建，总投资约为220亿美元。还有被形象地誉为"榴莲头"的新加坡滨海艺术中心，屋顶窗户巧妙地使用遮阳部件，并根据光线角度设置于不同方向，在遮阳的同时保证了室内最大限度地利用自然光。从诸多成功的实例中不难发现，发展低碳经济，建筑节能是关键一环。我国应该吸取世界上所有国家在绿色节能建筑上的最新技术，少走弯路，采取成本最低的可靠办法推行建筑节能，为低碳生活做贡献。

绿色低碳建筑已逐渐成为国际建筑界的主流趋势，一个全新的建筑变革时代正在快步向我们走来。低碳代表一种态度，更代表一种责任。绿色低碳建筑是一个系统工程，需要全社会方方面面的参与，让建筑在全生命周期中都保持低排放。我们应该立足现实，确立符合中国国情的节能理念和设计体系，努力实现绿色建筑的低碳化。

三、欧洲低碳建筑设计

建筑环境是营造未来可持续发展的关键。以下通过对欧洲的实例来研究可持续发展的动因以及影响建筑环境的相关因素，探讨设计中的主要问题，如高能效设计、可再生能源利用、灰色能源、造价及现代建造方法等。在英国乃至欧洲，建筑业正在积极地满足日益增长的绿色建筑的要求。

1. 引言

CO_2被普遍认为是造成全球气候变暖的主要温室气体，过量的温室气体正是引发极端天气现象的原因。地球目前30年~40年时间内的气候变化取决于过去的温室气体排放。我们不得不接受的事实是世界人口将持续增长导致更多的物质需求，从而引发能源、水和材料的稀缺。然而，这些资源并不是取之不尽用之不竭，正在减少，如果我们仍不采取措施采用可持续发展的生活方式，而是仍然不加控制地使用资源、能源、材料，不加控制地产生垃圾和制造污染，环境灾难将不可避免。可见，可持续发展观念必须深入人类的意识之中。

建筑在营造更加可持续的未来中扮演着重要的角色，从全球范围来看，建筑消耗着接近50%的能源、水和材料，并在建造及使用过程中产生成堆的垃圾。建筑使用能源以供给舒适生活所需的采暖、制冷以及照明。目前，这些能源绝大部分来自于矿物燃料的燃烧，并释放CO_2。即使科技发展提高了能源使用效率，但总消耗量仍持续增长。原因是持续增加的建筑数量和规模，以及建筑中使用的设备与建筑环境规划相关的交通量仍在增长。

被动式设计提倡借助自然的力量来利用可再生能源，减少传统能源以及水资源的使用，鼓励低碳生活方式，改变人们的思维和行为方式，从而能大大提升建筑和城市设计的效果。其实营造低碳的建筑环境在技术上并不复杂，甚至有些技术更为简单易行。但它的前提是需要对常规的设计和规划以及生活、工作、娱乐的方式稍作改变。

2. 可持续发展的动力

可持续发展这个名词已经不是一个新鲜事物了，然而却做得很少。很多时候人们都对它持望而生畏的态度，不知道该如何去实践，意欲等待所有的未知和不确定因素全部明了之后再去做。环境因素、社会因素和经济因素是"可持续发展"的三个基点，每一点都能够拓展到很大的范围，于是环境道德、社会公正、文化价值改变以及思维习惯、生活习惯、可持续发展的教育、政治以及经济等都被涵括进来。这使得"可持续发展"这一系统变得更为复杂。另外。建筑工业在技术变革进程中一般较为迟缓和滞后，而一个工程项目的设计建设周期又不长，这为"可持续发展"在建筑中的应用增加了难度。

绿色低碳建筑设计的宗旨是通过建筑设计达到尽量低的CO_2排放量，这是可持续发展建筑设计最好的动力，通过它可以引进其他有关可持续发展的因素，如材料、能源的应用、健康生态的室内外环境等。"低碳建筑设计"比较容易理解，并有着发展较为成熟的知识和技术支持。推行可持续发展建筑与采取措施同样都可以有效地消除偏见，获取自信；实践经验更增强了人们理解可持续发展建筑获得自信的信心。

欧洲制定了一系列国际和国内的建筑规范、法规和条例来应对气候变化，同时还制定了环境评估体系来进行评估，为建筑的完成度打分。如Ecop rofile（挪威）、ESCALE（法国）、Eco-Effect（瑞典）、

Eco-Quantum（荷兰）、Protocollo（意大利）、LCA House（芬兰）、Built-It（德国）、BEAT（丹麦）和BREEAM（英国）。在英国，鉴于住宅的 CO_2 排放量占全国总 CO_2 排放量的27%。英国的《可持续发展住宅规范》制定了走向零碳住宅的三个步骤：到2010年 CO_2 排放减少25%；到2013年减少44%；到2016年达到零碳排放。威尔士议会制定的目标是到2011年所有的新建建筑都应该是零碳排放，所有新建筑必须达到BREEAM评估优秀级。英国和欧洲的能源利用认证促进了高能效建筑的设计并鼓励对已有建筑进行优化改造来达到评估要求。在未来，如果一个建筑不是"绿色"的，那么投资修建它很可能是个冒险，因为它将会很难被出售或者出租。

3. 案例研究

在欧洲近10年内所有的新建建筑都会逐渐实现"零碳"。目前零碳建筑并不多，但已建成了一些比较好的低碳建筑。这里就欧洲几个较早进入低碳甚至零碳建筑的项目作为案例进行研究。

（1）概念住宅（建筑设计：卡迪夫大学威尔士建筑学院）

威尔士建筑学院为威尔士格瓦列住宅委员会设计的概念住宅（图3-5）以下列三个主要因素作为可持续性建筑设计的出发点，即一是达到近乎于"零碳"的排放量；二是建造方式和材料使用上的改革；三是使用可替代和可再生的能源。

图3-5 概念住宅

建筑的建造使用可持续性的建筑材料，包括再利用（reuse）和再循环使用（recycle）两个方面，建造尽量减少现场施工，更多采用工厂预制，采用现代建造方法。此设计的热损失约为1kW，所以冬季采暖基本上只靠太阳辐射，利用被动式太阳房，太阳能集热器提供热水供热。再加上室内人体和设备的散热即可实现。通风系统，利用带有"热恢复"性能的通风设备，在冬季利用排风和新风的温差加热新风。主要的起居空间布置在南向，在冬天利用南向双层玻璃幕墙来加热新风供风，排风从北向服务空间机械排出。屋顶上布置太阳能光电板和太阳能集热器。需要说明的是，英国采暖期比较长，冬季采暖往往要消耗大量能源，而夏季气候较凉爽无需考虑空调系统，所以解决好被动供热问题可以大大节约传统能源，减少 CO_2 排放量。

（2）巴格兰生态工厂（基地：威尔士巴格兰；建筑设计：卡迪夫大学威尔士建筑学院；业主：尼斯塔尔伯特港政府；建成时间：2000年）（见图3-6）

建筑中使用了一系列可持续策略，最终使这个生态工厂（图3-6）率先达到了BREEAM优秀级。建筑的设计原理是被动式设计。本项目充分利用自然采光、自然通风和太阳能控制合理解决了能源和资源问题以及视觉感受和室内热环境舒适度问题。同时，建筑的外围护结构高质高效，具有高气密性，这是建筑达到高能效的前提。太阳能光电板用来供电的同时还兼作遮阳板。在夏季能够有效减少南向过多的热辐射。良好的室内热环境舒适度和视觉环境，以及对于良好工作环境的自豪感大大激发了员工的工作效率。此建筑还赢得了2002年的RIBA地域建筑设计奖，是可持续性设计巧妙融入建筑设计的典范。

图 3-6　巴格兰生态工厂

（3）普拉兹摩老人疗养院（位于巴瑞港；建筑师：PCKO；完成：2003 年）

巴瑞港的普拉兹摩老人疗养院（图 3-7）有一居室和两居室公寓共 38 套，由英国威尔士各瓦列住宅委员会、卡马森郡政府以及威尔士议会联合开发。此建筑中应用的可持续发展设计策略如下：全部使用节能灯具；利用生物燃料进行区域供暖；200m² 的太阳能光电板发电；30m² 的太阳能热水器来供给家用热水；太阳能集热器供给热水的热能和光电板发电的电能与生物燃料燃烧供暖相结合的供暖系统；能源管理系统。

图 3-7　普拉兹摩老人疗养院

此建筑的特点是"绿色"技术很好地融入建筑设计，而不是建筑的附加物。整体设计的手法使得疗养院造价和运营成本并不高，即使普通大众也可以负担得起，使生态建筑并不是奢华的代名词。此建筑每平方米 720 英镑的造价在同类建筑中相比是较低的。

（4）EMPA Eawag 低碳办公楼（位于瑞士苏黎世；建筑师：Bob Gysin + 合伙人 BGP 企业负责人；完成：2006 年 9 月）

EMPA 是一栋五层的办公楼（图 3-8），中间有一个通高的中厅，开放的楼梯设置其中。开放式楼梯的设置是鼓励人们尽量多地使用楼梯而少用电梯。这个建筑的特点是既不采用传统供暖也不采用传统制冷系统。中厅的作用是个缓冲区，提供自然通风同时将充足的自然光线引进建筑。夏天的晚上，当室外凉爽下来的时候，建筑外围的窗户自动开启将冷空气抽进室内，进行空气交换后空气温度升高，热空气因浮力上升，从中厅的天窗排出室外，这是夜间冷却的建筑策略。暴露的钢筋混凝土框架结构用来储热和蓄冷，陶土和石膏墙体用来调节湿度。夏天时，埋于地下的管道系统利用地下恒定的温度来预冷室内新风。冬天时，这个系统用于预热供给室内的新风。竖向的漫射玻璃遮阳板可以调节角度，夏季时遮挡阳光，冬季时利用太阳能并引入阳光。建筑外围护结构的保温隔热性能良好，窗户的 U 值是 0.5 W/（$m^2 \cdot k$），墙和屋顶的 U 值是 0.12 W/（$m^2 \cdot k$）。在大部分时间里办公楼内人体产生的热量，办公设备、照明和太阳辐射产生的热量对于营造一个舒适的热环境已经很充足了。1/3 的屋面铺设了太阳能光电板来发电为建筑供给电能。因为能源效率高的设备往往发热量也比较低，所以高能效的照明灯具和设备不仅有效的减少了用电负荷而且还降低了制冷负荷。屋顶种植绿化，雨水被收集到花园的景观水池中。调节小气候并灌溉植物，利用中水冲马桶。

图 3-8　瑞士低碳办公楼

4. 绿色低碳建筑要点

（1）低能耗建筑设计和低碳建筑设计

低能耗建筑设计基于减少对于能源的需求。低碳甚至零碳建筑设计不仅建立在降低能源需求的基础上，更值得一提的是要充分利用场地可得到的可再生能源。零碳建筑的电能通常可以在建筑内部和城市电网之间双向流动，自身产生的电量充足时可以补给城市用电量，不足时可以从城市电网获取，之间相互平衡和抵消从而达到零碳排放。设计中需要权衡通过"低能耗设计"把能源的需求降低到一个适宜的程度和如何使用可再生能源这两者之间的关系和比重。例如一个指导原则是降低供暖或制冷的能源需求量使之可以用通风系统来弥补，新风率应该足以满足维持室内环境的良好空气质量，另外同时考虑借助围护结构的蓄热性能来吸收和释放热量。

（2）减少能源需求

降低能源需求最有效的方法是"被动式设计"。例如根据太阳、风向和基地环境来调整建筑的朝向；最大限度地利用自然采光以减少使用人工照明；提高建筑的保温隔热性能来减少冬季热损失和夏季多余的热；利用蓄热性能好的墙体或楼板以获得建筑内部空间的热稳定性；利用遮阳设施来控制太阳辐射；合理利用自然通风来净化室内空气并降低建筑温度；利用具有热回收性能的机械通风装置。

（3）灰色能源

将制造和运输建筑材料的过程中会消耗大量能源，建造过程也同样消耗大量能源称为灰色能源。比起建筑中使用的供热制冷能源来讲它是隐性的消耗。当上述显性能源消耗降低时，隐性能源的消耗比例自然升高。灰色能源消耗占有相当的比重，所以要想真正地实现可持续发展便不能忽视这部分能源消耗。在一些生态建筑中，例如 EMPA，在整个生命周期中，它的灰色能源消耗近乎于占总能源消耗的一半。所以，尽量使用当地材料，减少运输过程中的能源消耗，减少对于建筑材料的消费在生态建筑中也相当重要。

（4）可替代能源和可再生能源

太阳能可以用来产生热能和电能。太阳能光电板技术发展迅速，如今其成本已经大大降低，而且日趋高效。在住宅中使用太阳能集热器是一种有效利用太阳能的途径,目前主要用来为用户提供热水。地热能也是一种不容忽视的能源,由于其温度相对恒定,所以既能够在冬季供热也可在夏季制冷,如在EMPA中便有效利用了地热来预热和预冷进入室内的新风。此外,如在普拉兹摩老人疗养院使用的生物燃料,能够替代传统的矿物燃料来降低二氧化碳排放量。

（5）整体设计

绿色生态设计不是建筑设计的附加物,不应把它割裂看待。目前普遍的一个误区是建筑设计完成后把绿色生态设计作为一个组件安装上去。事实上,从建筑设计之初就应该考虑生态的因素使之与设计整合,并使得一种手段能够达到多种功效。例如班格兰生态工厂使用太阳能光电板作为遮阳板来阻挡过多的太阳辐射。减少能源需求的同时能够缩小供热和制冷系统的设备规模,甚至能够完全摒弃传统的供热制冷系统。又如EMPA低碳办公楼,无需采用传统系统,仅利用地热以及人体散热及办公设备等产生的热量并采用热回收设备便可满足冬季供热。在普拉兹摩老人疗养院中,入口的玻璃门厅同时充当了被动式阳光房来供热并进行空气流通。

（6）现代建造方法

现代建造方法旨在尽可能地采用非现场的施工手段来完成建筑的建造,旨在减少湿作业,提高施工效率,提高施工质量,达到更高的客户满意度。它是环境保护、可持续发展的重要因素之一,并且使施工进度更加可控。采用现代建造方法可以大大缩减工地施工时间,提高工地施工的安全度,并弥补一些建造工业和技术上的缺陷。现代建造方法要求施工工人具备较高技术水平,能够减少工人的数量,总体上缩减了劳动力。现代建造方法要求设计方案时便加以考虑要求改进和弥补传统的建造工艺和技术,这从短期来看会提高整体施工造价。目前。在英国采用现代建造方法,其造价一般会增加15%左右。而在中国造价增加会更多,由于中国建筑工人劳动力价格不高,所以人工费用所占比例不多,但现代建造方法需要高技术的工人,这是目前所稀缺的,劳动力技术上的差别会带来价格上相对较大的差异,加上技术上的改进带来的一系列设备更新费用和培训费用,造价会增加约30%。从长远来看,建造方法带来的造价问题会逐渐下降,更重要的是施工完成度、施工质量将会大幅提高,施工现场对于环境的影响会大大减小。现代建造方法越来越被看作是可持续发展建筑不可或缺的一部分。

（7）造价

绿色低碳建筑并不意味着造价的提高。将低碳的技术和观念整合进建筑的各阶段——设计、建造、使用、维修直至拆除。从整个生命周期来看,生态建筑的造价比起同一标准统一规模的建筑不仅没有提高反而会降低。EMPA低碳办公楼和普拉兹摩老人疗养院就是很好的例子,它们的造价都没有提高,普拉兹摩老人疗养院甚至比同类建筑的费用更低。然而,人们往往把可持续发展的技术看作是一个插件插进一个建筑中去,一旦一个建筑设计完成,再往上面增加技术,这势必带来费用的大幅度提高。在使用阶段,绿色生态建筑往往更加简单易行,它不需要很高的技术,因此使用和维护这座建筑并不复杂反而更加简单高效。

当今社会科技发展的速度不断加快,而对于新技术的社会适应性却远远落在后面。科技进步的速度远远超出了文化发展的速度,它们之间的差距正变得越来越大。而建筑工业中的技术又往往比科技发展滞后。在一项科技相当成熟之后才被引进建筑行业,这就会带来建筑界的意识及观念更加滞后。可持续发展建筑中的技术早已不是新技术了。而可持续发展建筑却迟迟未得到广泛实践,问题的关键在于人们的意识形态。在欧洲,节能环保建筑的国家规范、法规不断增多,政府、组织和民众的环境意识不断增强,这些都对可持续发展建筑的发展起着重要的作用,那些不节能环保的建筑将逐渐失去市场,最终被彻底淘汰。在英国,工业技术开始与建造绿色环保的建筑工业接轨,人们意识到这是商业开发和环境保护的双赢举措。

四、国外典型的绿色建筑案例

【国外建筑案例1】丹麦哥本哈根绿色灯塔

（1）建筑的创作灵感

绿色灯塔的创作来源于中国的"日晷",克里斯坦森建筑设计事务所的设计师们,根据"日晷"创作了其圆柱外加倾斜顶面的造型,充分地表现出建筑与太阳之间的密切关系。项目合作各方希望该建筑竣工后,成为哥本哈根、丹麦,乃至整个欧洲环保建筑的榜样,因此命名为"绿色灯塔"(见图3-9)。

图3-9 绿色灯塔

(2)建筑的色彩设计(图3-10)

图3-10 绿色灯塔色彩的文化含义以及入口处理

绿色灯塔建筑的色彩设计,外部是斑驳的绿色,内部为奶白色。创意萃取于丹麦民间饮食文化,一种独具特色的奶酪,外表呈斑驳的绿色,内部则是奶白色。

(3)圆柱体的建筑外形

该建筑的设计目标是实现最佳的能耗效率、建筑质量、健康的室内气候和良好的采光条件。也就是说,绿色灯塔在设计之初,就是一个具有强烈展示功能的建筑。既要展示建筑的各个不同的立面在接受日照、采集太阳能即时的数据变化,又可以作为建筑使用,最佳形状就是做成圆柱形。

(4)中庭

绿色灯塔采用了大中庭设计,其用意有四。一是根据其用途刻意设计出一种开敞、通透、开放的空间，二是为参观者聚集时提供集中讲解的功能考虑，三是采用烟囱效应自然通风，四是为了提高整个建筑内部自然采光的均匀度。

（5）露台

建筑的露台是一种过渡空间，是一个可以用来放松、观景、临时小憩的场所。设计师为这个建筑设计了一个比较大的开放露台。目的就是使建筑的使用者们可以有轻松、惬意、享受生活的空间。

（6）入口

绿色灯塔的入口，做了嵌入式处理，目的一是将就场地比较狭窄的空间，不使雨棚占用过多的空地空间，二是增加建筑体型上的变化。

（7）名为仪器的雕塑——绿色灯塔佩戴的艺术品

丹麦国家建筑规范里，有一个有趣的规定：每栋公共建筑，可以拿出相当于预算 1.5% 的钱来做艺术装饰。绿色灯塔项目，请了丹麦国家艺术院的两名艺术家做了一个名为仪器的艺术雕塑，这个雕塑看起来像一个探测器，其主体共由 8 个 "手臂" 组成，每个手臂上装有 30 面小镜子。艺术家说，在每一年之内的两天时间里，如果阳光灿烂的话，每一个手臂上会有两面小镜子可以在中庭的地板上透出一个圆形的光环来。

（8）绿色灯塔的采光设计

建筑的内部照明以自然采光为主，结合丹麦当地的光气候条件，除了在建筑的立面安装了适量的竖窗，还在建筑的顶部设置了一定数量的屋顶窗，这无疑给建筑的中庭带来了巨大的光照度变化。

建筑师们花在采光模拟计算上的时间，较之以往的任何建筑都要多出许多。此次采光计算，用了威卢克斯公司最新开发的《采光模拟分析计算软件 Daylightvisualize》，该软件经过国际照明协会的鉴定，是一款非常精确的计算软件，其对光照分析计算的结果，与实测结果的最大误差不超过 4.9%，平均误差，仅有 2.9%。工程师们应用《Daylightvisualize》采光软件，对建筑的每一个房间，每一个角落，按全云天、半阴天、晴天等几种情况，对全年的几个标志时间段的春分、秋分、夏至、冬至分别进行了计算，对有眩光的部位，对采光系数小于 3% 的部位，和建筑师进行反复的设计和比较，直到满意之后，才告一段落。

（9）绿色灯塔的结构设计

绿色灯塔项目，由于体量较小，功能也比较单一，所以从结构设计上没有什么特别的地方，值得说明的是它的地基采用我们所谓的满堂红片筏基础，现浇混凝土，它的上部结构采用钢结构作为主要承重结构。维护结构采用预制件，工厂加工制作，现场吊装。

（10）绿色灯塔的能源设计

绿色灯塔项目能耗概念设计以实现二氧化碳零排放为目标，作为可持续、无碳、环保的绿色建筑，必然会把能源的消耗与使用作为一个重点课题来研究。其解决方案如下：

①绿色灯塔的能源设计总体原则。一是降低能源需求，二是尽量使用可再生能源，三是高效使用化石能源（见图 3 - 11）。

Efficient fossil energy：高效利用矿物能源

Reduced energy need：降低能源需求

Renewable energies：利用可再生能源

图 3－11　绿色灯塔朴实的能源策略

②良好的维护结构保温性能。丹麦地处北欧，气候比较寒冷，建筑良好的保温性能是建筑节能的重要环节。为此，绿色灯塔在外墙设计，门窗选择上花了大量时间。这里值得一提的是太阳热的采集和防止问题。在夏天，如果是对于采光的窗户而言，太阳热是负面的，此时我们需要太阳的光线，却要求把太阳的热量隔绝在室外。而在冬天，我们在需要太阳光线的同时，也需要太阳的热量。因而使用所有时间都是一个传热系数的 LOW-E 玻璃不能全面解决问题。绿色灯塔采用了与窗相配合的多种智能电控室内外遮阳、遮热窗帘等产品。

③太阳能集热板。近 $300m^2$ 的屋顶面积，除了少部分用作屋顶窗采光外，大部分就可以用来安装太阳能集热板和光伏电池了。绿色灯塔项目上的太阳能集热板，满足了建筑本身的热水需要，同时，夏天建筑本身使用剩余的来自太阳的热量，将通过管道传入地下的季节性蓄热设备，以备冬天使用。

④太阳能光伏电池。绿色灯塔的屋顶上 $45m^2$ 的太阳能光伏电池是建筑物主要的能源来源，可满足照明、通风和维持热泵的运转。

⑤热泵。热泵主要用于太阳热能及地热能的循环利用，实现建筑物的供热和制冷，从而保证了季节性储热的优化利用。

⑥热敏地板。在丹麦的气候条件下，建筑内的地板可以用作热储存器，尤其是在冬天，把白天的热量储存在地板内，可以使得第二天工作期间不再使用过多的热源来加热建筑。同时，地板供热比起空气供热来，人的感觉要舒适一些。

⑦季节性蓄热技术。项目使用了季节性蓄热技术，这项技术的实质是在夏天太阳能量过剩的时候，将一些热能以一定的形式储存在地下，待到冬天能源短缺时再放出来使用。这个技术如果说在丹麦还不算有多大实用价值的话，那么在中国大部分夏天有着充足日照，冬天又非常寒冷的地区，则有着巨大的价值。

⑧能源中控系统和能耗记录系统。整体建筑约以 $100m^2$ 为单位，分为 9 个区域，均设有光感、温感、风感、CO_2 等若干个探头，对这些区域进行监控，一旦发现有需要，比方说光照不够，温度不够，空气质量不好，这些探头就会把信息发到中央处理中枢的电脑上，该电脑再根据室外的气候情况，通过自控系统，采取开关窗、启闭窗帘、启闭电灯等措施，使用最佳策略，来改善室内气候。同时，能源的使用记录系统，还将随时记录各个区域的供热、热水、通风、照明等的耗能情况，以供分析和研究。

⑨绿色灯塔的能源数据。绿色灯塔项目供热消耗指标初步估计为 $22kWh/（m^2·年）$。按预计方案，下列能源可以满足热能供应需求：

a）35% 为可再生能源太阳能，来自于屋顶上的太阳能光伏电池。

b）65% 为热泵驱动的区域热能，由储存在地下的太阳能热能供给，对生态环境不会造成威胁。

c）热泵可将区域热能利用效率提高约 30%（按目前汇率计算，该项目每年的区域供热成本为 1900 欧元左右）。

这一能源设计是整个丹麦进行的首次崭新尝试，是一次具有真正意义的试验。从长远来看，此方案可被推行至欧洲大部分地区的办公楼和厂房建设项目，并将成为未来 CO_2 零排放问题的创新解决方案而得到更广泛的应用。

（11）小结

用该项目经理威卢克斯公司洛娜女士的一段话来说：绿色灯塔项目是丹麦的第一个以零碳为目标而进行设计施工的项目，它是哥本哈根大学科学系一个学生咨询中心。当你进入绿色灯塔时，第一引起你注意的就是它充足的自然采光。日光，是一项非常重要的资源，仅靠对日光合理设计使用，我们就节约了几乎过去照明用电 38% 的能量。结合自然通风等环节，该项目通过精心的建筑设计，就使能耗降低了几乎 75%。

如果我们仅使用 2009 年的技术和材料，就能达到 2020 年的设计预想要求，那这其实就是一个佐证，说明只要引起重视，只要精心设计，精心施工，人们是能够在很大程度上减少石化能源的使用，增加可再生能源的利用。

【国外建筑案例2】 欧洲未来住宅 Atika

这是一座将未来的居住理念、绿色建筑设计、可持续发展的城市等设计理念相结合，运用斜屋顶技术、低能耗策略、全方位的太阳能系统（不仅是取暖，同时包括降温）、楼宇智能化管理体系以及模数化技术而建造的一座欧洲最新节能型 Atika 住宅试点项目（见图 3-12）。

图 3-12 欧洲未来住宅 Atika

目前，欧洲每年的能源消耗中有 20% 是被浪费掉的，而这一数字将在 2030 年增加到 70%。大量的能源消耗，不但产生过量的温室气体，也使全球气候产生变化。为此，欧洲制定了未来 6 年的能源节约计划，而这个计划中的重头戏，便是建筑能源的合理使用。

全世界能源消耗总量中有 40% 是建筑的能源消耗，其中住宅能源消耗又占了 2/3。Atika 住宅所要解决的四个首要问题是当地气候引起的能源消耗问题。由于西班牙位于欧洲南部，属于地中海气候，气候的特点是冬天温暖，夏天炎热，通风和空调设备是主要的能源消耗点。

在传统的地中海建筑中，建筑师早已通过简单而有效的建筑手法对能源进行合理地利用：通过外墙的厚度与密度来形成保温与隔热；白色的石灰板作为对日照最好的反射材料；利用上部悬挑的建筑构建或者窗上的百叶来形成阴影；狭窄的街道和阳台来确保阴影面和空气的流通；利用流动的水来达到降温的效果。Atika 住宅正是在这种简单而高效的能源处理方法的基础上，加入了最新的技术与材料。

Atika 外形呈现为一个连串白色的"Z"形。内部与传统的地中海建筑一样，围绕中庭分布的膳住空间。中庭包括遮阳系统、水面和植物，成为气候调节器。

住宅平面是将一个 10m×10m 的空间，划分为 3 部分：两条东西向的矩形空间（宽 3.5m、长 10m）分布两边为居住空间，中间为中庭以及入口空间。西边的矩形空间相邻中庭一侧开窗，引入清晨的阳光。房间从南到北依次为：卧室、衣帽间、工作间和盥洗间。卧室上空，坡度最大的北边屋顶开有大窗，在夜晚有美妙的夜空景色伴人入眠。在工作区可以看到建筑全局。虽然盥洗室在最北面，但其上空南向的坡屋顶使其依旧得到充足的日照和热量。东边的矩形空间同样在中庭侧开窗，引入傍晚的光照，为集合起居、餐厅和厨房功能一体的开敞空间。起居室在冬天有充足的南向阳光。屋顶南北坡向。每个空间的屋顶坡度高度均不同，并在坡屋顶上开窗。开窗的位置和大小以及屋顶的坡度都取决于建筑对日照和通风状况的需求。

在南欧，冬季的太阳高度角为 30°，春秋季为 45°，夏季为 74°。在冬季要尽量利用日照带来的热量，而取代仅仅依靠电暖炉取暖。所以在不同的位置设置窗户，以最大限度地收集阳光。而在夏季，则通过设计不同的屋顶坡度，避免强烈的直接日照，在得到舒适而充足光线的前提下，尽量减少日照热量。春秋季则根据是否需要采集能源还是遮挡而设置开窗或太阳板，并调整恰当的屋顶角度。依照这种原则，建筑屋顶复杂的形态也最终确定下来。

Atika 住宅的通风系统充分考虑了四季气候的不同。依据空气流动的原理，上部的坡屋顶上开南北向的窗作为出气口，下部房间的四面墙都开有窗，选择性地作为入气口。例如在夏季，打开北边的窗，使相对凉爽的风从室内流过。如此通过不同的方位来调节通风的温度与湿度。

室内的屋顶全部为白色涂料板，最大限度地反射来自屋顶和窗户的自然光。地板采用比热高的套磁面砖，日间可以蓄热，并在夜间释放出来。

同时，Atika 住宅还采用了自动化电子遥控装置来辅助能源的控制。卧室北面的顶窗则装有双层窗户，其他的窗则都配有滚动百叶。这些设备全部由人工或预设的自动设备控制。通过对温度、时间、季节的提前设定，来遥控窗、门、遮阳板等设备的开启与关闭，从而调节室内环境。并且这一系统正日益与其他正在发展的智能家居控制设备结合起来，一起工作。

另外，从城市角度来看，地中海城市的城市密度相对较大，如何保证城市的可持续发展一直是一个热点问题。Atika 也是 VELUX 对于这一问题的一种解答：从生态学角度出发，在现有的城市文脉、肌理上，通过加建、改建，加大城市的密度来满足城市的发展需求，是优于单纯地扩大城市面积的解决方案。

传统建筑中的阁楼空间在地中海地区是不适宜居住的，主要用于储藏空间，或者直接作为下面空间的隔热层。VELUX 正着眼于将这些利用率不高的阁楼空间，致力于将其转变为舒适的居住空间而不断实践。由此，Atika 住宅整体被划分为两个主要的分区。首层是一个展览空间，它与现有的任何一幢平屋顶的住宅建筑毫无区别。屋顶层则为 Atika 的典型中庭式平面结合一系列的坡屋顶。这样一来不但增加了居住面积，同时更好地保护了下面已有的建筑空间。

Atika 住宅将通过汽车运输到不同的国家进行组装和实地展示与考证。这意味着在未来数年里，Atika 都将在全球范围内推动节能环保的热潮，并成为这一领域内的聚焦点。

【国外建筑案例3】邦德大学 MIRVAC 可持续发展学院大楼

澳大利亚邦德大学创建于 1987 年，是由澳大利亚昆士兰州政府创办、由私人财团投资并由澳大利亚教育部统一管理的一所非盈利私立大学。邦德大学规模不大，但整体环境非常好，包括建筑风格、色彩搭配、景观环境等（见图 3–13）。

图 3–13 邦德大学 MIRVAC 可持续发展学院大楼

邦德大学 MIRVAC 可持续发展学院大楼（Mirvac School of Sustainable Development Building）建于 2008 年，是澳大利亚第一个获得教育类绿色建筑六星级的大楼。在绿色技术方面，采用了太阳能光伏发电、中水雨水回收利用、自然通风采光、垃圾分类回收、高性能围护结构、能源再生电梯、风力发电、节水设备、绿色建材等措施，总造价 1100 万元（澳元），比传统建筑高出 30%。

MIRVAC 可持续发展学院大楼充分运用可持续的设计理念，采用了世界一流的可持续实践措施，旨在打造未来的生态教室。该大楼定位为一座反映可持续发展教学和实践的建筑物，像太阳能发电、能源再生电梯、风力发电等高科技技术措施。充分展示了自然采光、混合通风、灰水处理系统、绿色环保建材等生态技术，并通过集成环境设计和规划获得了业界的认可，其获得了很多奖项，包括 2009 年 RICS 全球的可持续奖、2009 年可持续行业的建成环境可持续奖等。

大楼采用了雨水收集处理系统、灰水循环处理系统、节水器具、直饮水系统、滴灌系统等，将处理后的雨水用作绿化浇灌，灰水经处理后用作冲厕，并通过生物滞留槽、下凹式绿地等措施来实现对雨水水质的控制。生物滞留槽系统由植物层（种一些耐旱的本地植物）、过滤介质、过渡层及排水层构成，目的是对雨水径流进行一定的过滤，去除悬浮物，保证雨水的排水水质，以避免污染地表水水质。大楼的设计包括：

（1）雨水过滤系统

（2）雨水收集处理系统

（3）滴灌系统

（4）灰水循环处理系统

（5）直饮水系统

（6）建筑遮阳设计

该项目在建筑设计时，充分考虑了被动式设计，如在朝向布局上，设计成狭长形状，充分利用自然采光，并根据当地气候特征合理布局功能空间。建筑屋脊的设计为自然通风（建筑设计有气象站，可以监测室外气象参数，以便确定是否可以利用自然通风），建筑还设计有天窗、可开启窗户、固定遮阳等。同时，建筑遮阳设计与建筑设计能够完美结合，如建筑主入口的灰空间，既能实现建筑功能，又能达到遮阳作用，美观大方。

（7）被动式节能设计

（8）风力发电机组

大楼采用了两种可再生能源，屋顶上安装的是太阳能光电系统，大楼旁边还安装了一个风力发电机。据介绍，太阳能光电系统每年可发电 27000kW·h，而风力发电机只是示范，每年大约可发电 50kW·h。

（9）循环再利用木材

此外，大楼还采用了隔声性能良好的材料，保证室内良好的背景噪声环境。采用玻璃隔声屏降低噪声，吸声的隔断和矿棉吊顶瓦片等降低噪声。所使用的钢材、混凝土等也包含了很多回收利用的成分，木材均是通过 FSC 认证。所有的涂料、地毯和地板装饰、黏结剂和密封剂、桌椅等均是低 VOG 的材料。很多木材（包括部分桌椅、地板）都是循环再利用的。

（10）垃圾分类收集

大楼将垃圾分为废物和可循环两类垃圾桶，并专门设计一个地方统一摆放，通过这样的分类收集，则可以更容易地进行垃圾处理，以降低垃圾填埋量。

【国外建筑案例4】迈阿密新型生态环保建筑

由 Oppenheim architecture + design 设计完成的生态楼 Cor 座落于迈阿密规划区域，是一座 25 层的多用途塔，采用了多种技术和一系列经济有效的措施来降低它的能耗，建一个美观、可持续发展的建筑案例。这栋大厦很好的把建筑学、结构技术、生态技术融于一体，得到了大家的一致好评（见图 3-14）。

建筑整体耗资 2500 万美元，大部分支出花费在光电板、风力涡轮机、太阳能热水器等创新结构设计上。建筑的外部构造确保结构完整，配备绝缘热式质量器，露台围栏，涡轮机电枢，天然遮蔽，地面休闲凉廊。其独特的外部构架包括 20100 平方英尺办公面积，5400 平方英尺零售商面积和 113 个居住单元。

在这栋大楼上用最新的风力涡轮机、光电板和太阳能热水器来提供大楼所需的一部分能源。大楼外立面骨骼状的壳体，使得这个建筑很是醒目。这个壳体不仅是大楼的支撑结构，而且它还有隔热、遮阳的作用。同时这个壳体还成了建筑内许多露台的维护结构及涡轮机的支撑，还为聚集在地面的人提供阴凉。

商业带动的内部空间建立在功能性和灵活性的基础上。多功能的明亮的内部空间和高科技建筑构造在通畅的职业化空间和舒适的居住空间之间建立了一个独特的平衡。餐饮和零售设在一层，可以增加这个建筑在城市规划方面的独特品质，使建筑参与到街道当中，并且为路过的人们创造了一个动态的交流场所。

图 3 - 14　迈阿密新型生态环保建筑

【国外建筑案例 5】 澳大利亚墨尔本水晶花园

图 3 - 15　澳大利亚墨尔本水晶花园

CK 建筑设计事务所对拥有水晶花园项目的墨尔本 CBD 地区的未来做出了预测。

澳大利亚建筑公司 CK 建筑设计事务所为墨尔本的 CBD 地区设计了一座极具表现能力的、35 层高的商住混合建筑。建筑中每 6 层就会设有一个景观社区花园，园内树木最高可达 10m，花园面积几乎相当于场地面积的 2 倍。

项目建筑师、CK 建筑设计事务所的合伙人 Robert Caulfield 认为，这座 35 层高被称为"水晶花园"的建筑，尽管只坐落在狭小的 360m² 的街区中（大概是墨尔本平均建筑街区的一半大小），但除去居住之用外，还具有巨大的园林区域。"我们通过在每 6 层设立一个小的'袖珍花园'，设计出了一个垂直的街道以达到这样的效果，每个花园都面朝北侧、东侧或者两侧，因此他们在每个季节里都可使用。" Caulfield 先生对设计细节解释说，"墨尔本一贯被认为是世界上最宜居的城市之一，一部分原因就在其拥有广阔的公园和花园。墨尔本市议会也为墨尔本街区尺度中的景观做出了很多杰出的工作。现在开发商们应当开始关注屋顶花园和高架公园，并将其作为墨尔本绿化工作的下一阶段。这种趋势在其他一些城市中（例如纽约）已经出现。"

该建筑开发布局包括底层商业、三层办公区域和154套住宅，均按照可持续性的新标准进行设立。建筑设计师BelindaGriffin提到，从建筑外立面上收集到的雨水可作为花园灌溉和厕所冲洗之用。在每个花园里都将设有革新性的加热、冷却和热水供应设施，采用节能、节水设备，将管道排布量减少到最低。

建筑外表将会覆盖上热能反射玻璃。由于多面体阳台的存在，整个建筑外表呈现出一种绿色植被穿插在闪闪发光的水晶玻璃之中的外观。Caulfield先生解释说，建筑位于转角地区，这一位置将使其格外显眼。CK建筑设计事务所正在研究一种有特色的照明，使得建设这种水晶花园似的外观能够在华灯初上时成为墨尔本的重要标志。

【国外建筑案例6】雨水收集摩天大厦

2010年摩天大厦设计大赛中，波兰建筑专业的学生Ryszard RycMicb和Agnierzka Nowak获得了荣誉奖。

"捕雨"摩天大厦的屋顶和外壁都设有沟槽系统，这些系统能够尽可能收集雨水，来满足大厦住户的每日需求，平均每人每天的雨水量为150L，其中85L用水可以用雨水代替。在最近30年内，人们的用水量急剧增长，其原因包括洗衣机、洗碗机、园林灌溉设备和冲水厕所的大量应用。西方国家里，住宅用水量的1/3是用来冲厕所，比起1900年，美国的用水量已经增加1000%。现在，平均每个美国人的用水量是发展中国家的5倍以上，用水量的提升也和生活质量的改善有关，而丹麦人举国有一个习惯，就是收集雨水用来洗涤和灌溉植物。生态村的居民平均用水量只用国民平均用水量的1/3。

Ryszard Rychlicki和Agnierzka Nowak看到这组数据后，他们决定设计一座能收集和处理雨水的大厦（见图3-16），收集到的雨水供住户使用。植物在收集雨水方面就有着很大的优势。因此他们打算设计出一种类似的机械装置来收集雨水，以应付缺水或者水过多的情况，最开始设计的时候，他们只注重于大厦屋顶的形状设计，看哪种形状能收集到最多的雨水，大厦屋顶是个大型漏斗形蓄水设备，里面种植了芦苇，芦苇是一种植物净水"设备"，在这一步，雨水被处理成可使用的水，然后传送到各个住宅中去。建筑外壁的沟槽网也可收集雨水，外壁收集到的雨水供给各个楼层，多余的则储存到蓄水设备中[见图3-16（b）]。收集到的雨水，可以用来冲厕所、洗衣、灌溉植物、清洗地面等。在分析多个发达国家大城市的降雨量后，才设计出这座摩天大厦。

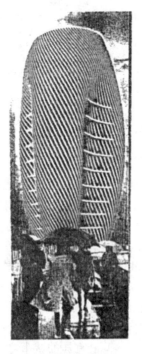
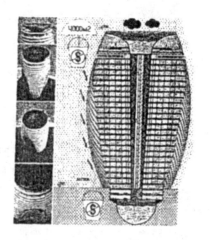

（a）大厦外形图　　　　　　　　（b）收集水系统示意图

图3-16　雨水收集摩天大楼

五、国外著名的绿色建筑

国外著名的绿色建筑见图 3 - 17。

（a）山中木屋Cell space architects

（b）澳大利亚墨尔本水晶花园

（c）Studio velocity:montblanc别墅

（d）以草为盖水为庐的传统型庭院

（e）迈阿密新型生态环保建筑：Cor

（f）日本"零排放住宅"

（g）挪威水电站变身三星级豪华酒店

（h）巴西漂在树梢的住家

图 3 - 17 国外著名的绿色建筑

（i）邦德大学MIRVAC可持续发展学院大楼

（j）摩泽尔中央公园度假村

（k）Paul davis等设计北爱尔兰一座零碳住宅项目

（l）波兰雷布尼克住宅

（m）丹麦碳中和生态住宅一生命之家（VELUX House model home 2020）

（n）简单的绿色别墅：美国Hover

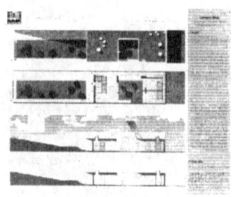

（o）意大利费拉拉："接地"住宅项目

（p）法属新喀里多尼亚吉巴欧心Tjibaou Cultural

图 3-17（续）

（q）日本工业化预制住房"艾迪屋"
（Eddi's House）DUST

（r）美国亚利桑那州Tuscan山中寓所

（s）维纳·索贝克在斯图加特的划时代住宅R128

（t）牛津大学林内克学院汉姆楼

（u）欧洲未来住宅Atika

（v）来自西班牙设计师斜坡上的绝地房子

（w）芬兰finland：太阳能十项全能luukku木屋

（x）佛罗里达大学：太阳顶全能住宅

图3-17（续）

（y）Woods bagot：零排放环保建筑Zero-e

（z）Formwerkz：新加坡最大花园住宅

（2a）英国苏格兰索尔韦湾现代节约能源住宅

（2b）NL：荷兰SOZAWE绿色设计

（2c）美国钻石般的绿色客运中心

（2d）LAVA：悉尼绿色空间小品设计

（2e）Ensamble Estudio：西班牙松露褥小屋

（2f）使用被动能源的瑞典馆

图 3 – 17（续）

第四章

绿色建筑评估体系及评选结果

一、世界绿色建筑的发展

1. 国外绿色建筑发展

（1）20世纪60年代，美国建筑师保罗·索勒瑞提出了生态建筑的新理念。

（2）1969年，美国建筑师麦克哈格著《设计结合自然》一书，标志着生态建筑学的正式诞生。

（3）20世纪70年代，石油危机使得太阳能、地热、风能等各种建筑节能技术应运而生，节能建筑成为建筑发展的先导。

（4）1980年，世界自然保护组织首次提出"可持续发展"的口号，同时节能建筑体系逐渐完善，并在德、英、法、加拿大等发达国家广泛应用。

（5）1987年，联合国环境署发表《我们共同的未来》报告，确立了可持续发展的思想。

（6）1992年"联合国环境与发展大会"使可持续发展思想得到推广，绿色建筑逐渐成为发展方向。

2. 世界绿色建筑评价发展

（1）1990年英国BREEAM；

（2）1996年美国LEED；

（3）1998年加拿大GBTool；

（4）1999年中国台湾EEWH；

（5）日本；

（6）法国；

（7）德国；

（8）荷兰；

（9）澳大利亚；

（10）芬兰；

（11）挪威；

（12）瑞典。

3. 全球绿色建筑发展特点

（1）世界各国政府正通过横向发展专项技术、纵向过程深入集成对绿色建筑技术体系进行完善。

（2）加快绿色建筑评价标准体系和政策层面的工作，推进绿色建筑标识和激励机制创新。

（3）通过市场导向和城市建设发展辐射和引领绿色建筑发展。

（4）通过发展绿色建筑，对绿色建筑相关产品的性能提升，推动产业升级，形成良性的发展局面。

二、我国绿色建筑发展

（1）1992年巴西里约热内卢联合国环境与发展大会以来，中国政府相续颁布了若干相关纲要、导则和法规，大力推动绿色建筑的发展。

（2）2004年9月建设部"全国绿色建筑创新奖"的启动标志着我国的绿色建筑发展进入了全面发展阶段。

（3）2005 年 3 月召开的首届国际智能与绿色建筑技术研讨会暨技术与产品展览会（每年一次），公布"全国绿色建筑创新奖"获奖项目及单位，同年发布了《建设部关于推进节能省地型建筑发展的指导意见》。

（4）2006 年，住房和城乡建设部正式颁布了 GB/T 50378—2006《绿色建筑评价标准》。

（5）2006 年 3 月，国家科技部和建设部签署了"绿色建筑科技行动"合作协议，为绿色建筑技术发展和科技成果产业化奠定了基础。

（6）2007 年 8 月，住房和城乡建设部又出台了《绿色建筑评价技术细则（试行）》和《绿色建筑评价标识管理办法》，开始建立起适合中国国情的绿色建筑评价体系。

（7）2008 年，住房和城乡建设部组织推动绿色建筑评价标识和绿色建筑示范工程建设等一系列措施。

（8）2008 年，成立城市科学研究会节能与绿色建筑专业委员会。

（9）2009 年 8 月 27 日，我国政府发布了《关于积极应对气候变化的决议》，提出要立足国情发展绿色经济、低碳经济。

（10）2009 年 11 月底，在积极迎接哥本哈根气候变化会议召开之前，我国政府作出决定，到 2020 年单位国内生产总值二氧化碳排放将比 2005 年下降 40% ~45%，作为约束性指标纳入国民经济和社会发展中长期规划，并制定相应的国内统计、监测、考核。

（11）2009 年、2010 年分别启动了《绿色工业建筑评价标准》、《绿色办公建筑评价标准》编制工作。

三、各国绿色建筑评估体系简介

1. 英国 BREEAM（Building Research Establishment Environmental Assessment Method）

（1）BREEAM 是世界上第一个绿色建筑评估体系，由英国建筑研究所于 1990 年制定。

（2）由于有英国建筑师学会的参与，该证书在英国具有相当的权威性。

（3）BREEAM 体系涵盖了包括从建筑主体能源到场地生态价值的范围，还包括了社会、经济可持续发展的多个方面。

（4）BREEAM 目标减少建筑物对环境的影响。

（5）BREEAM 评价对象是新建建筑和既有建筑。

（6）BREEAM 评价内容：核心表现因素、设计和实施、管理和运作，其具体评价条目见图 4-1。

图 4-1 BREEAM 评价条目

2. 美国 LEED（Leadership in Energy & Environmental Design Building Rating System）（见图 4-2）

（1）LEED 由美国绿色建筑委员会（USGBC）1996 年制定，其演变过程见图 4-3。

（2）LEED 是性能性标准，主要强调建筑在整体、综合性能方面达到"绿化"要求（得到认证的建筑不一定是节能建筑）。

（3）LEED 很少设置硬性指标，各指标间可通过相关调整形成相互补充，以方便使用者根据本地区的技术经济条件建造绿色建筑（见图 4-4）。

（4）LEED 是自愿采用的评估体系标准。

（5）凡通过 LEED 评估的工程都可获得由美国绿色建筑协会颁发的绿色建筑标识。

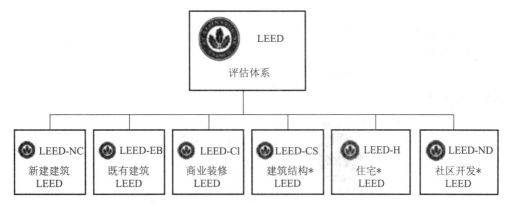

LEED评价工具

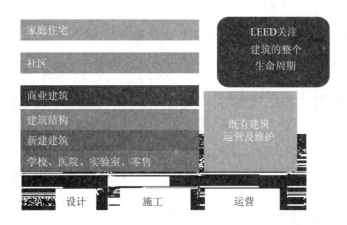

图 4-2 LEED 评估体系及评价工具

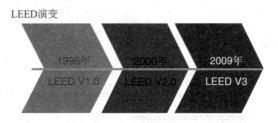

图 4-3 LEED 演变过程

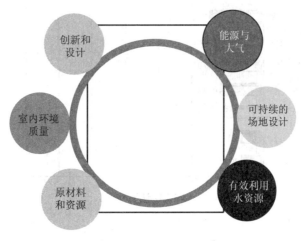

图 4-4 LEED 评估指标

（6）LEED 认证级别

LEED 采取评分方式对建筑的绿色节能可持续发展进行综合评估。总分为 69 分，共分为 4 个等级：

1）认证级：满足至少 40% 的评估要点（26～32）；

2）银级：满足至少 40% 的评估要点（33～38）；

3）金级：满足至少 40% 的评估要点（39～51）；

4）白金级：满足至少 40% 的评估要点（52 以上）。

4 个等级的标志见图 4 - 5。

图 4 - 5 LEED 认证级别标志

（7）LEED 认证专业人士

LEED 认证专业人员数量及专业分工日趋细化，见图 4 - 6。

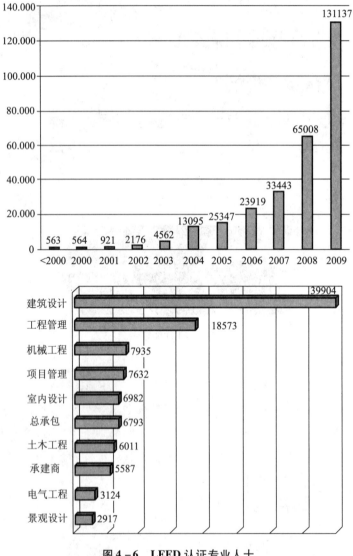

图 4 - 6 LEED 认证专业人士

（8）国外 LEED 认证状况

国外 LEED 认证蓬勃开展，取得了良好的成效，见图 4 - 7。

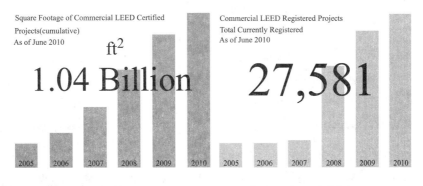

截至2010年6月市场LEED认证 项目累计面积0.966亿m²

截至2010年6月当前市场LEED 注册项目数量27581个

图 4－7　国外 LEED 认证的发展

（9）LEED 认证在中国的发展（见图 4－8）

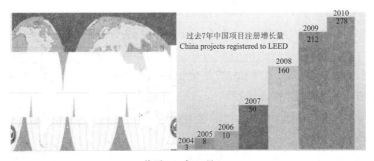

截至2010年10月

278个项目注册　　共0.15亿m²　　70个认证项目

图 4－8　LEED 在中国的发展

3. 日本 CASBEE（Comprehensive Assessment System for Building Enviromental Efficiency）

（1）2001 年，由日本学术界、企业界专家、政府三方面联合组成"建筑综合环境评价委员会"。

（2）CASBEE 评价对象：各种用途、规模的建筑物。

（3）CASBEE 评价原理：根据已有的"生态效率"的概念，从建筑环境效率（BEE）定义出发进行评价，试图评价建筑物在限定的环境性能下，通过措施降低环境负荷的效果。

（4）CASBEE 评价工具：①CASBEE－PD（新建建筑规划与方案计）；②CASBEE－NC（新建建筑设计阶段）；③CASBEE－EB（既有建筑）；④CASBEE－RN（改造和运行）；⑤CASBEE－TC（临时建筑）；⑥CASBEE－HI（热岛效应）；⑦CASBEE－DR（地区、区域）；⑧CASBEE － DH（独立住宅）。

（5）CASBEE 评价体系（见图 4－9）

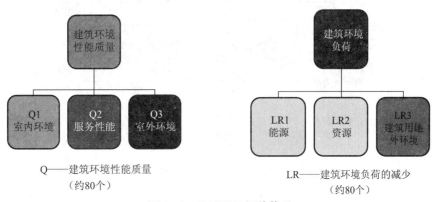

图 4－9　CASBEE 评价体系

（6）CASBEE 评价思想：以用地边界和建筑最高点之间的假想空间作为建筑物环境效率评价的封闭体系。

（7）BEE 值的计算方法：参评项目最终的 Q 或 LR 得分为各个子项得分乘以其对应权重系数的结果之和，得出 SQ 与 SLR。SQ／SLR 的比值即为建筑环境效率，比值越高，环境性能越好。

（8）CASBEE 评估等级划分：采用 5 级评分制，基准值为水准 3（3 分）。满足最低条件时评为水准 1（1 分），达到一般水准时为水准 3（3 分）。

4. 加拿大 GBTool（Green Building Tool）

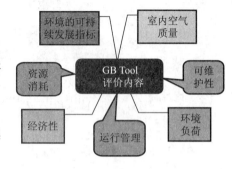

图 4 - 10 GBTool 评估内容

（1）绿色建筑挑战最初由加拿大发起于 1996 年，当时有美、英、法等 14 个国家参加。各参加国通过对多达 35 个项目进行研究和交流，最终于 1998 年确立 GBTool。

（2）GBTool 评估对象：包括新建和改建翻新建筑。

（3）GBTool 评估手册：包括总论、办公建筑、学校建筑、集合住宅。

（4）GBTool 评估内容见图 4 - 10。

（5）GBTool 的指标体系：分 4 个层次，由 6 大领域、120 多项指标构成，基本上涵盖了建筑环境评价的各个方面。GBTool 更加注重生命周期的全过程评价。

（6）GBTool 评分标准及等级：采用 0～5 的评分标准，0 代表行业平均水平，+3 代表行业最好的水平，+5 代表不考虑成本可以达到的最佳效果。

GBTool 需要采用其他的软件来计算建筑物的能耗、含能、污染物的排放以及对室内热舒适和空气品质进行预测。

由于 GBTool 采用基准的方法进行评价，即评价对象的各项环境影响分别与这个基准进行比较，因此，当每个国家和地区在具体使用时，都需要根据各自国家和地区的具体情况对评价基准进行调整。

5. 澳大利亚 GSC（Green Star Certification）

目前在澳大利亚主要有两种评估体系：

——第一种 国家建筑环境评估（NABERS）（National Australian Built Environment Rating System）。

——第二种 绿色星级认证（GSC）（Green Star Certification），见图 4 - 11。

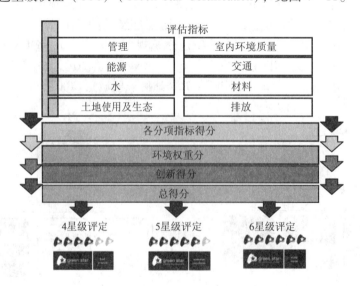

图 4 - 11 CSC 认证

（1）绿色之星认证（GSC）简介

1）对于建筑物的评级系统

绿色之星的计算等级见表 4 - 1，评级见表 4 - 2。评估过程见图 4 - 12。

2）自愿性。

3）市场的前 25%。

4）性能评级，而非运营评级。

5）要求整体的团队方法。

6）提高公众的认知水平。

表 4 - 1 （CSC）计算等级

GSC计算等级		有效分数	获得分数	单项得分率	加权 QLD	加权得分
	管理	12	12	100%	9%	9.0
	室内环境质量	27	27	27	27	27
	能源	24	24	70.8%	25%	17.7
	交通	11	6	54.5%	8%	4.4
	水	13	10	76.9%	14%	10.8
	材料	20	8	40.0%	14%	5.6
	土地使用及生态	8	3	37.5%	4%	1.5
	排放	14	5	35.7%	6%	2.3
	分项合计	129	75			61.7
	创新得分					1
	总分数					63

表 4 - 2 绿色之星（GSC）评级

评级	得分	表示
一星	10	最低实践（仅 Office Existing Building）
二星	20	平均实践（仅 OEB）
三星	30	良好实践（仅 OEB）
四星	45	最好实践
五星	60	澳大利亚优秀
六星	75	世界领先

绿色之星评级

4星级评定

5星级评定

6星级评定

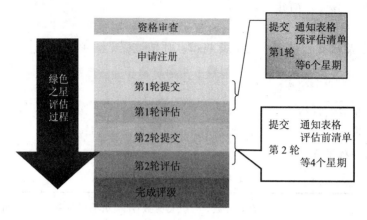

未完成评级

选项　1　　　接受最终分数

选项　2　　　新的评估过程

选项　3　　　上诉

图 4-12　绿色之星（GSC）评估过程

（2）GSC 评估工具

1）绿色之星——多单元住宅建筑（V1）；

2）绿色之星——医疗建筑（V1）；

3）绿色之星——商场（V1）；

4）绿色之星——教育建筑（V1）；

5）绿色之星——办公建筑设计（V3）和办公建筑（V3）；

6）绿色之星——办公建筑室内设计（V1.1）。

（3）试用版的评估工具：

1）绿色之星——工业建筑；

2）绿色之星——复合功能建筑；

3）绿色之星——既有办公建筑扩建；

4）绿色之星——会议中心。

（4）绿色之星认证现状（截止到 2009 年 10 月）：

澳大利亚绿色之星认证 193 项绿色建筑，其中，办公建筑设计 156 项、办公建筑 17 项、办公建筑室内设计 19 项、购物中心 3 项、会议中心 1 项、教育建筑 1 项、多单元住宅 4 项。目前正在申请认证的绿色建筑有 800 多项。

6. 德国　DGNB（German Sustainable Building Certificate）

（1）DGNB 是当今世界第二代绿色建筑评估体系，创建于 2007 年，它由德国可持续建筑委员会组织德国建筑行业的各专业人士共同开发。

（2）涵盖了生态、经济、社会三大方面的因素，以及建筑功能和建筑性能评价指标的体系。经济因素包括了建筑生命周期的费用和建筑价值发展的评估；社会文化与功能质量包括健康性、热舒适度和满意度、功能性、设计质量、变革（即创新）和设计程序等方面。

（3）DGNB 评价内容：

1）生态质量；

2）经济质量；

3）社会文化及功能质量；

4）技术质量；

5）程序质量；

6）场址选择。

（4）DGNB 评分标准：每个专题分为若干标准，对于每一条标准，都有一个明确的界定办法及相应的分值，最高为 10 分。

（5）DGNB 评价等级：根据 6 个专题的分值授予金、银、铜 3 级。

DGNB 力求在建筑全寿命周期中满足建筑使用功能、保证建筑舒适度，不仅实现环保和低碳，更将建造和使用成本降至最低。

德国 DGNB 注重生态、经济、建筑功能和社会文化等性能质量的综合全面评估。

DGNB 在世界范围内率先对建筑的碳排放量提出完整明确的计算方法，并且已得到包括联合国环境规划署（UNEP）机构在内的多方国际机构的认可。

计算方法分为四大方面，包括建筑材料的生产、建造和建筑使用期间的能耗，以及建筑在城镇维护周期的相应能耗，最后是建筑拆除方面的能耗。

四、我国绿色建筑发展状况

1. 我国建筑业的现状（见图 4-13）及能耗（见图 4-14）

（1）消耗的水泥和钢材：全世界的 40%。

（2）建筑业运营能耗：全中国的 28%。

（3）建筑业总能耗：全中国的 40%（含建材生产和运输）。

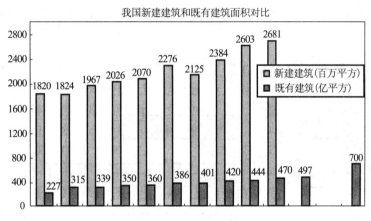

图 4-13 我国建筑业现状

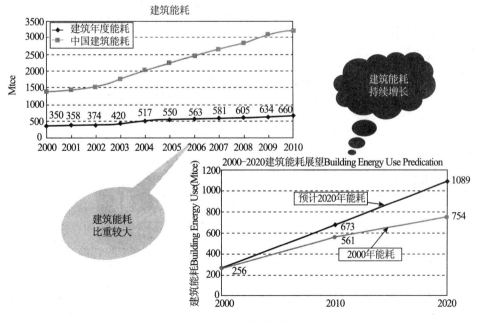

图 4-14 我国建筑能耗

2. 绿色建筑评价标准（GB/T 50378—2006）

我国绿色建筑评价体系经历了近10年的发展，其过程如图4-15。

2006年诞生了GB/T 50378—2008《绿色建筑评估标准》简介如下：

（1）我国颁布的第一个综合性绿色建筑评价的国家标准。

（2）适用范围：新建、扩建与改建的住宅建筑或公共建筑（办公建筑、商场建筑、旅馆建筑）。

（3）多目标：节能、节地、节水、节材、环境、运营。

（4）多层次：控制项、一般项、优选项。

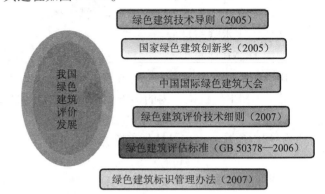

图4-15 我国绿色建筑评价发展

3. 绿色建筑评定指标体系框图（见图4-16）

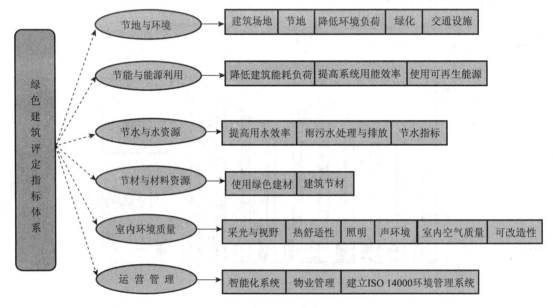

图4-16 绿色建筑评定指标体系框图

4. 绿色评价项目设定

绿色评价项目设定见表4-3。

表4-3 绿色评价项目设定

建筑类型	项目	节地与室外环境	节能与能源利用	节水与水资源利用	节材与材料资源利用	室内环境质量	运行管理
住宅建筑	控制项	8	3	5	2	5	3
	一般项	8	6	6	7	6	7
	优选项	2	2	1	2	1	1
公共建筑	控制项	5	5	5	2	6	3
	一般项	6	10	6	8	6	3
	优选项	3	4	1	2	3	1

绿色评价项目标识见图 4 – 17。

三 星 标 识

3星绿色建筑设计标识　　　　　　　　3星绿色建筑标识

图 4 – 17　绿色评价项目标识

截至 2010 年末我国获绿色建筑标识的项目为 54 项，见图 4 –18。其分布见图 4 –19。

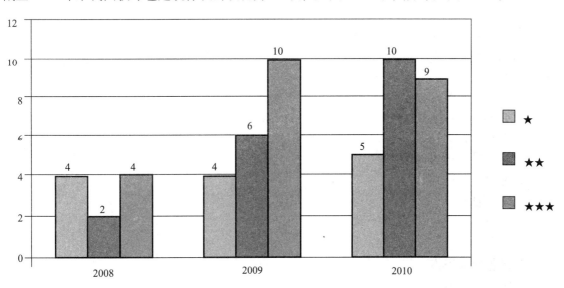

图 4 –18　绿色建筑标识项目

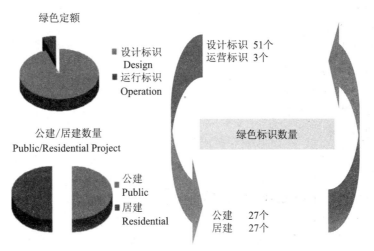

图 4 –19　绿色建筑标识分布情况

5. 我国绿色建筑推广组织

国家层面：住房和城乡建设部科技发展促进中心、中国城市科学研究会，见图 4 - 20。

图 4 - 20　国家层面绿色建筑推广模式

地方层面：广西、上海、江苏、四川、新疆、深圳和厦门等 20 余个省市建立了绿色建筑机构。

6. 建立绿色建筑学组

（1）绿色建筑政策法规；

（2）绿色施工；

（3）绿色人文；

（4）绿色建筑理论与实践；

（5）绿色建筑技术；

（6）绿色建材；

（7）绿色公共建筑；

（8）绿色工业建筑；

（9）绿色房地产规划设计；

（10）绿色建筑规划设计；

（11）绿色建材；

（12）绿色房地产；

（13）绿色工业建筑；

（14）绿色建筑结构；

（15）绿色产业；

（16）绿色建筑政策法规；

（17）绿色基础设施；

（18）绿色智能；

（19）绿色住宅工业化；

（20）绿色校园。

7. 编写绿色建筑报告：

（1）《绿色建筑 2008》；

（2）《绿色建筑 2009》；

（3）《绿色建筑 2010》；

（4）《绿色建筑 2011》。

8. 我国绿色建筑发展趋势及重点：

（1）建立完善的制度和政策激励机制；

（2）建立系列绿色建筑标准体系；

（3）提高绿色建筑技术；

（4）推动绿色建筑市场；

（5）提高业界与公众的绿色建筑意识。

9. 绿色建筑认证——中国绿色建筑评价标准

中国绿色建筑认证评估体系：

（1）2001 年建设部住宅产业化促进中心制定《绿色生态住宅社区建设要点与技术导则》、《国家康居示范工程建设技术要点（实行稿）》，同时《中国生态住宅技术评估手册》、《商品住宅性能评定方法和指针体系》、《上海生态住宅社区技术实施细则》出台；

（2）2003 年，中国建筑科学院等 9 单位推出《绿色奥运建筑评估新体系》；

（3）2005 年，住房和城乡建设部组织编写《绿色建筑技术导则》、《绿色建筑评价标准》；

（4）2006 年，住房和城乡建设部颁布了 GB/T 50378－2006《绿色建筑评价标准》。2007 年 8 月，又出台了《绿色建筑评价技术细则（试行）》和《绿色建筑评价标识管理办法》（建科〔2007〕206号）。

GB/T 50378—2006《绿色建筑评价标准》是中国第一个从住宅和公共建筑全寿命周期出发，多目标、多层次地对绿色建筑进行综合性评价的推荐性国家标准。

10. 中国绿色建筑认证的实施

2008 年建设部启用"绿色建筑评价标识"，两批总共有 10 个项目获批，见表 4-4。

表 4-4 获"绿色建筑评价标识"的项目

项目类型	项目名称	完成单位	标识星级
住宅建筑	深圳万科城四期	深圳市万科房地产有限公司	★★★
	金都·汉宫	武汉市浙金都房地产开发有限公司	★
	金都·城市芯宇（1号、2号、3号、5号、6号）	杭州启德置业有限公司	★
	无锡万达广场 C、D 区住宅	无锡万达商业广场投资有限公司	★
公共建筑	上海市建筑科学研究院绿色建筑工程研究中心办公楼	上海市建筑科学研究院（集团）有限公司	★★★
	华侨城体育中心扩建工程	深圳华侨城房地产有限公司	★★★
	中国 2010 年上海世博会世博中心	上海世博（集团）有限公司	★★★
	绿地汇创国际广场准甲办公楼	上海绿地杨浦置业有限公司	★★
	奉贤绿地翡翠国际广场 3 号楼	上海绿地汇置业有限公司	★★
	中国银行总行大厦	中国银行总务部	★

（1）绿色建筑认证——与 LEED 认证的比较

认证过程比较：均是全程认证，先进行预认证。

1）绿色建筑认证是从设计前期策划、设计、施工到运营管理的全过程，认证效果见图 4-21。

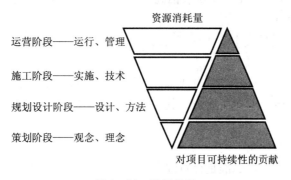

图 4-21 认证效果

2）为了适应市场的需求，在设计完成后，先进行预认证。在项目建成运行 1 年后，正式颁发证书。

3）LEED 认证和中国绿色建筑认证均是如此。

绿色建筑认证设计包括了一个综合开发过程当中所有的参与者，从设计队伍（业主、建筑师、工程师和顾问）、施工队伍（材料厂家、施工单位和废料搬运单位）、维修工人以及住户。绿色建筑过程最终产生的是一个高品质的产品，并且使业主获得最大化的投资回报。

认证选项比较：在重点项节能和节水方面两个认证大体相似，在其他方面根据各自国情各有所侧重，LEED 认证标准在部分选项上要求更高见表 4-5。

表 4-5 选项对比

LEED 认证选项 →	强调内容 ──	比较结果	← 强调内容 ←	中国绿色建筑评价标准选项
选址与环境管理	侧重于场地的生态环境保护	同样包括节地、交通、环境保护等方面，但侧重点不同	侧重于人均居住用地效率的提高	节地与室外环境
水资源利用效率	节水景观设计、废水利用、节约用水	基本相似	节约用水、雨水及废水利用	节水与水资源利用
能源和大气环境	优化能源、耗能组件、可再生能源利用	基本相似，LEED 单项要求高，但最低认证要求项数少	耗能组件、可再生能源利用	节能与能源利用
材料和资源	对旧建筑物和拆除建筑物的材料回收使用	均包括当地取材及旧物利用，但侧重点不同	在开发之始减少用材	节材与材料资源利用
室内环境质量	强调二氧化碳监测、低污染材料、住户的系统可控性等	LEED 要求相对较高	强调开窗、结露、室内温度、通风等	室内环境质量

认证准入条件比较：从认证级的准入门槛来看，LEED 的项数要求较少且更灵活，见表 4-6。

表 4-6 准入条件对比

类型	准入条件	最低认证条件	各类指标体系的要求
LEED2.2	7 项前提	7 项前提 + 26 项选项（总 69 项）	可偏重某些方面
LEED3.0	8 项前提	8 项前提 + 40 项选项（总 110 项）	可偏重某些方面
中国绿色建筑认证	27 项前提	27 项前提 + 28 项选项（总 40 项）	兼顾每一方面

从各选项的详细标准来看，LEED 的要求偏高，但从认证级的准入门槛来看，LEED 的项数要求较少且更灵活，故两者难度相近。

（2）绿色建筑认证——增量成本

1）什么是增量成本？

①增量成本为绿色建筑成本与基准建筑成本之间的差价，基准建筑是指在满足国家及项目建设所在地强制节能标准基础的同规模、同功能建筑，其相应的规划设计、施工建造、设备安装和运营管理等投资成本即为增量成本的起算点。

要考虑强制性节能标准的影响。

②强制的建筑标准尤其是节能标准是计算绿色建筑增量成本的基础。

绿色建筑能增加成本，也能减少成本。

③因实施绿色建筑，除一定增加造价外，某种意义上可能会减少原造价。例如因围护结构和精细化

分析，使采暖和空调负荷减少，也减少了原有空调设备的额定容量，减少了设备投资。

2）中国绿色建筑评价标准——住宅增量成本。

不同级别的中国绿色住宅增量成本形成明显的梯级结构，一星级绿色建筑标准相对较低，具有大范围推广的可能性，增量成本的梯级变化见表4-7。

表4-7 中国及华南区域各星级绿色住宅增量成本

	华南地区		全国平均	
	单位面积增量/（元/m²）	增量成本比例	单位面积增量/（元/m²）	增量成本比例
一星级	30.62	1.60%	36.60	3.05%
二星级	260.34	5.32%	281.74	7.93%
三星级	286.23	10.08%	302.70	10.84%
注：以上数据的统计样本为全国绿色住宅项目共20个，包括一星级6个，二星级10个，三星级4个。其中华南地区4个。				

3）LEED绿色建筑认证——住宅增量成本。

LEED认证要求所形成的增量成本，较中国的绿色建筑认证具有一定的可比性，它们之间的对比见图4-22。

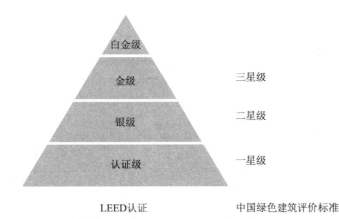

图4-22 两种认证增量成本对比

4）影响增量成本的重要因素——不同商业动机。

项目的不同定位和商业动机对增量成本的影响非常大（见表4-8）。达标型是以绿色建筑认证级为主要目标，实效型是注重整个系统运行的实际效果，充分考虑技术措施的有效性，强调项目的舒适度和长期运营管理。领先型则勇于尝试新的先进技术措施和方法。

表4-8 不同定位绿色建筑[a]增量成本统计表[b]

项目定位	绿色造价增量比例
企业义务（偏重达标型）	4.2%
内部需求（偏重实际效果）	8.3%
品牌推广（先进性）	15.9%
[a]表格中数据为绿色建筑统计数据，包括绿色住宅和共建项目。	
[b]以上数据为中国建筑科学研究院上海分院对2006年~2008年间建设的21个绿色住宅项目进行统计的结果。样本包括一星级6个，二星级9个，三星级6个；其中住宅项目10个，公共建筑11个。	

5）增量成本构成

增量成本中节能技术占据大部分，不同星级的差异仍然在节能方面，见图4-23。

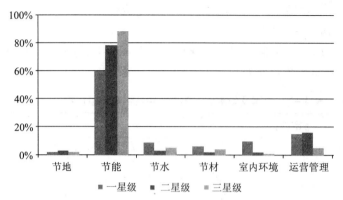

注：以上数据的统计样本为20个绿色住宅项目，包括一星级6个，二星级10个，三星级4个。地域包括中国的华东、华南、华北和西北地区。

图4-23　中国绿色住宅增量成本构成比例

节能的增量成本集中在可再生能源和围护结构上，见图4-24。这些方面的技术措施见表4-9

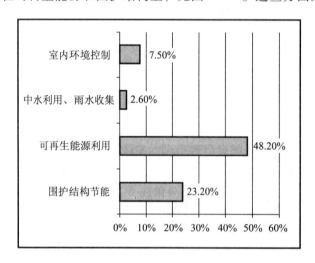

图4-24　绿色建筑增量成本构成统计

表4-9　绿色建筑增量成本占主要的方面

影响造价增量较大的方面	技术措施
围护结构节能	呼吸幕墙、屋顶绿化
可再生资源利用	地源热泵
	太阳能光电、太阳能集热
中水利用、雨水收集	屋顶雨水收集
室内环境控制	环境模拟分析等

注：以上数据为中国建筑科学研究院上海分院对2006年~2008年间建设的21个绿色住宅项目进行统计的结果。样本包括一星级6个，二星级9个，三星级6个；其中住宅项目10个，公共建筑11个。

6）增量成本分项——绿色建筑技术的应用是一个集成系统，需根据各项目情况综合考虑，但根据现有项目所做的统计数据可适当参考，见表4-10。

表 4 – 10 绿色建筑ᵃ分项造价增量比例统计

类别	增量成本/（元 m²）	绿色建筑★★★标准	占建筑成本ᶜ比例	
			住宅	公建
围护结构节能	70	65%的节能标准	4.6%	1.73%
地热	100	50%采用	6%	2.25%
太阳能热水	10 ~ 20	50%采用	0.6%	0.23%
太阳能光电ᵇ	350 ~ 400	10%能源比例	20%	7.50%
中水利用、雨水收集	35 ~ 40	非传统水源利用率不低于30%	2.6%	0.98%
室内环境控制	100 ~ 250	满足热、声、光、通风要求	8%	1%

　　ᵃ本表格的数据为绿色建筑，包括住宅和非住宅物业的统计，与本报告要研究的绿色住宅有所差异，以上数据仅供参考。

　　ᵇ此处的太阳能光电指将太阳能发电用于建筑各种设备设施，而非仅指照明。

　　ᶜ建筑成本住宅按1500元/m²，公共建筑按3000元/m² – 4000元/m²计算。

【参考案例一】广西南宁裕丰英伦（按二星级标准兴建）

采用技术	单价/元	常用技术	单价/元	单位	工程量	单方增加造价/元	造价/元	单项总增量/元	每平方米建筑面积增量/元
加气混凝土砌块	58.9	普通混凝土空心砌块	26.22	m²	33000	33	1078440	1078440	8.21
中空玻璃内置可调百叶窗	1050	普通铝合金单层玻璃窗	220	m²	6726	830	5582580	5582580	42.51
透水地面	60	普通地面	35	m²	10950	25	273754	273754	2.08
节水龙头	25	—	—	户	1271	25	31775	31775	0.24
节水坐便器	500	—	—	个	1271	500	63550	63550	4.84
楼层通透小区道路照明节能灯	55	普通灯具	15	个	1872	40	74880	74880	0.57
太阳能灯具	1000	—	—	个	12	1000	12000	12000	0.09
太阳能热水器	5000	—	—	个	84	5000	420000	420000	3.20
空气能源泵热水器	6000	—	—	户	706	6000	4236000	4236000	32.26
再生能源电梯	301000	普通电梯	295000	台	44	6000	264000	264000	2.01
人工湿地污水处理技术	880000	—	—	个	1	880000	880000	880000	6.70
微型喷灌系统	25	—	—	m²	27375	25	684386	684386	5.21
垃圾处理机	250000	—	—	个	2	250000	500000	500000	3.81
键关闭	50	—	—	户	1271	50	63550	63550	0.48

采用技术	单价/元	常用技术	单价/元	单位	工程量	单方增加造价/元	造价/元	单项总增量/元	每平方米建筑面积增量/元
东西向剪力墙保温隔热砂泵	58	水泥砂泵	13	m²	2975	45	133893	133893	1.02
智能化系统	—	—	—	—	—	—	—	4500000	34.27
其他	—	—	—	—	—	—	—	500000	3.81
合计	—	—	—	—	—	—	—	19870758	151.32

【参考案例二】万科上海某住宅小区（按三星级标准兴建）

上海某住宅小区绿色建筑增量成本统计表

技术措施	应用部位	增量成本/万元	单位面积增量成本/（元/m²）
百叶中空玻璃	全部建筑卫生间窗	274.13	14.64
双层窗	80%的建筑	874.30	46.68
地板辐射采暖（燃气）	60%的建筑	1938.33	103.49
电辐射采暖	40%建筑的卫生间	217.36	11.60
太阳能热水	25%建筑	151.32	20.08
声控光感照明	全部建筑	1.95	0.10
中水回用、节水器具	全部建筑	468.60	25.69
电梯井、楼板隔音	全部建筑	608.71	32.50
智能家居系统、安保、物业	60%的建筑	3225.96	172.23
总计		7773.15	427

（3）溢价情况——从长远来看，绿色建筑将随着绿色技术的推广而受市场认可，并获得相应的溢价效应。

1）经过美国 LEED 官方统计，美国通过 LEED 认证的项目价值提升 7.5%。

2）美国绿色住宅在次贷危机中逆市上扬：受次贷危机影响，美国房价 2007 年~2008 年间持续下跌，为 1992 年以来最低。但消费者对绿色房屋的需求却持续上涨。绿色房屋行业的知名品牌 ICYNENE 在之前 3 年平均每年业绩增长 22%。

由于绿色住宅认证在中国认知度有限，目前绿色住宅整体溢价幅度不大。

3）万科城四期案例：根据本行的推算，万科城四期绿色建筑的溢价不超过 5% 溢价空间：万科城四期在 2008 年 6 月开盘，均价为 12900 元/m²，（带 1500 元精装修），同时期万科城三期的二手房价格为 10000 元/m² ~ 11000 元/ m²（毛坯房），除去装修，四期比三期价格增长在 4% ~14%，除去考虑新房的溢价外，预计产品绿色生态理念的打造对住房价格影响不大，溢价幅度不超过 5%。

无论 LEED 还是中国绿色建筑认证，两者在中国住宅销售中的市场操作仍有待加强，目前增值幅度均不大。

目前绿色建筑产品在高档项目中被应广泛用。

4）绿色建筑技术是高档住宅项目提高自身档次和品质的一种常用手段。

无论是否采用绿色建筑认证，绿色建筑技术（见表 4-11）已逐渐在高档住宅项目中被部分采用；绿色建筑的打造目的在于切实提高居住品质，通过绿色建筑主题促进销售。

表 4-11 绿色建筑相关技术

项目名称	绿色建筑相关技术
三湘海尚	LOW-E玻璃、节能窗、中央吸尘系统、食物垃圾中央处理系统、空气净化系统、遮阳自动化卷帘、外墙聚氨酯保温材料、太阳能热水系统、浮筑楼板隔音垫
红树西岸	LOW-E玻璃、隔音楼板、新风系统、食物垃圾中央处理系统
卓越维港	LOW-E玻璃、太阳能热水循环系统、空气净化系统
兰溪谷	污水处理系统、LOW-E玻璃、铝百叶

（4）深圳万科城四期案例（中国绿色建筑评价标准认证：三星级 均价：12900元/m²）。该案采用何种认证——考虑到该案的目标客户群和LEED在深圳的发展情况，中国绿色建筑评价标准是一种好的选择；如能在控制成本的基础上实现兼顾LEED认证，亦有利于增强该案的市场竞争力。

1）从认证的难度和程序来看：两个认证标准各有侧重，LEED的单项要求相对中国标准较高，但认证级要求项数较低，两者认证难度近似。

2）从认证的成本来看：LEED前三级别增量成本与中国绿色建筑标准近似。

3）从两种认证在中国的实施情况来看：因LEED发展更为完善，国内优秀的公共建筑多数申请LEED，住宅项目相对较少，虽近年在逐渐增加，但外销（或对外出租）项目为主，内销项目应用较少；中国绿色建筑评价标准处于起步阶段。

4）从两种认证的溢价效果来看：绿色建筑认证现阶段主要体现持有型项目在租金提升和运营成本的节约上，对销售型项目的溢价效果有限。

5）从两种认证的发展前景来看：LEED认证在国内逐渐成熟，中国绿色建筑标准在政府推动下稳步发展。

6）该案采用何种星级——从消费者敏感性、不同级别绿色建筑的增值效应以及绿色建筑的规模效应来看，建议本案不必以高星级为目标。

7）消费者对不同星级绿色认证差异不敏感：LEED及中国《绿色建筑评价标准》在中国住宅市场的推广均不成熟，消费者对不同级别认证并不敏感。

8）绿色建筑认证级别不能对产品价值产生颠覆性作用：绿色建筑认证只是反映住宅品质的因素之一，认证级别与产品价值无明显正相关关系。

9）绿色住宅的开发存在规模效应：万科在深圳万科城四期之前，已在上海朗润园、上海新城花园、广州万科城等多个项目实践过绿色住宅项目，因此在相同的增量成本下容易获得高星级认证。

低标准认证成本较低，亦可利用认证的品牌效应区别于其他项目，建议该案在绿色产品的选用上以一星级（认证级）为底线。

从成本增量来看：一星级（认证标准）成本较低，具有大规模推广的可能性，各星级增量成本对比示例见表4-12。

表 4-12 中国及华南区域各星级绿色住宅增量成本

	华南地区		全国平均	
	单位面积增量/（元/m²）	增量成本比例	单位面积增量/（元/m²）	增量成本比例
一星级	30.62	1.60%	36.60	3.05%
二星级	260.34	5.32%	281.74	7.93%
三星级	286.23	10.08%	302.70	10.84%

该案在绿色建筑产品的采用中以市场需求为基本原则，不必以最低等级认证项目的增量成本水平为局限。

绿色建筑认证需遵循以需求为导向、以市场为驱动的原则。不可以绿色认证为规划设计的出发点和限制框架，市场需求和商业利益是地产发展项目的最终目标，绿色认证只是辅助的评估工具。

（5）深圳万科城四期案例分析

1）绿色建筑打造——室外环境（计算机模拟辅助设计）

①进行计算机模拟辅助设计，优化建筑的室外环境，包括室外风环境模拟、噪音控制和日照分析。

②小区的规划布局整体考虑通风效果，在设计过程中采用计算机模拟小区风环境，优越规划布局，取得良好的自然通风效果，见图4-25中的仿真分析。

③通过声模拟测试，使小区建筑外界噪声满足规范要求，通过日照模拟分析，使所有户型以及公共绿地满足日照要求。

④成本：一般绿色建筑全程咨询包括以上内容，全程咨询收费一般在5元/m²~10元/m²（建筑面积）。

建议本案采用该项技术。

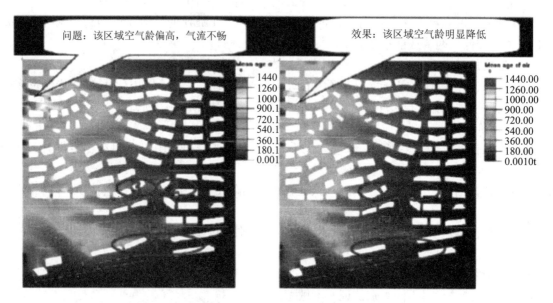

图4-25 仿真分析/Simolation Modeling and Analysis

2）屋顶绿化

①泰格公寓：两种方式，一是覆土35cm厚种植植物；二是15cm厚的培植土的佛甲草绿化。结果表明有屋顶绿化的顶层房间温度降低2℃左右。

②梅山苑：楼顶隔热层种绿色"佛甲草"，顶层温度降低12℃。

绿化效果见图4-26。

简单式屋顶绿化每平方米造价为130元~235元；花园式屋顶绿化每平方米造价为350元以上（其中包括运输、种植等全部费用）。

图4-26 绿化效果

屋顶有明显的隔热作用,降低热岛效应,增加绿化率,增加公共活动空间。

假定本案屋顶面积为2000m^2[实际上需扣除屋顶太阳能集热板面积(如果有的话)、公共会所活动空间],假定单方造价250元/m^2,本案屋顶绿化成本为70万元,按总建筑面积5万m^{2}计算,单位建筑面积成本为10元。

建议本案采用该项技术。

3)透水地面(见图4-27)

①万科城四期:渗水人行路面、车位植草砖。

②南宁裕丰英伦:透水地面造价60元/m^2,较普通地面35元/m^{2}高出25元/m^2,总工程量10950m^2,总成本增量273754元,按总建筑面积13万m^{2}计算,单位面积成本增量约2元。

《绿色建筑评价标准》要求:主区非机动车道路、地面停车场和其他硬质铺地采用透水地面,并利用园林绿化提供遮阳。室外透水地面面积比不小于45%。

图4-27 渗水路面

该项技术成本不高,在市场上应用广泛,有利于防止大面积积水,增强地下水补充,强化地面呼吸功能,降低热岛效应,提高居住的舒适度。建议本案采用该项技术。

4)绿色建筑打造——节水(中水系统)

①万科城四期:中水利用率大于30%、景观水不采用市政供水;收集生活污水进行处理回用,供道路清扫、消防、城市绿化、车辆冲洗和景观环境用水。

②振业城:二期增加中水处理系统。

③招商海月5期:人工湿地中水回用。

④泰格公寓:所有的生活污水通过一块人工湿地来处理,污水经花园的植物根系和沙石层层过滤以后,还原为清水,然后用来浇灌小区的植物或清洗小区路面。

⑤侨香村:所有的洗浴用水被收集到一个3000m^{2}的中水调节池和400m^{2}的清水池中,一部分经过处理后再返回到居民家中,用于冲厕。另一部分则用于室外绿化浇灌(这里的中水处理费约为每吨1.83元)。

⑥人工湿地成本案例:泰格公寓建筑面积3.45万m^2,人工湿地造价20万元,单位建筑面积造价约6元/m^2。

中水回收利用存在规模经济的问题,本案规模较小,不建议回收使用。建议采用优质杂排水(空调系统排水、洗浴排水等)作为水源,通过成本较低的人工湿地进行过滤,用于小区的绿化用水、景观用水、小区道路清洗用水和消防用水。

5)雨水收集

①万科城四期:采用多种渗透措施增加雨水渗透量;收集高层平屋面、低层坡屋面及绿地的干净雨水进入生态水渠及旱溪,通过人工湿地收集到的雨水进入生态水渠;在旱溪最低处设置蓄水池,作为晴天的绿化浇灌、道路冲洗等用水。

②招商海月 5 期：采用雨水回收系统，主要用于小区的绿化和清洁。

③振业城：天然雨水收集系统接入人工湖。

④侨香村：小区内部建设一个 1500m² 的雨水调节池，将处理后的雨水与中水互相补充，用于小区的绿化浇灌、道路冲洗。雨水的成本约为每吨 0.9 元，远远低于自来水的价格。

雨水回收成本较低，可考虑采用，所收集雨水与中水用途类似。

6）节水器具

①万科城四期：高层住宅 100% 实现土建装修一体化施工，厨房、卫生间的水龙头、马桶等均采用节水器具，节水器具使用率达到 100%。

②泰格公寓：综合采用节水器具和人工湿地净化污水等措施，每年可节水 6000t。

节水器具主要包括节水龙头、节水淋浴设备、节水型便器、管道节水，目前市场上节水器具供应丰富，基本不增加成本。本案是精装修项目，建议采用。

7）绿色建筑打造——节能

①外墙保温材料——加气混凝土砌块（见图 4-28）

a）深圳万科城四期：外墙主体部分为 20 厘米加气混凝土砌块。

b）振业城：19 厘米厚的加气混凝土砌块。

c）其他案例：泰格公寓、广西南宁裕丰英伦、杭州金都·城市芯宇、武汉金都汉宫。

图 4-28　加气混凝土砌块

d）技术特点：加气混凝土砌块质量轻，相当于黏土砖的 1/3，普通混凝土的 1/5，有利于减轻结构载荷，减少结构耗材；加气混凝土有优异的保温隔热性能，导热系数为粘土砖的 1/4～1/5，普通混凝土的 1/5～1/10。

e）成本：深圳市场加气混凝土砌块出厂价为 130 元/m³～140 元/m³，普通混凝土砌块的出厂价在 110 元/m³～130 元/m³（普通混凝土价格一般以块计，此处为换算价），假定每立方米成本增量 20 元，每立方米可砌外墙 5m²，每平方米成本增量 4 元。

目前市场上的绿色建筑采用加气混凝土墙体已较普遍，在夏热冬暖地区，加气混凝土墙体可以达到较好的保温隔热性能，不需要额外增加保温材料，在造价增加不多的情况下可以获得比其他技术更好的效果。建议本案采用。

②外墙保温材料——聚氨酯保温材料（见图 4-29）

a）深圳三湘海尚：外墙聚氨酯保温材料。

b）技术特点：建筑业用聚氨酯硬泡体保温材料是聚氨酯工业的一个重要分支，其特点是一材多用，同时具备保温、防水等功能。

c）成本：目前深圳市场聚氨酯保温材料价格为 170 元/m²～180 元/m²。

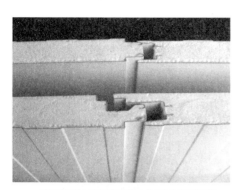
聚氨酯外墙屋面保温防水面砖饰面系统

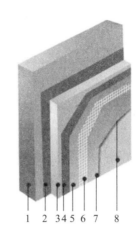
1.基层墙体
2.基层界面砂浆
3.喷涂聚氨酯硬泡体
4.聚氨酯专用界面剂
5.聚合物抗裂抹面胶
6.热镀锌钢丝网
7.聚合物抗裂抹面胶
8.面砖饰面

1 2 34 5 6 7 8

图 4 - 29 聚氨酯保温材料

目前深圳住宅市场应用聚氨酯保温材料的比较少，该材料价格较高，在加气混凝土砌块可获得较好的保温效果的情况下，不建议采用此材料。

③LOW - E 玻璃（低辐射镀膜玻璃）（见图 4 - 30）

a）技术特点：在玻璃表面镀上具有极低的表面辐射率的膜层。普通玻璃的表面辐射率在 0.84 左右，LOW - E 玻璃的表面辐射率在 0.25 以下。

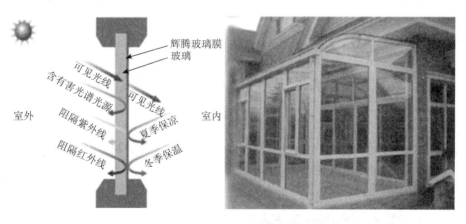

图 4 - 30 LOW - E 玻璃使用效果

b）应用情况：欧美发达国家 LOW - E 玻璃的使用率高达 80%，国内目前在写字楼等公共建筑中运用较多，在住宅中的使用率不足 10%，但在绿色住宅及高档住宅中已较为普遍。

c）案例：深圳万科城四期、万科东海岸、万科·棠樾、星河丹堤、三湘海尚、浪琴半岛、皇庭港湾、半岛城邦、百仕达东郡、红树西岸、红树湾、佳兆业可园、振业城、中海·大山地、半岛城邦、金地梅陇镇等。

d）成本：目前深圳市场普通中空玻璃价格为 100 元/m² ~150 元/m²，双片 LOW - E 玻璃价格为 200 元/m² ~250 元/m²，高出普通中空玻璃约为 100 元/m²，如按玻璃使用面积占户型建筑面积的 20% 计算，每平方米建筑面积成本增量约为 20 元。

LOW - E 玻璃节能效果明显，目前深圳市场上高档住宅及绿色住宅多数已采用，建议本案采用。

④断桥铝合金窗（见图 4 - 31）

a）技术特点：隔热铝合金门窗的原理在铝型材中间穿入隔热条，将铝型材断开形成断桥，有效阻止热量的传导。

b）隔热铝合金型材门窗的热传导性比非隔热铝合金型材门窗降低 40% ~70%。

c）案例：杭州金都城市芯宇。

图4-31 断桥铝合金窗

d）成本：目前深圳市场价格为800元/m²～1200元/m²，普通铝合金窗价格为400元/m²～600元/m²，断桥铝合金窗价格高400元/m²～600元/m²，如按窗户面积占户型建筑面积的20%计算，每平方米建筑面积成本增量为80元/m²～120元。

e）正常情况下，除去玻璃部分之后，窗框的面积占窗户全部面积的10%～15%，对整体导热的影响相对较小。

断桥铝合金窗成本较高，目前深圳市场上使用较少，最主要的是窗框对隔热影响相对较小，不建议本案采用该项材料。

⑤遮阳设施（见图4-32）

a）万科东海岸：外遮阳百叶窗，可以左右推拉，百页可以上下转动。

b）深圳万科城四期：采用铝合金可调百叶外遮阳，高层住宅将遮阳装置设计在阳台栏板内侧。

c）振业城：百叶遮阳装置的外窗。

万科东海岸遮阳百叶窗

振业城遮阳百叶窗

图4-32 遮阳设施

d）技术特点：室内百叶只可挡去约17%的太阳辐射热，而室外遮阳百叶可遮去68%的太阳辐射，两者遮阳效果差距明显。

e）成本：目前深圳市场铝合金遮阳百叶窗价格为1500元/m²～2000元/m²。案例：万科东海岸高层，每户窗户及阳台20m²～30m²，成本3万元～5万元。

外遮阳设施节能效果较好，但成本较高，目前市场应用较少，建议本案不采用或只在日照比较强烈的朝向局部采用。

⑥太阳能——太阳能热水器

深圳 2006 年出台《深圳经济特区建筑节能条例》要求：12 层以下的住宅建筑必须安装太阳能热水系统。

a）万科城四期 TOWNHOUSE。

b）深圳三湘海尚 TOWNHOUSE。

c）振业城：电辅助太阳能热水器，见图 4－33。

目前市场上高层应用太阳能热水器的非常少，原因在于屋顶太阳能集热板可容纳空间难以支持高层所有户型，而集热板壁挂式技术不成熟，存在安全隐患。

振业城太阳能热水器

图 4－33 振业城太阳能热水器

⑦太阳能高层项目案例

a）龙岗体育新城（安置小区）：由 21 栋 13～34 层高层住宅组成，共 2396 户。采用半集中式太阳能中央热水系统，即太阳能集热器集中设置，储热水箱分户设置。集热器集中安装于楼面和墙面，见图 4－34。

b）梅山苑（廉租房）：以 28 层的高层住宅为主，采用墙体壁挂式太阳能光热技术，幕墙面积约 80m^2，日发电量约 3500kW，见图 4－35。

c）侨香村（经济适用房）：满足每栋高层住宅从上向下数的 18 层居民使用（小区由 15 栋 32～35 层住宅组成）。

d）招商海月五期：一栋单位 11 楼以下墙体采用了太阳能材料，业主可以享受到太阳能热水器。

图 4－34 龙岗体育新城太阳能热水器

图 4－35 深圳梅山苑壁挂式太阳能集热板

e）成本：目前深圳市场太阳能热水器价格在 4000 元/套～5000 元/套。

f）技术性需要：太阳能热水器技术成熟，但成本较高，目前在高层住宅中多在政府支持项目中采用，商品住宅中采用较少，建议本案可部分采用太阳能热水器（如高层区或大户型部分 10% 的户型），以达到绿色建筑认证中"可再生能源占建筑耗能 5% 以上"的最低标准。

g）单位面积成本增量：假定 40 户采用太阳能热水器，总成本 20 万，总建筑面积按 5 万 m^2 估算，单位面积成本增量约 4 元。

⑧太阳能——公共区域太阳能照明

a）振业城：太阳能公共照明系统。

b）泰格公寓：路灯均采用太阳能光电板在白天所蓄集的能量供电，见图 4－36。

c）梅山苑：白天或有风时，太阳能电池和风力发电机把太阳能或风能转化为电能储存于蓄电池，晚上给路灯提供电源，见图 4－37。

d）侨香村：太阳能光伏发电系统，每年可发电 10 万度，主要用于小区内的草坪灯及庭院灯照明。

e）成本：目前深圳市场价格为：太阳能路灯 8000 元/个～20000 元/个、太阳能草地灯 50 元/个～300 元/个、太阳能埋地灯 50 元/个～150 元/个。

图 4 - 36　泰格公寓太阳能灯

图 4 - 37　梅山苑太阳能电池和风力发电

为体现本案在绿色住宅上的特色，有助于实现绿色认证，可考虑采用性价比较高的太阳能灯具。

⑨空气源热泵

a）梅山苑：2 号楼的楼顶安装 4 套空气源热泵。

b）泰格公寓：配置 6 台空气源热泵，24 小时提供热水，综合能源利用率是普通燃气热水炉的 2 倍，见图 4 - 38。

c）广州万科城：太阳能热水器和空气源热泵。

d）成本案例（非辅助用途）：南宁裕丰英伦共 706 户采用空气源热泵热水器，每户增加成本 6000 元。

e）成本（辅助用途）：每户成本 2000 元 ~ 3000 元。

目前深圳商品住宅中采用空气源热泵热水器的非常少，空气源热泵热水器初装成本不低，且运营成本一般均高于同等容量的太阳能热水器，建议本案不采用或仅采用作为太阳能热水器的辅助设备。

图 4 - 38　泰格公寓空气源热泵

⑩精装修

万科城四期：土建装修一体化，采用精装修，避免拆改造成的资源浪费和污染，使用以废弃物（所占材料比例大于 30%）为原料生产的建筑材料。

《深圳经济特区建筑废弃物减排与利用条例》（2009 年 1 月 15 日）最新规定：推行住宅装修一次到位。鼓励新建住宅的建设单位直接向使用者提供全装修成品房。政府投资建设的社会保障性住房的装修应当一次到位。

本案采用的精装修路线将于本案的绿色住宅路线高度匹配，有利于项目实现大幅度地实现节能、节材。

注：绿色建筑增量成本中不包括精装修的成本。

8）绿色建筑打造——室内环境

①隔音楼板

a）万科城四期：高层采用 ETHAFOAM 隔音垫。

b）红树西岸：1301 套户型全部装配陶氏化学楼板隔音垫。

c）振业城四期、五期：高层采用浮筑楼板隔音系统（丝科 EF 隔音垫），见图 4 - 39。

d）其他案例：万科金域蓝湾、万科清林径、中海香蜜湖一号、世纪海景高尔夫别墅、三湘海尚、百仕达乐湖等。

e）造价：目前市场价格在 30 元/m² ~ 40 元/m²。

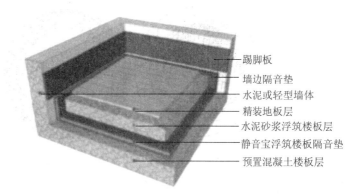

踢脚板
墙边隔音垫
水泥或轻型墙体
精装地板层
水泥砂浆浮筑楼板层
静音宝浮筑楼板隔音垫
预置混凝土楼板层

浮筑楼板隔音垫

图 4 - 39 浮筑楼板隔音系统

浮筑隔音楼板在注重居住舒适度的项目中采用较为广泛，该项技术发展成熟，已经成为高品质项目发展的潮流，建议本案采用。

②户式中央新风系统（见图 4 - 40）

a）深圳三湘海尚：双向流全热交换新风系统及置换式新风系统。

b）红树西岸：独立置换式全新风系统。

c）金地香蜜山：项目存在交通噪音及粉尘问题。为隔声降噪同时又能实现室内通风换气，采用新风系统。

d）其他案例：万科金域蓝湾、万科东海岸、绿景蓝湾半岛、金地梅陇镇、中海香蜜湖一号、浅水湾、纯水岸、祥云天都世纪、中城天邑等。

e）造价：目前市场价格在 30 元/m^2 ~ 40 元/m^2。

住宅户式中央新风系统在保持室内空气流通上效果明显，市场上应用普遍，尤其对周边有一定噪音的项目尤其具特定价值，建议本案采用此技术。

③涂料污染控制

a）万科城四期：采用具有空气净化功能的涂料。

b）"绿色涂料"：指节能、低污染的水性涂料、粉末涂料、高固体含量涂料（或称无溶剂涂料）和辐射固化涂料等。

c）涂料行业已存在国家环保部门认证制度，认证标志见图 4 - 41。

目前市场上已由低污染的绿色涂料，本案可考虑在不增加成本或少增加成本的基础上选用，以利于绿色建筑认证的申请。

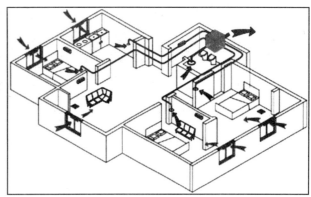

图 4 - 40 户式中央新风系统

图 4-41　认证标志

9）绿色建筑打造——运营管理

绿色建筑评价标准中对运营管理的要求包括以下方面，见表 4-13

表 4-13　运营管理要求

涉及内容	具体要求	对本案影响
垃圾处理	密闭垃圾容器，垃圾分类投放； 合理的垃圾收集、运输体系； 垃圾站的美化及环境卫生； 垃圾就地处理（优选项）	除垃圾就地处理一项，并不额外增加成本
绿化	无公害病虫防治，规范有害化学药品使用；栽种和移植的树木成活率大于90%	一般性绿化要求
管理制度	制定节能、节水、节材、绿色、垃圾管理制度	聘请专业物业管理公司或物管顾问即可
智能化	达到安全防范、管理与设备监控、信息网络的基本配置要求	深圳中高档住宅项目均可达到的标准

除垃圾就地处理一项外，多数项目在不增加成本的情况下均可达到。

有机垃圾处理系统：

①梅山苑：生化垃圾处理系统则将生活垃圾分解，剩下的残渣为有机肥料。

②彩田村：深圳政府支持的示范项目，垃圾压缩生化处理，将有机垃圾生化成肥料。

③侨香村：垃圾处理工艺采用联体式垃圾处理系统、负压除臭系统，以达到环保的目标。

④三湘海尚：食物垃圾中央处理系统。

⑤成本案例——南宁裕丰英伦总户数1251户，设置垃圾处理机2台，总成本50万元。

该设备目前在深圳多在政府支持项目中被采用，商品住宅开发项目中采用非常少。深圳垃圾处理费按户定额征收，住户不能从该技术中直接受益，不建议本案采用该设备。

10）绿色建筑打造——建议每项有总结（见表 4-14）

表 4-14　所采用项目总结

选项	具体内容	增量成本估算/（元/m²）	备注
室外环境	计算机模拟辅助设计	10	绿色建筑全称咨询包括以上内容，咨询收费，收费一般在 5 元/m² ~ 10 元/m²
	屋顶绿化、透水地面	10 + 2	屋顶绿化按一般造价，透水地面按裕丰英伦案例
节水	中水系统、雨水收集	10	人工湿地按泰格公寓案例估算，雨水收集成本不高
	节水器具	—	基本不增加成本

续表 4－14

选项	具体内容	增量成本估算/（元/m²）	备注
节能	加气混凝土砌块	3	每平方米墙面成本增量4元，按外墙与建筑面积0.8:1计算
	LOW－E玻璃	20	按双片LOW－E玻璃和普通中空玻璃价格差估算
	遮阳设施（不采用或局部使用）	—	暂不计入增量成本
	太阳能热水器（部分户型）	4	按40户，总成本20万计算
	空气源热泵热水器（不采用或辅助使用）	2	按太阳能热水器成本的一半估算
	公共区域太阳能照明系统	2	按10万元计算估算
节材	统一精装修	—	不计入增量成本范围
室内环境	隔音楼板	35	一般市场价格在30元/m²～40元/m²
	户式中央新风系统	35	一般市场价格在30元/m²～40元/m²
	绿色涂料	—	基本不增加成本
总计		133	—

五、2010年中国十大最节能低碳建筑

1. 世博零碳馆（见图4－42）

世博零碳馆是中国第一座零碳排放的公共建筑。从外形来看，零碳馆更像是2栋造型别致的"小别墅"，而不是展览馆。除了利用传统的太阳能、风能实现能源"自给自足"外，"零碳馆"还将取用黄浦江水，利用水源热泵作为房屋的天然"空调"；用餐后留下的剩饭剩菜，将被降解为生物质能，用于发电。在每栋房子的屋顶，各安装着11个五颜六色的风帽，房子朝南的墙壁采用的是镂空设计以自然采光，而房子的北面墙壁则被设计为斜坡状。在坡顶设置可开启的太阳能光电板和热电板，另外还将种上一种名叫"景天"的半肉质植物。"景天"不仅有助于防止冬天室内的热量散失，而且还能使零碳馆从周边各展馆中"脱颖而出"。世博会结束，零碳馆将永远保留下来，我们会把它打造成中国首座零碳博物馆。

图4－42 世博零碳馆

2. 台湾成功大学——绿色魔法学校（见图4-43）

　　这栋建筑百分之百使用环保建材，由成大建筑、土木及工程科学等系多位教授组成设计团队，花了近3年时间建构。绿色魔法学校地上三层、地下一层，2011年启用。使用特殊水泥将减少三成的用量及一成的二氧化碳排放，但强度增加四成；采用水库的污泥烧制成陶粒，作为隔间墙骨材以及屋顶花园的土壤，可吸音、保水。不会产生戴奥辛的电线、玉米做的地毯、宝特瓶抽纱制作的窗帘，以及不含甲醛与重金属的油漆、抑菌钢板、可吸臭气的墙面。此外，建筑外的车道，是采用台大教授柳中明设计的生态工法，"可耐高压，开坦克车都行"，还可吸附二氧化碳。屋顶有空中花园隔绝热气，还有可随太阳转向的太阳能板，以及作为风力发电的桅杆。

图4-43　台湾成功大学——绿色魔法学校

3. 德州太阳谷微排大厦（图4-44）

　　号称世界上最大的太阳能建筑，日月坛微排大厦总建筑面积达到7.5万m^2，在全球首创实现了太阳能热水供应、采暖、制冷、光伏并网发电等技术与建筑的完美结合，建筑整体节能效率达88%，每年可节约标准煤2640t，节电660万度，减少污染物排放8672.4t。

图4-44　德州太阳谷微排大厦

4. 电谷锦江酒店（见图 4-45）

电谷锦江酒店应用了另一种可再生能源建筑应用技术——污水源热泵技术。将城市污水处理后用于整个酒店的采暖、制冷等，使污水实现了循环利用，提高了可再生能源的利用效率。每年可利用中水737 万 t，系统运行费比水冷螺杆加蒸汽系统节省 188.5 万元，每年可节电 188 万度，节约标准煤 752t，减少二氧化碳排放量 546t、二氧化硫排放量 16.54t、氮化物排放量 7.52t、烟尘排放量 12.78t。

图 4-45　电谷锦江酒店

5. 世博中国馆（见图 4-46）

斗拱造型的中国国家馆被誉为"东方之冠"。夏季，顶层建筑可以为底层建筑遮阳，起到一定的降温作用。另外应用了生态农业景观技术，能有效隔热，使建筑能耗降低 25% 以上。世博中心设计遵循"3R"原则，大力增强建筑围护结构的保温性，减少热量损失。应用了自遮阳、太阳能采集、雨水收集等多项环保技术。

图 4-46　世博中国馆

6. 成都来福士广场（见图4-47）

投资达40亿元、建筑面积逾30万 m² 的"来福士"广场，运用了地源热泵供热和制冷系统、热回收系统、冷热水蓄藏、中水回用、太阳能等可再生能源的利用等节能环保措施。整个建筑呈大悬挑、大孔洞和不规则倾斜状，其造型新颖独特，与央视新大厦有异曲同工之妙，高度在112m～123m之间。成都来福士广场是国内首座、国际罕见的清水混凝土建筑，也是世界史上最高的清水混凝土建筑。低辐射中空节能玻璃——单银低辐射 LOW - E 玻璃，玻璃的高透光性与太阳热辐射的低透过性完美地结合在一起，比普通透明玻璃最高可以降低建筑能耗达70%以上，每年节约的空调能耗将超过百万元。

图4-47　成都来福士广场

7. 台北101大厦（见图4-48）

楼高508m的台北101大楼，已被宣布申请世界绿色建筑环保标准"LEED白金级"认证，整个楼层集垃圾回收、节水省电、照明设备为一体，一年可节省330万度电，可减少50%用水。建筑内分区测量空气品质、监控湿度、增加绿化面积等，101大楼还将利用邻里公园减弱热岛效应，增加对环境的贡献。总体来说，101投入大量人力物力进阶申请LEED白金级认证，就是为了让大楼使用空间以最低能耗提供最佳品质，并希望以此带动台湾岛内乃至亚洲引领高楼绿能环保风潮。

图4-48　台北101大厦

8. 国际新能源市场光热馆（见图4－49）

可能很多人还不知道这幢建筑，恰恰就是这样如贝壳般形状的建筑，整体采光率达到90%左右，如此高的采光率除了地理位置的因素外，整个建筑具有75%的透明度，内部所有透光面板均铺设采光集热板，屋顶10000多 m^2 放置多达15000块自动化光线跟踪面板，另外配备风电补充系统，以至于实现整个建筑全天候运作实现供热、供暖、供电的一体化，每年可节电100万度，减少二氧化碳排放600吨左右，将降低整个建筑80%左右的能耗。这个建筑有望在2011年建成并完善投入运营。

图4－49 国际新能源市场光热馆

9. 重庆幻山商业中心区（见图4－50）

近年来，重庆作为中国最新设立的直辖市，发展越来越快，提出了一种绿色商业中心区的设计方案。根据该方案，城市的社区都将模拟该城市多山的自然地形而建，住宅建筑也有相应的规划。在山顶之上，是现代化的住宅区，而在山谷之中，则是传统的中国住宅。开放的绿色空间将用于生态发电和水循环。这种能源节约型设计方案总共可以节省22%的能量消耗，而且还可以利用可再生能源取代11%的传统能源。

图4－50 重庆幻山商业中心区

10. 杭州低碳科技馆（见图 4 – 51）

杭州低碳科技馆按照"国家绿色建筑三星级"标准进行设计和建设，是名副其实的低碳建筑。总建筑面积 3.37 万 m^2，预计总投资将超过 4 亿元。在建材上，将首选本地建材，以减少材料运输过程中的碳排放；将选用天然的、可回收的材料；幕墙将尽可能采用太阳能光伏材料。此馆预计将在 2011 年建成，一旦建成将是世界上首个以低碳为主题的科技馆。

图 4 – 51　杭州低碳科技馆

六、住房和城乡建设部关于公布 2011 年全国绿色建筑创新奖获奖项目的通报

各省、自治区住房城乡建设厅，直辖市、计划单列市建委（建设局），新疆生产建设兵团建设局：

根据《全国绿色建筑创新奖管理办法》、《全国绿色建筑创新奖实施细则》和《全国绿色建筑创新奖评审标准》，我部组织完成了 2011 年全国绿色建筑创新奖申报项目的评审和公示。经审定，"深圳市建科大厦"等 16 个项目获得 2011 年全国绿色建筑创新奖。

现予公布。

附件：

2011 年全国绿色建筑创新奖获奖项目名单

序号	项目名称	主要完成单位	获奖等级	主要完成人
1	深圳市建科大楼	深圳市建筑科学研究院有限公司、深圳市科源建设集团有限公司	一等奖	叶青、陈泽广、张炜、鄢涛、毛洪伟、张劲峰、袁小宜、马远幸、周俊杰、彭世瑾、郭士良、龚小龙、王莉芸、刘勇、熊咏梅、蹇婕、沈驰、罗刚、王欣、汪四新
2	2010 年世博会城市最佳实践区"沪上生态家"	上海市城乡建设和交通委员会、上海市建筑科学研究院（集团）有限公司、上海市现代建筑设计集团有限公司	一等奖	秦云、汪维、韩继红、曹嘉明、张颖、杨明、朱剑豪、陈勤平、倪飞、鲁英、范宏武、杨建荣、范一飞、李阳、夏冰、葛曹燕、廖琳、王佳、章颖、张彦栋

续表

序号	项目名称	主要完成单位	获奖等级	主要完成人
3	南市电厂主厂房和烟囱改建工程	上海世博土地控股有限公司、上海市建筑科学研究院（集团）有限公司	一等奖	唐士芳、杨文君、杨建荣、葛曹燕、王健、车学娅、陈勤平、朱春明、巢斯、刘毅、龚治国、廖军祥、张鹏、张鹏飞、吴跃东、单琦、林略、王洪明、朱华、邱喜兰
4	华侨城体育中心扩建工程	深圳华侨城房地产有限公司、清华大学建筑学院	一等奖	林波荣、田军、郑建伟、王若愚、朱颖心、何文捷、刘加根、黄飞跃、刘雪峰、刘晓华、喻芳芳、隋力、常晓敏、聂金哲、肖娟、周星辉、路莉、王祁衡、刘辉、王子剑
5	上海世博演艺中心	上海世博演艺中心有限公司、华东建筑设计研究院有限公司、上海市建筑科学研究院（集团）有限公司、上海第四建筑有限公司	二等奖	钮卫平、汪孝安、杨建荣、郑凯华、倪建新、衣健光、田园、谭奕、吴玲红、邵茵、於红芳、李芳、鲁超、涂宗豫、周晓莉
6	莘庄综合楼	上海市建筑科学研究院（集团）有限公司	二等奖	朱雷、张宏儒、张颖、郁勇、邓良和、叶臻、范国刚、王赟、薄卫彪、李亮、高月霞、范宏武、廖琳、李芳
7	世博中心	上海世博（集团）有限公司、华东建筑设计研究院有限公司	二等奖	戴柳、张俊杰、高文伟、宁风、傅海聪、张伯仑、马伟骏、杨光、邵民杰、冯旭东、钱观荣、亢智毅、周东滔、李庆来、李义文
8	绿地卢湾滨江 CBD 项目商业金融 B、商业 E・137A－4 地块绿地（集团）总部大楼	上海绿地（集团）有限公司、中国建筑科学研究院上海分院	二等奖	胡京、魏琨、孙大明、裘江、顾雪全、汤民、葛夏雨、尤剑锋、田慧峰、方力、周志仁、邵怡
9	苏州工业园区档案管理综合大厦	住房和城乡建设部科技发展促进中心、清华大学建筑学院、中国建筑科学研究院、苏州工业园区设计院有限公司、依柯尔绿色建筑研究中心	二等奖	张峰、林波荣、赵华、赵霄龙、史明、刘加根、周潇儒、葛鑫、邵高峰、任涛、黄琳、丁炯、李铮
10	杭州市综合办公楼节能改造项目	杭州市市级机关事务管理局、浙江大学城市学院、杭州市城乡绿色建筑促进中心	二等奖	何铨之、赵群、应小宇、严岗、龚敏、朱炜、扈军、田轶威、胡晓军、原甲、严俊跃、翁加源
11	中新天津生态城起步区万拓住宅项目（一期）	天津生态城万拓置业有限公司、中国建筑科学研究院建筑设计院	三等奖	汪庆宏、杨煜辉、曾捷、曾宇、许荷、张江华、候毓、李建琳、刘亮、孙虹

续表

序号	项目名称	主要完成单位	获奖等级	主要完成人
12	天津市建筑设计院科技档案楼	天津市建筑设计院、天津市建工工程总承包有限公司、中国建筑科学研究院上海分院、天津建华工程咨询管理公司	三等奖	刘军、陈敖宜、伍小亭、刘建华、王东林、张津奕、曹宇、康方、贾伟、赵炳君
13	上海市城市建设投资开发总公司企业自用办公楼	上海城投置地（集团）有限公司、上海市建筑科学研究院（集团）有限公司	三等奖	王颖禾、韩继红、胡剑虹、安宇、张辰、李芳、马雁、范宏武、李建跃、汪莹
14	苏州工业园区青少年活动中心	苏州工业园区商业旅游发展有限公司、苏州工业园区设计研究院有限责任公司、苏州工业园区青少年活动中心	三等奖	马军、张允、陈岗
15	中新科技城研发服务楼	中新苏州工业园区开发集团股份有限公司	三等奖	王广伟、黄闻华、沈国强、陈冬青
16	大型居住社区江桥基地（绿地新江桥城）D1地块	上海绿地置业有限公司、中国建筑科学研究院上海分院	三等奖	田慧峰、魏琨、张欢、巴黎、顾玉婷、徐燕、阮建清、孙大明、方力、汤民

第五章
深圳绿色建筑之都已现雏形

一、综述

进入新世纪以来，短短 10 多年间，深圳绿色建筑呈跨越式发展态势，从最初的节能为主，节材、节水、节地、环保（室内环境质量检测）等专项突破为起点，快速过渡到以绿色建筑示范项目为先导，由点到线、由线到面全面推进，绿色建筑各项工作始终走在全国的最前列。此外，深圳与国际领先发展潮流保持一致，成为国内绿色建筑起步较早、发展最快的城市，同时，也是全国乃至世界上在建绿色建筑面积最大的城市。

"目前，深圳已有近 80 个绿色建筑示范项目、6 个绿色生态，其中 1 个为国家级绿色建筑示范区，已建和在建绿色建筑面积已突破 1000 万 m^2，是全国乃至世界上在建绿色建筑面积最大的城市。"市住房和建设局局长李荣强接受记者专访时介绍说。

1. 打造"绿色建筑之都"法规先行

深圳在全国率先出台《深圳经济特区建筑节能条例》和《深圳经济特区建筑废弃物减排和利用条例》，制定了《生态文明建设行动纲领》，出台了《关于打造绿色建筑之都的行动方案》等相关配套文件。打造"绿色建筑之都"已成为深圳推动城市建设发展率先转型的核心战略。发展绿色建筑就是实现这一战略的最重要、最直接的载体、抓手和突破口。

李荣强局长介绍"目前，深圳已有近 80 个绿色建筑示范项目、6 个绿色生态园区，其中 1 个为国家级绿色建筑示范区，已建和在建绿色建筑面积已突破 1000 万 m^2，是全国乃至世界上在建绿色建筑面积最大的城市。新建节能建筑面积达 5000 万 m^2，太阳能建筑应用面积也突破 1000 万 m^2。深圳现为国家机关办公建筑和大型公共建筑节能监测示范城市、国家可再生能源建筑应用示范城市、国家工程建设标准综合实施试点城市，正积极申报国家公共建筑节能改造重点城市。初步实现了从建筑节能到绿色建筑、从绿色建筑到绿色城市的'两个转型'，绿色建筑之都已初具雏形"。

2. 绿色建筑向建设各领域延伸

据李荣强局长介绍说，"最近一年来，深圳发展绿色建筑进展顺利，绿色建筑已向城市建设各领域延伸"。

截至目前，全市已发展近 80 个绿色建筑示范项目，涌现了建科大楼、华侨城体育中心、万科中心、万科城四期、南海意库、泰格公寓等一大批具有全国乃至国际影响的绿色建筑项目。其中，泰格公寓为我国首个获得美国 LEED 认证的绿色建筑项目，被美国《新闻周刊》誉为"在世界环境史上占据重要位置的中国首座绿色建筑"；建科大楼、华侨城体育中心荣获 2011 年全国绿色建筑创新一等奖。

同时，绿色建筑也进一步向绿色园区延伸。全市已建立 6 个绿色生态园区，制定并落实了相应的建设标准和评价指标。其中，光明新区为深圳同住房和城乡建设部共建的国家绿色建筑示范区，深圳大学新校区和南方科技大学为部、市共建的绿色生态校区，桃源绿色新城为市、区共建的绿色小区，欢乐海岸正打造国家绿色旅游园区，龙华保障性住房项目则是全国第一个按绿色建筑标准建设的保障性住房小区。

通过建设标准和技术的创新和积累，进一步促进了绿色规划、绿色交通的发展，绿色建筑已延伸至绿色市政、绿色道路、绿色地铁、绿色照明等基础建设各个领域。

3. 可再生能源建筑规模化应用全面铺开

作为国家可再生能源建筑应用示范城市，深圳全市共确立 44 个太阳能示范项目，其中 17 个为国家级示范项目，太阳能热水建筑应用面积已达 821 万 m^2，太阳能光电建筑应用装机容量约 34.1MW。

2010 年，《深圳市开展可再生能源建筑应用城市示范实施太阳能屋顶计划工作方案》发布实施，由原来的 12 层以下住宅建筑强制推行太阳能热水系统，扩展到所有具备太阳能热水系统安装条件、有稳定热水需求的新建民用建筑均应安装太阳能热水系统，新建保障性住房全部安装太阳能热水系统。力争两年内再完成太阳能热水建筑应用面积 700 万 m^2。

与此同时，深圳的大型公共建筑节能监管体系建设和既有建筑节能改造取得新的重大进展。

作为全国首批国家机关办公建筑和大型公共建筑节能监测三个示范城市之一，深圳已建立大型公建能耗监测平台及建筑能耗数据中心，已实现对 300 栋大型公建的在线能耗监测、栋数居全国首位，年内可实现全市所有大型公建在线能耗监测全覆盖工作。建筑物能耗定额标准编制工作基本完成，力争于今年推出，并组织开展了 622 万 m^2 建筑面积的节能改造。

据测算，"十一五"期间，通过新建建筑 100% 达到节能 50%、再生能源建筑应用、既有建筑节能改造和发展绿色建筑，全市建筑节能总量已累计达 203.7 万 t 标准煤，相当于节省用电 63.6 亿度，减排二氧化碳 534.8 万 t，年节能量相当于全市节能任务量的一半左右。

二、大运项目彰显绿色建筑理念

"绿色建筑理念在此次大运会项目中得以深入落实。大运会的项目建设本着循环经济性、体育工艺功能性和以人为本的理念，坚持绿色低碳的原则，所有新建场馆全部按照绿色建筑标准进行设计建造，还圆满完成了 36 个大运会改造场馆的绿色节能改造。另外，2011 年为全市建设行业'标准化年'，通过推进工程建设领域的标准化战略，推动实现建设领域的'深圳质量'。"市住房和建设局局长李荣强向记者介绍了大运场馆的建设理念。

1. 首期培育 100 个"标准化示范工地"

深圳在 2010 年就被住房和城乡建设部确定为国家工程建设标准化综合实施试点城市。为此，深圳把 2011 年确定为全市建设行业"标准化年"，制定落实试点方案，切实推进工程建设领域的标准化战略，推动实现建设领域的"深圳质量"。

2010 年 4 月 28 日，全市建设科技创新暨工程建设标准综合实施城市试点动员大会召开，以此为契机，还在全市深化开展了绿色施工工作。首期培育"100 个标准化示范工地"、"100 家标准化示范企业"的"双百"示范建设已经展开，培训 1 万名施工作业班组长的"鲁班计划"已经部署。

另外，年内还将启动前海深港合作区、坪山新区两个工程建设标准综合实施示范区建设。

2. 建立全寿命周期的绿色建筑标准体系

李荣强介绍，深圳的绿色建筑技术支撑框架和标准规范体系基本形成。2010 年，深圳依托骨干企业，建立了涵盖绿色建筑、绿色施工、建筑废弃物综合利用、建筑工业化等重点领域的 8 个建设工程技术研发中心，并积极筹建国家绿色建筑技术南方研发中心。

组织编制《深圳市绿色建筑和既有建筑节能改造技术路径集成库》，重点开展建筑外墙节能技术及其热工性能、自然通风、外窗遮阳技术、玻璃幕墙复合遮阳技术、太阳能建筑一体化、建筑废弃物循环利用、中水雨水回收利用、地下空间利用、绿色施工及运营技术等 10 大关键领域技术研究。

同时，还组织编制涵盖勘察、设计、施工、建材、监理、验收、物业管理和评价等各个环节的全寿命周期的绿色建筑标准体系，以及绿色照明、绿色道路、绿色地铁等相应标准，不同类型园区绿色生态指标体系和建设标准等约 50 部相关标准规范。初步形成了绿色建筑、绿色建设标准体系，为打造"绿色建筑之都"、实现城市建设绿色转型夯实了基础。

3. 新建场馆全部按照绿色建筑标准设计建造

绿色建筑理念在大运会项目中得到贯彻落实。今年是深圳的"大运年"，大运项目建设均本着循环经济性、体育工艺功能性和以人为本的理念，坚持绿色低碳的原则，采用了自然通风、雨水利用、中水回用、透水地面、太阳能、照明节能、空调节能、垃圾自动收集系统、清水混凝土等16项"四新"技术。

所有新建场馆全部按照绿色建筑标准进行设计建造。如大运新建场馆大量采用钢结构，大运体育中心游泳馆外采用清水混凝土夹心墙，真正体现绿色、环保、节能的要求，已圆满完成36个大运会场馆的绿色节能改造，努力践行"绿色大运"的承诺。

4. 深圳已成为国际知名的绿色建筑先锋城市

绿色建筑国际交流与合作进一步增强。深圳是建设部和美国能源基金会"推动夏热冬暖地区居住建筑节能试点示范城市"，建设部和世界环球基金组织"中国终端能源效率项目（UNDP）"试点城市，并与美国能源基金会签订了关于把深圳建设成为绿色建筑示范城市的合作框架协议。同德国、法国、英国、美国、日本、澳大利亚、新加坡和中国香港等10多个国家和地区建立了友好交流关系。

2010年12月，国际热带及亚热带地区绿色建筑委员会联盟在深圳成立，深圳绿色建筑国际交流合作进一步深化。

此外，深圳发展绿色建筑的工作，也得到中央及国家各部委有关领导的高度肯定，以及社会各界、中外媒体的高度关注和好评。住房和城乡建设部仇保兴副部长曾多次高度赞扬深圳在发展绿色建筑、打造绿色城区方面走在全国的最前列。在3月份的北京第七届国际绿博会上，他参观深圳展团时又欣然题词称赞深圳为"绿色先锋"。

深圳已经成为国内领先、国际知名的绿色建筑先锋城市。目前，正在实现从"深圳速度"向"深圳质量"的转变，具体到建设领域，就是要转变城市发展模式，提升城市发展质量，提升城市品质，而绿色建筑已经成为推动城市转型发展最有力、最核心、最基础的切入点和突破口。

深圳将继续紧紧抓住绿色建筑这条主线不放，以特区一体化为契机，把绿色建筑作为转变经济发展方式、创造城市发展"深圳质量"的核心战略，作为破解城市发展难题、建设现代化国际化先进城市的重要抓手，从法规、规划、立项、设计、建设、标准等各方面全方位推进绿色建筑行动，迅速抢占绿色产业发展战略的制高点，努力把深圳打造成为在全世界具有重要影响的绿色建筑之都，成为世界城市科学发展的典范。

三、大运建筑的绿色低碳措施

1. 深圳大运会中心体育场（见图5-1）

深圳市大运中心体育场占地3.66万m²，总建筑面积13.6万m²。地下一层地上五层。盆形体育场设有高、中、低3层看台，可容纳观众6万人。其中两层较低的看台围绕整个盆形的体育场设置。较高的看台分为东西两个部分对称布置，由于这两部分较高的看台遵循了体育场圆形的形式，它们沿比赛场地侧面呈马鞍造型，从内外看上去均极富吸引力。

（a）中心体育场全景　　　　　　　　　　（b）首创水晶石结构

图5-1　深圳大运会中心体育场

地下一层设有地下机动车库、贵宾前厅、从第一检录处到第二检录处的地下通道。一层设有比赛用房、媒体用房、安保用房、消防控制中心、设备用房、特别贵宾前厅、贵宾前厅、为大型活动提供的备用房、机动车库、柴油发电机房等。二层为观众入场平台，设有特别贵宾前厅、小卖部、记者咖啡厅、公共卫生间、楼梯间、顶层平台通道（大楼梯）。三层设有特别贵宾看台及附属设施、公共卫生间。四层设有贵宾看台、包厢及附属设施，以及电视直播室、现场安保观察室、电子显示监控室等。五层为顶层平台，设有公共卫生间。

2. 深圳宝安体育场——"竹林"（见图5-2）

该项目占地面积119735.04m²，总建筑面积97712m²，建筑总高度为55m，观众座席4万个。

图5-2 深圳宝安体育场——"竹林"

宝安体育场的造型，可以用一个词语来概括，便是"竹林祥云"。深圳地处亚热带，举步皆为园林。园林中的竹林，是南中国代表性植物之一。享有"植物钢铁"美誉的青竹，拥有超乎想象的强弹性和强韧性，加之皮厚中空，体轻质坚，抗弯拉力强，浑身展现出力学刚柔美。

宝安体育场屋盖系统的索膜结构属新型结构，具有轻巧、通透、无压迫感等特点，其中马鞍型轮辐式结构为国内首创，体育场整个屋盖由36块PTFE膜材拼接而成，每块膜材面积近千平方米，状如"祥云"。该膜材自重轻，具有较高的变形和阻燃能力，耐腐蚀，寿命长达25年以上。它还可以藉由雨水自洁，且最初颜色为黄色，越晒越洁白；同时具有一定的透光性，白天可减少照明强度和时间，节约资源，夜间彩灯投射可以形成绚烂的景观。屋面排水沟，则设在膜结构屋面外沿的凹处，雨水可经各段天沟流入空心的钢立柱（即竹林）收集并排至中水回用系统。

3. 深圳湾体育中心——"春茧"（见图5-3）

深圳湾体育中心——"春茧"坐落于深圳市南山后海中心区东北角、深圳湾15km滨海休闲带中段，毗邻香港，北临滨海大道，西临科苑南路，东临沙河西路，南临深圳湾内湖，规划用地面积为30.774万m²，总建筑面积约32.6万m²。作为第26届世界大学生夏季运动会的主要会场之一，深圳湾体育中心将在大运会期间承担开幕式、乒乓球预决赛等功能。深圳湾体育中心一体化的设计将体育场、体育馆、游泳馆置于一个白色的巨型网格状钢结构屋面之下，线条柔美的屋顶犹如孕育破茧而出冲向世界的运动健儿的孵化器，构思新颖，造型独特，与"鸟巢"的设计手法有异曲同工之妙，而"一场两馆"的独特结构，又使得"春茧"的施工难度高于鸟巢。与此同时，春茧的硬件、软件等各项设施均可承办国际国内重大品牌赛事和大型演出活动。"春茧"不仅是深圳的新地标，更代表了深圳市的城市形象，承载着深远的社会意义和浓厚的深圳情结。

深圳湾体育中心（见图5-3）主要包括：体育场、体育馆、游泳馆和星级酒店。
设计特色如下：

图5-3 深圳湾体育中心——"春茧"

（1）建筑设计一体化

"春茧"的设计将体育场、体育馆、游泳馆（图5-4）有机的结合在线条优美的巨型网格状钢结构屋面之下。体育设施、商业设施及星级酒店的一体化布局形成了具有活力的建筑综合体，具有醒目的地域标志性，是深圳市未来的标志性城市景观。

（2）功能设施复合化

高集聚性体育设施设于黄金地段，创造出高效的体育文化设施，将城市价值高密度化。运动休闲的设施环境，与周边城市酒店、商业文化中心共同形成都市休闲度假圣地。体育场馆与酒店、商业设施复合，相对于独立设置的单体建筑，各种配套设施的互相依托，有利于实现协同效应及最大化价值。充满光与影的"大树广场"位于设施中心，集公共性、聚会性于一体，周边配置有零售、餐饮、娱乐等服务设施，是体育中心利用率最高的广场空间。

（3）空间布局活性化

独特的方案构思将商业、街道等各类型空间融入体育建筑内部，功能的混合使这些空间不再是传统的体育场地和枯燥用地，而将营造出更有活力的空间，对赛前赛后综合利用十分有利。巨型钢结构、人行天桥及地下人行通道的设置，将东部滨海休闲带、西部商业文化中心区、南部国际金融商务区及北部高新技术区紧密地联系起来。零售餐饮、文体娱乐、商务展示等体育运动之外的其他服务设施，使深圳湾体育中心成为极具活力的城市公共空间，如此多功能的广场空间适合举办各种活动。

图5-4 大运中心游泳馆采用目前空调领域最先进的节能变频
技术，有效利用了废热，提高了综合能效

初夏时节，大运场馆陆续交工，历时三载，"绿水晶"、"春茧"、"竹林"惊艳亮相。这些体育中心的建成便成为了特区新地标的国际水平建筑，不仅有着时尚现代的外观，演绎出建筑设计的精妙绝伦，而且忠实践行了深圳承办大运之初提出的"循环经济"和"以人为本"的理念，高性价比地展示出绿色低碳的节俭之美与环保之利（见图5-5、图5-6）。

图5-5　大运村供水采用太阳能集热板、空调热回收与空气源热泵
联合的方式，充分体现了节能、环保的设计理念

图5-6　为减少场馆饰面过多装修造成浪费，
大运中心大量采用了清水混凝土工艺

4. 首创水晶石结构——难度不逊"鸟巢"

国际大体联（FISU）主席基里安，面对点亮灯火的大运中心三颗"晶石"，曾经感叹："这是我在FISU工作期间见过的最好、最美丽、最先进的比赛场地，它们就像'皇冠上的珍珠'。"

深圳市建筑工务署有关负责人介绍，这种新颖结构是基于水晶石的造型构思设计而来，学名"空间折面网格结构"，经清华大学、东南大学、华南理工大学共同课题攻关。这是一种世界上最新颖的结构形式，国际上首次应用于大型体育建筑，受力体系复杂，加工及安装难度不亚于奥运"鸟巢"。

这种结构参考晶石构造，巧妙解决了钢屋盖的整体刚度、承重能力、动力特性、节点性能等受力特性，使构建的断面设计和节点形式设计达到了最优化和安全可靠。简单解释，如果用平整的受力面承重，两三层支撑结构的承受重量也就和单层的空间折面结构差不多，有点类似拱桥的承重原理。

由于结构新颖、造型复杂，结构设计对于铸钢构件的质量要求非常高，一个铸钢节点就达到98t，以前国内生产过最大的铸钢节点才40t，且至今没有国家标准和验收规范。市建筑工务署一方面督促中标企业在全国范围内选择最好的材料、最有实力的厂家，进行研制开发、加工生产；另一方面组织全国知名专家，对这些没有国家标准和规范的工艺进行会诊和专题攻关，最终解决了钢结构生产加工难题，填补了国内钢结构体系中生产工艺和验收规范的一项空白。

大运中心"一场两馆"钢结构工程，全部获得中国钢结构质量最高奖"钢结构金奖"和首批广东省钢结构金奖"粤钢奖"。此外，体育场还被国家住建部评为深圳唯一"全国建筑施工安全质量标准化示范工地"，并获得国家AAA级安全文明标准化诚信工地称号。

5. 环保材料给力——隔热隔音透光

大运会是在深圳最热的8月份举行，而且深圳全年一半时间属于炎热天气，大运场馆必须仔细考虑和采用高效的通风、节能技术。

大运中心为了实现"水晶石"的建筑效果，外立面全部设计为全透明的围护结构，给场馆的隔热节能带来了巨大的考验。

为解决这个难题，市建筑工务署同设计单位一起，对各种备选材料进行试验室检测、计算机模拟和实体模型试验，通过不断比较论证，最后将外围护结构设计为两层，外层为XIR夹胶节能玻璃和聚碳酸酯板，内层为半透明的玻璃纤维张拉膜。

XIR夹胶节能玻璃是目前欧美广泛应用的新型节能材料，具有通透、明亮、隔热、隔音、环保、防炫光等特点，可见光透过率超过70%，可见光反射率低于8%，可屏蔽99.8%的红外线及紫外线，在不影响可见光透过的前提下，可以提供很高的遮阳系数，达到最大的遮阳效果，在保证了建筑物通透性的同时，也保证了建筑的节能效果。

通过这两层材料间形成空腔，可以将空腔间阳光辐射造成的热空气全部由自然通风系统带走，其作用类似呼吸幕墙，但比呼吸式幕墙更节约造价，施工更简单，较好地解决了透明围护结构的节能问题。

6. 设计独具匠心——海风穿堂而过

大运中心的"绿晶石"用结构和材料乘凉；大运会开幕式场馆"春茧"则充分利用环境和自身结构的优势，引来深圳湾的海风为观众和运动员降温。

深圳常年以东南风为主，"春茧"设计师便在东南-西北朝向上设置了大量幕墙开启窗，以最大限度引入穿堂风，使得南北朝向的体育馆、游泳馆、网球馆和健身馆善用海风，达到节能目的。

从海德三路望去，"春茧"地面比市政道路的地面高出两层楼以上，深圳湾海风可以轻易穿堂而过。位于"春茧"北面的健身馆和网球馆，尽管被滨海大道和体育中心夹在中间，但由于地面高度达到20m，整体高出滨海大道，自然通风条件良好。

从外观看，"春茧"状的屋顶，只占全部外墙面积的15%，屋顶透明部分也小于屋顶面积的20%，可有效减少屋顶的阳光直射面积，最大限度避免玻璃建筑"外面晒死人、里面热死人"的情况出现。

进入游泳馆，抬头可以看到，屋顶上方结合"春茧"网格，留出了屋顶1/10左右的面积装上了采光天窗，引入室外光。施工人员介绍，天窗玻璃采用的是彩釉中空夹胶玻璃，透光率小于10%，在非采光的玻璃顶下，安装了实体保温层，起到了自然采光和避免温室效应的作用。

即便是在夏季气温最高的时候，"春茧"内部的自然降温措施也十分细致。例如整体玻璃幕墙在光照最直接的部分设置了保温层，与实体墙一样隔热。在无法设置保温层的透明幕墙上，安装了遮阳卷帘系统，减少辐射热影响。此外，场馆的公共通道部分，大面积采用浅色外装饰石材和屋面装饰板，也是附加隔热的主要措施。

7. 空调——智能之美

与家庭、办公室不同，体育场馆面积大、密封性较差，如何科学利用空调又不造成冷气的随意散失，这是大运场馆的一门绝技。

据了解，在空调系统节能方面，大运中心采用高能效冷水机组、VRV 智能化空调控制系统和环保制冷剂，采用变频技术分区控制送风，提高空调系统运行能效，降低运行费用；热回收技术方面，使用了空调风系统热回收、冷水机组冷凝热回收、制冰系统余热回收技术，节约能源与后期运行费用。此外，重视自然通风，在"双层皮"外围护结构中，外表面设置多处开口，通过对外围护结构进行合理的自然通风和机械排风优化设计，降低夹层温度和空调冷负荷。

根据"一场两馆"各自的建筑特征和使用要求，市建筑工务署在主体育场采用 VRV 智能化空调控制系统，空调冷源分四区域设置，有利于经济运行，实现"集中与自由"相统一，效率提高 40% 以上。

体育馆中采用变风量空调系统，可根据负荷变化调节场馆送风量，观众厅采用分层空调设计，无需冷却高空较热空气，降低建筑能耗，比常规设备节能 10% 以上。

游泳馆采用目前空调领域最先进的节能变频技术及绿色环保的热回收技术，可回收空调制冷主机冷凝热，所产生热水用于空调机组的再热除湿处理，从而控制室内的温度和湿度，不仅减少了污染，还有效利用了发热，提高了综合能效。

8. 照明——低碳之美

大运中心美轮美奂的灯光效果有强大的硬件支持——全球最大的 LED 照明景观系统。为解决耗电难题，各类节能低碳设备和技术派上了用场。

大运中心照明景观系统由成功实施了奥运"水立方"、奥运"鸟巢"、上海世博会世博轴 LED 艺术灯光景观工程的同一家公司负责。为实现独特的水晶石效果，大运中心设计了 20 多种不同配光，并运用世界领先的 6 个核心专利技术的独立控制系统，可以同步控制 23880 套智能灯具，共 88350 个独立控制单元，并可实现一年 365 天全自动运行和监控。所有的灯具都安装在钢结构的部分主梁和次梁上，实现了灯具和线槽的隐蔽，完全消除了显光，亮灯时见光不见灯，构成了美丽的剪影效果。

为了既美观又经济，大运中心艺术灯光系统和公共区域照明，采用智能照明控制系统进行控制。专门研发的百万颗专用ＬＥＤ芯片和非线性透镜，具有节能、环保、体积小、耗电量低、寿命长、高亮度、低热量等优点，灯具寿命可达 5 万 h 以上，比荧光灯光源寿命长 2.5 倍~3 倍，比荧光灯光源节能60% 以上。场馆内会客厅、休息室、功能房、采访间采用的 T5 荧光灯，节能率也达到 35%~50%。

9. 用水——循环之美

除了泳池用水、饮用水以外，大运主要场馆的用水充分实现了中水回用与循环使用，主要包括雨水利用技术、中水回用技术、节水设备应用等。

大运中心游泳馆两个池注满水约 10 万 m^3，照此数据，除以 2009 年广东省人均年用水量 480m^3，够一个人用 208 年，够一个家庭用 70 年。这些水资源使用完后不会白白浪费，大运中心各场馆都配有水净化、水循环设备，比如游泳池里的水、游泳池过滤系统反冲洗排水还有各场馆淋浴间废水，经处理后，将回用于冲厕及周边约 2 万 m^2 硬铺地面冲洗和绿化用水。

为了确保用水质量，这些回收水会再经分类处理或节约使用，比如冲厕所这样的生活污水会经管道送进更专业的横岗污水处理站，净化后再次成为中水，汇入全市中水回用系统调度利用；绿化用水则在智能绿地灌溉系统的监控下节约使用，该系统能有效监控绿地土壤湿度，自动开启喷灌设备，大大降低浇灌用水消耗。

10. 除了中水，天上的雨水也要借来一用

雨水收集循环系统的设计，是"春茧"努力实现绿色低碳运营的亮点。在巨型钢架板块连接处，特别制造了流水槽，在雨季来临时这些流水槽能够将屋顶的雨水收集起来，依照设计的最佳线路注入排水槽和雨水收集池，经过处理后用于整个体育中心的冷却水和绿化用水。

大运中心室外地面全部采用透水混凝土，透水系数达 3mm/s。工程人员说，就算拿水管直接扔在地上不停放水，也顶多出现脸盆大的水渍，连水洼都不会有。奥妙就在这混凝土下，布满了纵横交错的暗沟，像人体的毛细血管，收集渗透水，迅速送进人工湖补充景观用水或者储存用来灌溉。

大运中心因此成了中水、雨水的集约利用中心。据测算，大运中心中水利用的总水量为 68.96 万 m^3/年，雨水利用的总水量为 23.2 万 m^3/年；室内消防用水全部利用现有的游泳池水，可节水 0.21 万 m^3/年；智能绿地浇灌可节水 15 万 m^3/年，并节约 10 万元以上管理劳务支出。综合起来，年节水约 107.37 万 m^3，够 2200 余人用一年。

四、"绿色"亮点

"十一五"期间，以打造"绿色建筑之都"、建设低碳生态城市作为推动城市建设发展率先转型的核心战略，全市新建节能建筑面积 5000 万 m^2，太阳能建筑应用面积 1000 万 m^2，在建绿色建筑面积突破 1000 万 m^2，成为全国乃至世界上在建绿色建筑面积最大的城市。

全市有近 80 个绿色建筑示范项目、6 个绿色生态园区，其中 1 个为国家级绿色建筑示范区。全市所有保障性住房强制推行绿色建筑标准。

1. 施行建筑节能"一票否决"制

在大力发展绿色建筑的同时，继续严格落实建筑节能"一票否决"的全过程监管机制，加大建筑节能新技术、新工艺、新设备、新材料推广，提升建筑节能标准。

绿色建筑向城市建设各领域的延伸示范全面推进。以单个绿色建筑示范项目为起点，逐步向绿色园区、绿色住宅小区、绿色校区延伸。以保障性住房建设为重点，深入推进绿色建筑低成本化。

2. 新建保障房全部使用太阳能

《深圳市开展可再生能源建筑应用城市示范实施太阳能屋顶计划工作方案》强制规定：有稳定热水需求的新建民用建筑均应安装太阳能热水系统，新建保障性住房全部安装太阳能热水系统，建成太阳能热水建筑应用面积超过 1000 万 m^2。

加快大型公建节能监管体系建设，积极推进既有建筑节能改造。建立大型公建能耗监测平台及建筑能耗数据中心，对 500 栋大型公建进行实时在线能耗监测，组织编制建筑物能耗定额标准，组织开展 622 万 m^2 建筑面积的节能改造。

五、深圳 19 个项目通过绿色建筑认证

深圳的绿色建筑国家和地方"双认证"评价标识工作全面启动。截至目前，全市共有 19 个项目通过绿色建筑认证，其中 5 个项目获国家最高级别三星级，有 11 个项目为 2010 年以来开展的绿色建筑"双认证"项目。

为促使绿色建筑国家和深圳地方"双认证"评价标识工作全面启动，深圳组建了市绿色建筑咨询委员会、建设科技促进中心和全国首家城市级绿色建筑协会，加强绿色建筑咨询，大力推行绿色建筑免费认证。

经住房和城乡建设部批准，深圳可开展国家一星级、二星级绿色建筑认证工作及深圳市级绿色建筑认证工作。截至目前，全市共有 19 个项目通过绿色建筑认证。其中，有 5 个项目获国家最高级别三星级，有 11 个项目为 2010 年以来开展的绿色建筑"双认证"项目。认证的力度和规模全国领先，标志着深圳绿色建筑认证制度已经正式"落地"并全面实施。

2010 年，深圳已出台规范文件，率先在国内强制推行保障性住房绿色建筑标准建设。未来 5 年内，深圳将安排 24 万套保障性住房建设，全部按绿色建筑标准建设。这将进一步推动绿色建筑由中高档商品住房向普通保障性住房延伸，实现绿色建筑进入寻常百姓家。

第六章

绿色建筑的设计

建筑设计是建筑全寿命周期中最重要的阶段之一，设计过程主导了后续的建筑活动，如施工、运营维护、改造、拆除等，以及对环境的影响和资源的消耗。在设计中实践可持续发展的理念，营造绿色建筑并不是一件曲高和寡的事，本书通过对收集到的绿色建筑的设计案例进行分析，希望找出一些在实践工程中切实可行、行之有效的设计方法，对设计人员的工作起到启迪和指导作用。

可持续发展的概念表达出一种共识，即人类的发展既要满足当代人的需要，又不对后代人满足其需要的能力构成危害。可持续发展的定义包含两个基本要素："需要"和对需要的"限制"。

发展是人类生存的基本需求，建筑是人类改变和适应周围环境的一种开发行为，建筑行为包含了以不同形式大量消耗、改变和转化自然资源，显然这些行为在各方面都对环境造成了影响，也将影响到人类的可持续发展。

全球的资源短缺和环境问题已引起了人们的广泛关注，也吸引着建筑领域的专业人士开始研究和评估建筑对环境的影响。人们发现引起全球气候变暖的有害物质中，50%是在建筑施工和运营过程中产生的，在建筑设计、施工和运营中消耗的能源已占到总能耗的1/3（Jay，2002）。因此建筑师们应刻不容缓地重新反思人、建筑和环境之间的关系。

建筑师们已经意识到了建筑本身对环境的负面影响，通过合理的建筑设计手段是可以减少的。研究表明，在概念设计阶段就关注建筑节能，把建筑作为整体系统设计，并注重与各个系统间的相互关系，可以比一般建筑节省50%～70%的能量。

建筑行为对环境的影响主要表现：在建筑的全寿命周期内消耗自然资源和造成环境污染。图6-1定量地表示出了这种影响。

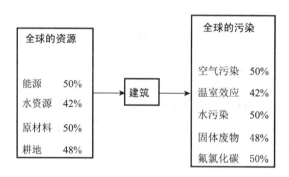

图6-1　建筑业带来的资源消耗和污染

中外绿色建筑的设计思路和采用的方法并没有太大的不同，采用的方法也大致相同，因此我们可以在实践中借鉴国外成熟的经验，为我所用、避免走弯路。以下的这些设计方法在中外都得到了广泛的使用：

①加强外围护结构的保温隔热性能；

②使用太阳能；

③利用自然通风；

④利用自然采光；

⑤资源的回用。

我们也发现太阳能利用和资源的再利用在发达国家比在我国运用得更为广泛。这主要是因为技术发展水平的差异和产业扶持政策的不同。在德国使用太阳能可以得到优惠政策的鼓励，因此太阳能在德国得到了广泛的运用。而在我国，缺水的情况日益严重，对于缺水城市，不少地方政府强制要求住宅生活废水利用，因此我国中水的使用正变得越来越广泛。

追求可持续发展、发展绿色低碳建筑是建筑业发展的必由之路。同时探索尊重环境和高效使用资源也能帮助建筑师进行理性设计，例如：解决好建筑的朝向、自然通风、天然采光等因素能使得建筑物趋于理性。只有协调处理好建筑与自然生态环境之间的关系，才能实现真正意义上的感性与理性的完美结合。

实践绿色建筑，是摆在中国建筑设计师面前的新问题，任重而道远，不仅需要观念和技术上的不断创新和发展，设计水平的不断提高，同时更需要政策的引导和扶持，以及全社会的参与。

一、绿色生态建筑理论在住宅建筑设计中的运用

在全球绿色生态建筑理论思潮方兴未艾的大背景下。中国当代建筑设计如何运用该理论来指导实践已经成为亟待解决的问题。本书仅从绿色生态建筑概述、绿色生态建筑设计理论以及设计理论在绿色建筑设计中的运用三个方面对绿色建筑住宅设计展开讨论。

1. 绿色生态建筑概述

根据世界卫生组织（WHO）的定义，所谓"健康"就是指人在身体上、精神上、社会上完全处于良好的状态。据此定义，"健康住宅"不仅仅是住宅＋绿化＋社区医疗保健，还指在生态环境、生活卫生、立体绿化、自然景观、噪音降低、建筑和装饰材料、空气流通等方面，都必须以人的健康为根本。

（1）绿色生态住宅定义

健康住宅又称"绿色生态住宅"，绿色生态住宅居住区的总体布局、生态住宅建筑单体的空间组合、房屋构造、自然能源的利用和节能措施、绿化系统以及生活服务配套的设计，都必须以改善及提高人的生态环境、生命质量为出发点和目标。

（2）绿色生态住宅原则

绿色生态住宅是运用生态学原理和遵循生态平衡及可持续发展的原则，即综合系统效率最优原则，来设计、组织建筑内外空间中的各种物质因素，使物质、能源在建筑系统内有秩序地循环转换，获得一种高效、低耗、无废无污染、生态平衡的建筑环境。生态住宅以可持续发展的思想为指导，意在寻求自然、建筑和人三者之间的和谐统一，即在"以人为本"的基础上，利用自然条件和人为手段来创造一个有利于人们舒适、健康的生活环境，同时又要控制对于自然资源的使用，努力实现向自然索取与回报之间的平衡。绿色生态住宅的特征是舒适、健康、高效和美观。

（3）绿色生态住宅的技术策略

1）追求舒适和健康是绿色生态住宅的基础，绿色生态住宅首先要满足的是人体的舒适性，例如适宜的温度和湿度。此外还应有益于人的身心健康，如有充足的日照以实现杀菌消毒，有良好的通风以获得高品质的新鲜空气，以及无辐射、无污染的室内装饰材料等。在心理方面，绿色生态住宅既要保证家庭生活所需要的居住功能——安全性和私密性，又要满足邻里交往、人与自然环境交融等要求。健康还有另外一层很重要的含义，即住宅与大自然的和谐关系。住宅应尽可能减少对自然环境的负面影响，如减少有害气体、二氧化碳、固体垃圾等污染物的排放，减少对生物圈的破坏。

2）追求高效是绿色生态住宅的核心内容，所谓高效，是指最大限度地利用资源和能源，特别是不可再生的资源和能源。

3）追求美观是生态住宅与大自然和谐的完美境界，生态住宅与大自然的和谐不仅体现在能量、物质方面，也同时体现在精神境界方面，包括生态住宅与自然景观相融合，与社会文化相融合。生态住宅应立足于将节约能源和保护环境这两大课题结合起来，所关注的不仅包括节约不可再生能源和利用可再生洁净能源，还涉及节约资源、减少废弃物污染以及材料的可降解和循环使用等方面的内容。

2. 绿色生态住宅设计理论

目前，世界各国新型的绿色生态住宅可谓方兴未艾，从可持续发展的角度出发，发展绿色生态建筑

在我国也必然是大势所趋。作为国家的重要产业，城镇住宅建设必将快速发展。所以，如果不抓住时机，及时把"生态理念"引入到住宅设计中，解决住宅节能和住区环境保护问题，将会对社会、经济、环境产生不可挽回的后果。

绿色生态住宅设计，指的就是综合运用当代建筑学、建筑技术科学、人工环境学、生态学以及其他科学技术的综合成果，把住宅建造成一个小的生态系统，为居住者提供舒适、健康、环保、高效、美观的居住环境的一种设计实践活动。这里所说的"生态"绝非一般意义的绿化，而是一种对环境无害而又有利于人们工作生活的标志。

在工程实施过程中，绿色生态住宅涉及的技术体系极其庞大，包括能源系统（新能源与可再生能源的利用）、水环境系统、声环境系统、光环境系统、热环境系统、绿化系统、废弃物管理与处置系统、游憩系统和绿色建材系统等。简单来说，其技术策略主要体现在以下几个方面。

（1）住区物理环境（声、光、热环境）与能源系统设计，包括建筑规划、建筑单体设计、建筑能源系统设计等，同时又与绿化设计以及建材的选择息息相关，是当前生态住宅设计中最重要而又最容易被忽视的问题。

（2）智能化住区，主要包括信息管理和通讯自动化、物业管理自动化、设备自动化控制、安全防护自动化以及家庭智能化等。

（3）节省土地，节约能源，做好废弃物的回收和处理。

3. 设计理论在建筑设计中的运用

从上述思路出发，要实现住宅设计生态化，需综合考虑3个方面的因素：住宅住区规划、建筑单体设计（包括建筑造型、朝向、定位以及细部处理，如维护结构材料选择、保温方式、门窗形式等）、建筑物内的环境控制系统设计。本书将从住区风环境、自然通风、绿化、水景设计和防止住区热岛现象、日照、遮阳与采光、外围护结构布置、噪声和污染的防止和控制等与建筑设计相关的几个方面，分别阐述生态建筑理论在住宅建筑设计中的运用。

（1）住区风环境设计

建筑物布局不合理。会导致住区局部气候恶化。规划师和建筑师已经意识到风环境和再生风环境问题已不容忽视。然而，可能是对室外风环境的预测不够重视或缺乏有效的技术手段。当建筑师们在对建筑住区进行规划时，更为常见的做法是过多地把设计重点集中在建筑平面的功能布置、美观设计及空间利用上，而很少或仅仅凭经验考虑高层、高密度建筑群中气流流动情况对人的影响。事实上，良好的室外风环境，不仅意味着在冬季风速太大时不会出现人们举步维艰的情况，还应该在炎热夏季保持室内自然通风。从这一点上来说，在规划设计中仅仅考虑对盛行风简单设置屏障的做法显然是不够的。在实际的规划设计中，要获得良好的住区风环境，了解小区内气流流动情况，是建筑师在设计初期所必须做到的。

（2）自然通风

在住宅建筑中，自然通风是最经济和有效的环境调节手段，而建筑物的平面布局、立面设计与三维空间布置等，都对自然通风的效果有重要的影响。充分考虑这一影响而进行建筑设计能有效地解决住宅中热舒适性和空气质量问题，而且在不增加住户投资的情况下，就能营造一个健康、舒适的居室环境。

（3）绿化、水景设计和防止住区"热岛"现象

住区周围建筑的热环境不仅和气流流动有关系，同时还和住区建筑周围的辐射系统有关。受住宅设计中建筑密度、建筑材料、建筑布局、绿地率和水景设施等因素的影响，住区室外气温有可能出现"热岛"现象。合理的建筑设计和布局，选择高效美观的绿化形式（包括屋顶绿化和墙壁垂直绿化）及水景设置，可有效地减弱"热岛"效应，获得清新宜人的室内外环境。特别值得指出的是，建设生态住区不等于简单地提高绿化面积，如果住区绿化仅仅使用大规模草地而不考虑与林地、水景设施以及自然通风等手段有效地结合起来，不仅不能充分发挥绿化在改善室内外热环境方面的巨大作用，还会把大量的金钱浪费在草地的浇灌上，可谓得不偿失。在绿化系统设计中如何改善住区室外环境，除了避免以上误区外，还应做好以下两个方面的工作：①合理选择和搭配绿化植物和水景设置，并与整个小区的热环境设计协调起来，除了给人以观赏的美感外，还应充分发挥植物、水在降低"热岛"作用、改善住区微气候方面的作用；②设计中要以人为本，如果绿化设计的最后结果是把人和绿色隔绝开来，仅仅"可

以远观而谢绝入内"，是不可取的。

（4）日照、遮阳与采光

夏天阳光的直射和热辐射是影响居室热环境的一个重要因素，同时也是影响住户心理感受的重要因素。遮阳是指运用建筑的外形设计、悬挑和凸凹变化而形成建筑围护结构，使室内实际接受的阳光直射和辐射热量减少。比较好的方法是根据当地地理与气侯条件，通过精确计算，对住区的建筑布局以及单体住宅的相对关系，进行建筑群日照、遮阳以及自然采光分析，检验是否满足日照和遮阳的要求。

（5）外围护结构布置

这里主要是指外墙和外窗等围护结构的布置，体型系数这一概念并不能充分反映外围护结构对建筑物热环境的复杂影响。实际上，对于不同朝向角和倾角的外墙和外窗，由于当地主导风向的不同而造成的渗透情况的不同，外表面的对流换热系数也相差很大，日间接受的太阳辐射随着时间变化而千差万别，夜间背景辐射状况也不相同。

（6）噪声和污染的防止和控制

住区规划应有效地设计防噪系统，如将住区和主要交通干线相隔绝，防止主要交通干线的噪音传过来。污染控制问题也需重视，建筑物内部空气质量不好，一定是与室外空气污染有关，而通过有效的绿化、有效地组织建筑周围气流流动，可以改善室内空气品质。在设计初期，技术人员就应该深入现场进行调研和测试，检验当地的噪声或污染是否符合标准，如果不能满足要求，一定要采取相应的补救措施。如果居室噪声超标，可考虑采用错开设计的双层玻璃窗，既能有效降低噪声，又不影响自然通风。

总之，绿色生态住宅是多种技术集成的结果，它需要科学技术的进步，更不能离开政府相关政策法规的鼓励和正确引导。只有在设计过程中各专业人员的相互合作与共同努力，综合运用当代建筑学、建筑技术科学、生态学及其他科学技术的成果，从技术、经济、环境、能源及社会等角度出发，系统地设计与评价住区的室内外环境，才会设计出更多更好的绿色生态住宅。

二、绿色低碳节能住宅——家庭中央系统设计的内容

家庭中央系统主要由中央空调系统、中央新风系统、中央除尘系统、家庭采暖系统、中央热水系统、中央水处理系统、家庭影音系统和家居智能系统组成（见图6-2）。

图6-2　家庭中央系统图

1. 中央空调系统

家用中央空调是由一台主机通过风道送风或冷热水源带动多个末端的方式来控制不同的房间以达到室内空气调节目的的空调。采用风管送风方式，用一台主机即可控制多个不同房间，有效改善室内空气品质。室内机可选择卧式暗装、明装吸顶、天花式、壁挂式等。各种风机盘管可独立控制。

它的优点在于：

（1）整个家庭都满足舒适性条件，避免了其他分体机造成的直吹过冷和房内冷热不匀的人体不适现象；

（2）只有一台室外机，避免破坏户外景观；

（3）装饰性好，配合装修无任何外露管线，整个系统处于隐蔽状态；

（4）每台室内机可单独控制，最大限度节约能源；

（5）操作简单，自动运行，无需维护。

采用品牌：大金、特灵、美的。

2. 中央新风系统

中央新风系统可以提供人体健康所需的新鲜空气。送入室内的新鲜空气由于氧气渗透压不同，会逐步由新风送风口扩散到室内各个角落。全部送风均来自室外的新鲜空气，室内的污浊空气则由统一的排风管集中排放到室外。

它的优点在于：

（1）排出室内每一个角落的浑浊空气；

（2）将室外新鲜空气经过滤后输入室内各处；

（3）通过能量交换，节约能源；

（4）低噪音设计。

采用品牌：爱迪士、大金、霍尼韦尔。

3. 中央除尘系统

中央除尘系统是将放置在室外除尘主机，通过嵌至墙里的吸尘管道，连接在墙外只留如普通电源插座大小的吸尘插口。当需要清理时只需将一根较长的软管插入吸尘口，灰尘、纸屑、烟头、杂物等，都通过严格密封的管道传送到中央收集站。任何人、任何时间都可以进行全部或局部清洁，确保了最清洁的室内环境。

它的优点在于：

（1）主机安装在室外，室内噪音低，减少噪音污染；

（2）采用外循环原理，无二次污染，保护身体健康；

（3）阀口布局合理，使用极为便捷；

（4）完善传统清洁方式的不足，并节约清洁费用。

采用品牌：VacuFlo 维家福、爱迪士。

4. 家庭采暖系统

家庭中央采暖系统解决方案主要采用地暖系统来满足采暖需求。地暖系统通过安装在地板下的热水盘管或者发热电缆，向地面辐射热量。当系统运行时，热流由下而上，暖遍全屋，这是为人体供暖的最佳方式，尤其使老年人感觉更舒适。地暖采暖室温均匀，无风吹感，倍感舒适。而且无论室外如何寒冷，室内保证热量充足，温暖如春。安装于地面下，不占用房间使用面积。

它的优点在于：

（1）运用热力学原理，热量由下而上，适合人体需求；

（2）室温均匀，无风吹感，备感舒适；

（3）空气洁净，避免空调造成的二次污染；

（4）设备不受室外温度的影响。

采用品牌：威能、依玛、贝雷塔、开泰、卡莱菲、西门子、柯耐弗、耐克森、海林。

5. 中央热水系统

集舒适、安全、方便于一体，全方位、立体化的"家用中央热水"概念正倍受众多时尚家庭所推崇。打开水龙头，舒适的热水源源不断，充分满足日常生活中对热水的各种需求，尽享现代生活。而且热水供应发展为立体空间化，特别适合于多卫生间家庭需求。

它的优点在于：

（1）实现即时热水供应，使用极为方便；

（2）实现多头同时供水，超大流量；

（3）具备恒温持久等特点。

采用品牌：A. O. 史密斯。

6. 中央水处理系统

家用中央水处理系统是伴随着环境污染和水污染等问题出现的，它可以去除水中杂质、杀菌、降低水的硬度，实现家庭用水的各种需求，保护自己和家人的健康。

家用中央水处理系统包括中央净水系统、中央软水系统、中央纯水系统三个部分。

中央净水系统先有效清除水中的氯、重金属、细菌、病毒、藻类及固体悬浮物，后用活性炭进一步去除各种有机物，让出水清澈、洁净、无卤、可直接饮用，系统具备自动维护功能。

中央软水系统是通过天然树脂置换出水中钙、镁离子等，降低水的硬度，并有效减少对衣物的磨损，保护人体皮肤，避免管道、洁具、卫浴设备等的结垢问题。

中央纯水系统采用反渗透法，经精密计算的五道过滤程序，使出水变为纯净水，不含任何杂质和矿物质。

它的优点在于：

（1）中央净水系统：

1）可以去除水中氯元素、重金属、固体悬浮颗粒等；

2）具有杀菌功能；

3）通过活性炭去除各种有机物等，可直接饮用；

4）系统具有自动维护功能。

（2）中央软水系统：

1）通过天然树脂置换出水中的钙、镁离子等，降低水的硬度；

2）减少水中矿物质对衣物和皮肤的磨损；

3）避免管道、阀门、卫浴设备和家用电器中水垢的产生，延长使用寿命；

4）避免水中矿物质在洁具、餐具等上形成黄斑。

（3）中央纯水系统：

1）采用反渗透法，经过精密计算匹配的五道过滤；

2）处理后的水成为纯净水，不含任何杂质和矿物质。

采用品牌：Pentair 奔泰来、恩美特、百诺肯。

7. 家庭影音系统

家庭影音系统将背景音乐系统和家庭影院系统，经中央控制系统相连接，使超清晰影像和高逼真声音在每个房间播放，让家居生活更加惬意舒适。系统可以实现网络化控制、自动定时控制、手动遥控等丰富的联动效果，把家庭娱乐提升到了全新的层次，将给用户带来更愉快的体验。

它的优点在于：

（1）将家庭影院系统和背景音乐系统完美集合；

（2）采用遥控，实现同一图象或声音的多处输出，或不同房间的局部控制；

（3）完善的系统布局，使音乐传递到包括厨、卫在内的每一房间，并可在数路音源中切换。

采用品牌：乐尊、乐豪。

8. 家居智能系统

家居智能系统是 IT 技术、网络技术、控制技术向传统家电产业渗透发展的必然结果，是一个多功能的技术系统，包括可视对讲系统、智能灯光控制系统、电动窗帘控制系统、智能家电控制系统、背景音乐系统、家庭安防系统、智能监控系统、家居综合布线系统、远程控制和通讯系统等。

家居智能系统具备非法闯入、煤气泄漏、烟雾、火灾等自动报警和自动控制功能；实现室内照明、智能灯光、电器设备、厨卫设备、电动窗帘等自动控制、遥控和远程监控；实现包括电缆、光缆、电话线、网线、有线电视、卫星电视等线路的综合布局和集中管理并为后续系统预留空间。

它的优点在于：

（1）实现多种智能系统集成，并能远程控制；

（2）具备非法闯入、煤气泄漏、烟雾、火灾等自动报警和自动控制功能；

（3）实现室内照明、智能灯光、电器设备、厨卫设备、电动窗帘等自动控制、遥控和远程监控。

三、绿色建筑的设计程序与设计要点

绿色建筑设计应统筹考虑建筑全寿命周期内，满足建筑功能和节能、节地、节水、节材、保护环境之间的辩证关系，体现经济效益、社会效益和环境效益的统一；应降低建筑行为对自然环境的影响，遵循健康、简约、高效的设计理念，实现人、建筑与自然和谐共生。现在根据 JGJ/T 229—2010《民用建筑绿色设计规范》的要求进行设计。

1. 编制绿色建筑的可行性研究报告

（1）绿色建筑设计可行性研究报告应明确绿色建筑的项目定位、建设目标及对应的技术策略、增量成本与效益，并编制绿色设计可行性研究报告。

（2）绿色建筑设计可行性研究报告应包括下列内容：

1）前期调研；

2）项目定位与目标分析；

3）绿色设计方案；

4）技术经济可行性分析。

（3）前期调研应包括下列内容：

1）场地调研包括地理位置、场地生态环境、场地气候环境、地形地貌、场地周边环境、道路交通和市政基础设施规划条件等；

2）市场调研包括建设项目的功能要求、市场需求、使用模式、技术条件等；

3）社会调研包括区域资源、人文环境、生活质量、区域经济水平与发展空间、公众意见与建议、当地绿色建筑激励政策等。

（4）项目定位与目标分析应包括下列内容：

1）明确项目自身特点和要求；

2）确定达到现行国家标准 GB/T 50378—2006《绿色建筑评价标准》或其他绿色建筑相关标准的相应等级或要求；

3）确定适宜的实施目标，包括节地与室外环境的目标、节能与能源利用的目标、节水与水资源利用的目标、节材与材料资源利用的目标、室内环境质量的目标、运营管理的目标等。

（5）绿色设计方案的确定宜符合下列要求：

1）优先采用被动设计策略；

2）选用适宜、集成技术；

3）选用高性能建筑产品和设备；

4）当实际条件不符合绿色建筑目标时，可采取调整、平衡和补充措施。

（6）经济技术可行性分析应包括下列内容：

1）技术可行性分析；

2）经济效益、环境效益与社会效益分析；

3）风险评估。

2. 建筑场地与室外环境的调研

（1）建筑场地资源包括自然资源、生物资源、市政基础设施和公共服务设施等。

为实现场地和建筑的可持续运营的要求，需要确定场地的资源条件是否能够满足预定的场地开发强度。场地资源条件对开发强度的影响包括：周边城市地下空间规划（地下管线、电缆、地铁等地下工程）对场地地下空间的开发限制；地下水条件对建筑地源热泵技术应用的影响；雨水涵养利用对场地绿化的要求；城市交通条件对建筑容量的限制；动植物生存环境对建筑场地的要求等。

（2）土地的不合理利用导致土地资源的浪费，为了促进土地资源的节约和集约利用，要求提高场地的空间利用效率，可采取适当开发地下空间、充分利用绿地等开放空间、渗透和净化雨水等方式提高土地空间利用效率。应积极实现公共服务设施和市政基础设施的共享，减少重复建设，降低资源能源消耗。开放场地内绿地等空间作为城市公共活动空间。在新建区域宜设置市政设施共用，统一规划开发利用地下空间实现区域设施资源共享和可持续开发。

（3）场地规划应考虑建筑布局对建筑室外风、光、热、声、水环境和场地内外动植物等环境因素的影响，考虑建筑周围及建筑与建筑之间的自然环境、人工环境的综合设计布局，考虑场地开发活动对当地生态系统的影响。

生态补偿是指对场地整体生态环境进行改造、恢复和建设，以弥补开发活动引起的不可避免的环境变化影响。室外环境的生态补偿重点是改造、恢复场地自然环境，通过采取植物补偿等措施，改善环境质量，减少自然生态系统对人工干预的依赖，逐步恢复系统自身的调节功能并保持系统的健康稳定，保证人工-自然复合生态系统的良性发展。

（4）场地资源利用与生态环境保护

1）应对可利用的自然资源进行勘察，包括地形、地貌和地表水体、水系以及雨水资源等。应对自然资源的分布状况、利用和改造方式进行技术经济评价，为充分利用自然资源提供依据。

①保持和利用原有地形，尽量减少开发建设过程对场地及周边环境生态系统的改变，包括原有植被和动物栖息环境。

②建设场地应避免靠近水源保护区，应尽量保护并利用原有场地水面。在条件许可时，尽量恢复场地原有河道的形态和功能。场地开发不能破坏场地与周边原有水系的关系，尽量维持原有水文条件，保护区域生态环境。

③应保护并利用场地浅层土壤资源和植被资源。场地表层土的保护和回收利用是土壤资源保护、维持生物多样性的重要方法之一。

④充分利用场地及周边已有的市政基础设施和绿色基础设施，可减少基础设施投入，避免重复投资。应调查分析周边地区公共服务设施的数量、规模和服务半径，避免重复建设，提高公共服务设施的利用效率和服务质量。

⑤保证雨水能自然渗透涵养地下水，合理规划地下空间的开发利用。

2）应对可资利用的可再生能源进行勘察调查，包括太阳能、风能、地下水、地热能等。应对资源分布状况和资源利用进行技术经济评价，为充分利用可再生能源提供依据。

利用地下水应通过政府相关部门的审批，应保持原有地下水的形态和流向，不得过量使用地下水，避免造成地下水位下降或场地沉降。

3. 场地规划与室外环境

（1）应根据室外环境最基本的照明要求进行室外照明规划及场地和道路照明设计。建筑物立面、广告牌、街景、园林绿地、喷泉水景、雕塑小品等景观照明的规划，应根据道路功能、所在位置、环境条件等确定景观照明的亮度水平，同一条道路上景观照明的亮度水平宜一致；重点建筑照明的亮度水平及其色彩应与园林绿地、喷泉水景、雕塑小品等景观照明亮度以及它们之间的过渡空间亮度水平相协调。

（2）建筑布局不仅会产生二次风，还会严重地阻碍风的流动，在某些区域形成无风区或涡旋区，这对于室外散热和污染物排放是非常不利的，应尽量避免。

建筑布局采用行列式、自由式或采用"前低后高"和有规律的"高低错落"，有利于自然风进入到小区深处，建筑前后形成压差，促进建筑自然通风。合理确定边界条件，基于典型的风向、风速进行建筑风环境模拟，计算分析，并达到下列要求：

1）在建筑物周围行人区 1.5m 处风速小于 5m/s；

2）冬季保证建筑物前后压差不大于 5Pa；

3）夏季保证 75% 以上的板式建筑前后保持 1.5Pa 左右的压差，避免局部出现旋涡或死角，从而保证室内有效的自然通风。

（3）根据不同类别的居住区，要求对场地周边的噪声现状进行检测，并对规划实施后的环境噪声进行预测，使之符合国家标准 GB 3096—2008《声环境质量标准》中对于不同类别住宅区环境噪声标准的规定（见表 6－1）。对于交通干线两侧的居住区域，应满足白天 $L_{Aeq} \leqslant 70dB$（A），夜间 $L_{Aeq} \leqslant 55dB$（A）。当不能满足时，需要在临街建筑外窗和围护结构等方面采取隔声措施。

表 6－1　不同区域环境噪声控制标准

类别	0 类 疗养院、高级别墅区，高级旅馆	1 类 居住、文化机关为主的区域	2 类 居住、商业、工业混杂区	3 类 工业区	4 类 城市中的道路干线两侧区域
昼间/dB（A）	50	55	60	65	70
夜间/dB（A）	40	45	50	55	55

4. 建筑设计与室内环境

（1）绿色建筑的建筑设计非常重要。设计时应根据场地条件和当地的气候条件，在满足建筑功能和美观要求的前提下，通过优化建筑外形和内部空间布局，以及优先采用被动式的构造措施，为提高室内舒适度并降低建筑能耗提供前提条件。

优化建筑外形和内部空间布局以及采用被动式的天然采光、自然通风、保温、隔热、遮阳等构造措施，可以通过定性分析的手段来判断，更科学的则是采用计算机模拟的定量分析手段。条件许可时，可进行全年动态负荷变化的模拟，优化建筑外形和内部空间布局设计。

（2）建筑朝向的选择，涉及当地气候条件、地理环境、建筑用地情况等，必须全面考虑。选择的总原则：在节约用地的前提下，冬季争取较多的日照，夏季避免过多的日照，并有利于形成自然通风。建筑朝向应结合各种设计条件，因地制宜地确定合理的范围，以满足生产和生活的需求。表 6－2 是我国部分地区建议建筑朝向表，仅供参考。

表 6－2　我国部分地区建议建筑朝向参考表

序号	地区	最佳朝向	适宜朝向	不利朝向
1	北京地区	南至南偏东 30°	南偏东 45° 范围内、南偏西 35° 范围内	北偏西 30°～60°
2	上海地区	南至南偏东 15°	南偏东 30°、南偏西 15°	北、西北
3	石家庄地区	南偏东 15°	南至南偏东 30°	西
4	太原地区	南偏东 15°	南偏东至东	西北
5	呼和浩特地区	南至南偏东、南至南偏西	东南、西南	北、西北
6	哈尔滨地区	南偏东 15°～20°	南至南偏东 15°、南至南偏西 15°	西北、北
7	长春地区	南偏东 30°、南偏西 10°	南偏东 45°、南偏西 45°	北、东北、西北
8	沈阳地区	南、南偏东 20°	南偏西至西、南偏东至东	东北东至西北西
9	济南地区	南、南偏东 10°～15°	南偏东 30°	西偏北 5°～10°
10	南京地区	南、南偏东 15°	南偏东 25°、南偏西 10°	西、北
11	合肥地区	南偏东 5°～15°	南偏东 15°、南偏西 5°	西
12	杭州地区	南偏东 10°～15°	南、南偏东 30°	北、西

续表 6－2

序号	地区	最佳朝向	适宜朝向	不利朝向
13	郑州地区	南偏东 15°	南偏东 25°	西北
14	武汉地区	南、南偏西 15°	南偏东 15°	西、西北
15	长沙地区	南偏东 9°左右	南	西、西北
16	重庆地区	南偏东 30°至南偏西 30°范围内	南偏东 45°至南偏西 45°范围内	西、西北
17	福州地区	南、南偏西 5°~10°	南偏东 20°以内	西
18	深圳地区	南偏东 15°至南偏西 15°范围内	南偏东 45°至南偏西 30°范围	西、西北

注：以上数据部分来源于各地区建筑节能设计标准或规范，还未实施建筑节能地方设计标准或细则的地区，可取相近地区推荐值。

（3）建筑朝向有时受各方面条件的制约，有时不能均处于最佳或适宜朝向。当建筑采取东西向和南北向拼接时，应考虑两者接受日照的程度和相互遮挡的关系。对朝向不佳的建筑可额外采用下列补偿措施：

1）将次要房间放在西面，适当加大西向房间的进深；

2）在西面设置进深较大的阳台，减小西窗面积，设遮阳设施，在西窗外种植枝大叶茂的落叶乔木；

3）住宅建筑尽量避免纯朝西户的出现，并组织好穿堂风，利用晚间通风带走室内余热。

（4）建筑设计往往同建筑形体与日照、自然通风和噪声等因素都有密切的关系，在设计中仅仅孤立地考虑形体因素是不够的，需要与其他因素综合考虑，才能处理好节能、节地、节材等要求之间的关系。建筑形体的设计应充分利用场地的自然条件，综合考虑建筑的朝向、间距、开窗位置和比例等因素，使建筑获得良好的日照、通风、采光和视野，一般可采用下列措施：

1）利用日照模拟分析等计算方法，以建筑周边场地以及既有建筑为边界条件，确定满足建筑物日照标准的形体，并结合建筑节能和经济成本权衡分析；

2）夏热冬冷和夏热冬暖地区宜通过改变建筑形体，如合理设计底层架空来改善后排住宅的通风；

3）建筑单体设计时，在场地风环境分析的基础上，通过调整建筑长宽高比例，使建筑迎风面压力合理分布，避免背风面形成涡旋区，并可适度采用凹凸面设计，降低下沉风速；

4）建筑造型宜与隔声降噪有机结合，可利用建筑裙房或底层凸出设计等遮挡沿路交通噪声，且面向交通主干道的建筑面宽不宜过宽。

（5）有些建筑由于体形过于追求形式新异，造成结构不合理、空间浪费或构造过于复杂等情况，引起建造材料大量增加或运营费用过高。这些为片面追求美观而以巨大的资源消耗为代价的做法，不符合绿色建筑的设计原则，应该在建筑设计中避免。在设计中应控制造型要素中没有功能作用的装饰构件的应用，有功能作用的室外构件和室外设备应在设计时就与建筑进行一体化设计，避免后补造成的防水、荷载、牢固、材料浪费等问题。

（6）室内空间的合理利用

1）建筑中休息空间、交往空间、会议设施、健身设施等的共享，可以有效地提高空间的利用效率、节约用地、节约建设成本及减少对资源的消耗。应通过精心设计，避免过多的大厅、走廊等交通辅助空间；避免因设计不当形成一些很难使用或使用效率低的空间。建筑设计中追求过于高大的大厅、过高的建筑层高、过大的房间面积等做法，会增加建筑能耗、浪费土地和空间资源，应该避免。

2）为适应预期的功能变化，设计时应选择适宜的开间和层高，并应尽可能采用轻质内隔墙。公共建筑宜考虑使用功能、使用人数和使用方式的未来变化。居住建筑宜考虑如下预期使用变化：

①家庭人口的预期变化，包括人数及构成的变化；

②考虑住户的不同需求，使室内空间可以进行灵活分隔。

3）有噪声、振动、电磁辐射、空气污染等的水泵房、空调机房、发电机房、变配电房等设备机房，宜远离住宅、宿舍、办公室、旅馆客房、医院病房、学校教室等人员长期居住或工作的房间或场所。当受条件限制无法避开时，应采取隔声降噪、减振、电磁屏蔽、通风等措施。宜避免将水泵房布置在住宅的正下方，空调机房门宜避免直接开向办公空间。

4）设备机房布置在负荷中心以利于减少管线敷设量及管路耗损。设备和管道的维修、改造和更换应在机房和管道井的设计时就加以充分考虑，留好检修门、检修通道、扩容空间、更换通道等，以免使用时空间不足，或造成拆除墙体、空间浪费等现象。

5）设置便捷、舒适的日常使用楼梯，可以鼓励人们减少电梯的使用，在健身的同时节约电梯能耗。日常使用楼梯的设置应尽量结合消防疏散楼梯，并提高其舒适度，使其便于人们特别是老人和小孩的使用。

6）自行车库的停车数量应满足实际需求。配套的淋浴、更衣设施可以借用建筑中其他功能的淋浴、更衣设施，但要便于骑自行车人的使用。要充分考虑班车、出租车停靠、等候和下车后步行到建筑入口的流线。

7）建筑的坡屋顶空间可以用作储存空间，还可以作为自然通风间层，在夏季遮挡阳光直射并引导通风降温，冬季作为温室加强屋顶保温。地下空间宜充分利用，可以作为车库、机房、公共设施、超市、储藏等空间；人防空间应尽量做好平战结合设计。为地下空间引入天然采光和自然通风，将使地下空间更加舒适、健康，并节约通风和照明能耗，有利于地下空间的充分利用。

（7）建筑日照和天然采光设计

1）GB/T 50033《建筑采光设计标准》和 GB 50352《民用建筑设计通则》规定了各类建筑房间采光系数的最低值。

一般情况下住宅各房间的采光系数与窗地面积比密切相关，因此可利用窗地面积比的大小调节室内天然采光。房间采光效果还与当地的光气候条件有关，GB/T 50033《建筑采光设计标准》根据年平均总照度的大小，将我国分成 5 类光气候区，每类光气候区有不同的光气候系数 K，K 值小说明当地的天空比较"亮"，因此达到同样的采光效果，窗墙面积比可以小一些，反之要大。

2）为改善室内的天然采光效果，可以采用反光板、棱镜窗等措施将室外光线反射、折射、衍射到进深较大的室内空间。无天然采光的室内大空间，尤其是儿童活动区域、公共活动空间，可使用导光管、光导纤维等技术，将阳光从屋顶或侧墙引入，以改善室内照明舒适度和节约人工照明能耗。

地下空间充分利用天然采光可节省白天人工照明能耗，创造健康的光环境。可设计下沉式庭院、采光窗井、采光天窗来实现地下室的天然采光，但要处理好排水、防水等问题。使用镜面反射式导光管时，地下车库的覆土厚度不宜大于 3m。也可将地下室设计为半地下室，直接对外开门窗洞口，从而获得天然采光和自然通风，提高地下空间的品质，减少照明和通风能耗。

（8）自然通风的利用

1）为有效利用自然通风，需要进行合理的室内平面设计、室内空间组织以及门窗位置、尺寸与开启方式的精细化设计。考虑建筑冬季防寒时，宜使主要房间，如卧室、起居室、办公室等主要工作与生活房间，避开冬季主导风向，防止冷风渗透。夏季需要通过自然通风为建筑降温，宜使主要房间迎向夏季主导风向。

宜采用室内气流模拟设计的方法进行室内平面布置、门窗位置与开口的设计，综合比较不同建筑设计及构造设计方案，确定最优的自然通风系统方案。

2）为了避免冬季因自然通风而导致的室内热量流失，可采取必要的防寒措施，如设置门斗、自然通风器、双层玻璃幕墙以及对新风进行预热等措施。

3）开窗位置宜选在周围空气清洁、灰尘较少、室外空气污染小的地方，避免开向噪声较大的地方。高层建筑应考虑风速过高对窗户开启方式的影响。

建筑能否获取足够的自然通风与通风开口面积的大小密切相关，近来有些建筑为了追求外窗的视觉效果和建筑立面的设计风格，外窗的可开启率有逐渐下降的趋势，有的甚至使外窗完全封闭，导致房间自然通风不足，不利于室内空气的流通和散热，不利于节能。

4）GB/T 50378—2006《绿色建筑评价标准》中要求居住空间的"通风开口面积在夏热冬暖和夏热冬冷地区不小于该房间地板面积的8%，在其他地区不小于5%"，公共建筑要求"建筑外窗可开启面积不小于外窗总面积的30%，建筑幕墙具有可开启部分或设有通风换气装置"。

GB 50096—1999（2003年版）《住宅设计规范》中规定"厨房的通风开口面积不应小于该房间地板面积的10%，并不得小于0.60m²"。透明幕墙也应具有可开启部分或设通风换气装置，结合幕墙的安全性和气密性要求，幕墙可开启面积宜不小于幕墙透明面积的10%。

办公建筑与教学楼内的室内人员密度比较大，建筑室内空气流动，特别是自然、新鲜空气的流动，对提高室内工作人员与学生的工作、学习效率非常关键。日本绿色建筑评价标准（CAS—BEE for New Construction）对办公建筑和学校的外窗可开启面积设定了3个等级：

①确保可开启窗户的面积达到居室面积的1/10以上；

②确保可开启窗户的面积达到居室面积的1/8以上；

③确保可开启窗户的面积达到居室面积的1/6以上。

为了取得较好的自然通风效果，提高工作与学习效率，宜采用1/6的数值。

5）自然通风的效果不仅与开口面积有关，还与通风开口之间的相对位置密切相关。在设计过程中，应考虑通风开口的位置，尽量使之有利于形成穿堂风。

6）中庭的热压通风，是利用空气相对密度差加强通风，中庭上部空气被太阳加热，密度较小，而下部空气从外墙进入后温度相对较低，密度较大，这种由于气温不同产生的压力差会使室内热空气升起，通过中庭上部的开口逸散到室外，形成自然通风过程的烟囱效应，烟囱效应的抽吸作用会强化自然对流换热，以达到室内通风降温的目的。中庭上部可开启窗的设置，应注意避免中庭热空气从高处倒灌进入功能房间的情况，以免影响高层房间的热环境。在冬季中庭宜封闭，以便白天充分利用温室效应提高室温。拔风井、通风器等的设置应考虑在自然环境不利时可控制、可关闭的措施。

（9）围护结构

1）建筑围护结构节能设计达到国家和地方节能设计标准的规定是保证建筑节能的关键，在绿色建筑中更应该严格执行。我国由于地域气候差异较大，经济发展水平也很不平衡，在符合国家建筑节能设计标准的基础上，各地也制定了相应的地方建筑节能设计标准。此外，不同建筑类型如公共建筑和住宅建筑，在节能特点上也有差别，因此体形系数、窗墙面积比、外围护结构热工性能、外窗气密性、屋顶透明部分面积比的规定限值应符合相应建筑类型的要求。

2）体形系数是控制建筑的表面面积，有利于减少热损失。窗户是建筑外围护结构的薄弱环节，控制窗墙面积比，是提高整个外围护结构热工性能的有效途径。围护结构热工性能通常包括屋顶、外墙、外窗等部位的传热系数、遮阳系数、热惰性指标等参数。屋顶透明部分的夏季阳光辐射热量对制冷负荷影响很大，对建筑的保温性能也影响较大，因此建筑应控制屋顶透明部分的面积比。建筑中庭常设的透明屋顶天窗，应适当设置可开启扇，在适宜季节利用烟囱效应引导热压通风，使热空气从中庭顶部排出。

3）西向日照对夏季空调负荷影响最大，西向主要使用空间的外窗应做遮阳。可采取固定或活动外遮阳措施，也可借助建筑阳台、垂直绿化等措施进行遮阳。

南向宜设置水平遮阳，西向宜采取竖向遮阳等。

如果条件允许，外窗、玻璃幕墙或玻璃采光顶宜设置可调节式外遮阳，设置部位可优先考虑西向、玻璃采光顶、东向、南向。

可提高玻璃的遮阳性能，如南向、西向外窗选用低辐射镀膜（LOW-E）玻璃。

4）选用自身保温性能好的外墙材料如加气混凝土。外墙遮阳措施可采用花格构件或爬藤植物等方式。一般而言外墙设置通风间层代价比较大，需做综合经济分析，有些墙体构造（例如外挂石材类的幕墙）应设置通风间层，一般的墙体采用浅色饰面材料或太阳辐射反射涂料可能是更经济的措施。

（10）室内声环境设计

1）随着城市建筑、交通运输的发展，机械设施的增多，以及人口密度的增长，噪声问题日益严重，甚至成为污染环境的一大公害。人们每天生活在噪声环境中，对身心造成诸多危害：损害听力、降低工作效率甚至引发多种疾病。因此，控制室内噪声水平已经成为室内环境设计的重要工作之一。

2）建筑空间的围护结构一般包括内墙、外墙、楼（地）面、顶板（屋面板）、门窗，这些都是噪声的传入途径，传入整个空间的总噪声级与各面的隔声性能、吸声性能、传声性能以及噪声源密切相关。所以室内隔声设计应综合考虑各种因素，对各部位进行构造设计，才能满足 GB/T 50118《民用建筑隔声设计规范》中的要求。

2008 年我国颁布实施 GB 3096《声环境质量标准》，为防治环境噪声污染、保护和改善工作生活环境、保障人身健康，规定了环境噪声的最高允许数值。

3）城市交通干道是建筑常见的噪声源，设计时应对外窗、外门等提出整体隔声性能要求，对外墙的材料和构造应进行隔声设计。除选用隔声性能较好的产品和材料外，还可使用声屏障、阳台板、广告牌等设施来阻隔交通噪声。

4）人员密集场所及设备用房的噪声多来自使用者和设备，噪声源来自房间内部，针对这种情况降噪措施应以吸声为主同时兼顾隔声。

顶棚的降噪措施多采用吸声吊顶，根据质量定律，厚重的吊顶比轻薄的吊顶隔声性能更好，因此宜选用面密度大的板材。吊顶板材的种类很多，选择时不但要考虑其隔声性能，还要符合防火的要求。另外，在满足房间使用要求的前提下吊顶与楼板之间的空气层越厚隔声越好，吊顶与楼板之间应采用弹性连接。

5）民用建筑的楼板大多为普通钢筋混凝土楼板，具有较好的隔绝空气声性能。据测定，120mm 厚的钢筋混凝土楼板的空气声隔声量为 48dB（A）～50dB（A），但其计权标准化撞击声压级却在 80dB（A）以上，所以在工程设计中应着重解决楼板撞击声的隔声问题。

以前多采用弹性面层来解决这个问题，即在混凝土楼板上铺设地毯或木地板，经测定其撞击声压级可达到小于或等于 65dB（A）的标准。

在楼板下设隔声吊顶也是切实可行的方法，但为减弱楼板向室内传递空气声，吊顶要离开楼板一定的距离，对层高不大的房间净高影响较大。

目前各种各样的浮筑隔声楼板被越来越广泛地采用，其做法是在混凝土楼板上铺设隔声减振垫层，在垫层之上做不小于 40mm 厚细石混凝土，然后根据设计要求铺装各种面层。经测定，这种构造的楼板可达到隔绝撞击声小于或等于 65dB（A）的标准。

铺设隔声减振垫层时要防止混凝土水泥浆渗入垫层下，四周与墙交界处要用隔声垫将上层的细石混凝土与混凝土楼板隔开，否则会影响隔声效果。目前市场上各种隔声减振垫层的种类比较繁多，可根据不同工程要求进行选择。

6）各类动力机械设备的隔振设计

①动力基础隔振主要是消除设备沿建筑构件的固体传声，是通过切断设备与设备基础之间的刚性连接来实现的。目前国内的减振装置主要包括弹簧和隔振垫两类产品。基础隔振装置宜选用定型的专用产品，并按其技术资料计算各项参数，对非定型产品，应通过相应的试验和测试来确定其各项参数。

②管道减振主要是通过管道与相关构件之间的软连接来实现的，与基础减振不同，管道内介质振动的再生贯穿整个传递过程，所以管道减振措施也一直延伸到管道的末端。管道与楼板或墙体之间采用弹性构件连接，可以减少噪声的传递。

③暖通空调系统可通过下列方式降低噪声：

a）选用低噪声的暖通空调设备系统；

b）同一隔断或轻质墙体两侧的空调系统控制装置应错位安装，不可贯通；

c）根据相邻房间的安静要求对机房采取合理的吸声和隔声、隔振措施；

d）管道系统的隔声、消声和隔振措施应根据实际要求进行合理设计。空调系统、通风系统的管道宜设置消声器，靠近机房的固定管道应做隔振处理，管道与楼板或墙体之间采用弹性构件连接。管道穿过墙体或楼板时应设减振套管或套框，套管或套框内径大于管道外径至少 50mm，管道与套管或套框之间的应采用隔声材料填充密实。

④给水排水系统可通过下列方式降低噪声：

a）合理确定给水管管径，管道内水流速度符合 GB 50015《建筑排水设计规范》的规定；

b）选用内螺旋排水管、芯层发泡管等有隔声效果的塑料排水管；

c）优先选用虹吸式冲水方式的坐便器；

d）降低水泵房噪声：选择低转速（不大于 1450r/min）水泵、屏蔽泵等低噪声水泵；水泵基础设减振、隔振措施；水泵进出管上装设柔性接头；水泵出水管上采用缓闭式止回阀；与水泵连接的管道吊架采用弹性吊架等。

另外，应选用低噪声的变配电设备，发电机房采取可靠的消声、隔声降噪措施。

⑤有安静要求的房间如住宅居住空间、宿舍、办公室等，电梯噪声对相邻房间的影响可以通过一系列的措施缓解，井道与相邻房间可设置隔声墙或在井道内做吸声构造隔绝井道内的噪声，机房和井道之间可设置隔声层来隔离机房设备通过井道向下部相邻房间传递噪声。

（11）控制室内空气质量的污染

1）根据室内环境空气污染的测试数据，目前室内环境空气中以化学性污染最为严重，在公共建筑和居住建筑中，TVOC、甲醛气体污染严重，同时部分人员密集区域由于新风量不足而造成室内空气中二氧化碳浓度超标。通过调查，造成室内环境空气污染的主要有毒有害气体（氡气污染除外）主要是通过装饰装修工程中使用的建筑材料、装饰材料、家具等释放出来的。其中，机拼细木工板（大芯板）、三合板、复合木地板、密度板等板材类，内墙涂料、油漆等涂料类，各种胶粘剂均释放出甲醛气体、非甲烷类挥发性有机气体，是造成室内环境空气污染的主要污染源。室内装修设计时应少用人造板材、胶粘剂、壁纸、化纤地毯等，禁止使用无合格报告的人造板材、劣质胶水等不合格产品，尽量不使用添加甲醛树脂的木质和家用纤维产品。

为避免装修导致的空气污染物浓度超标，在进行室内装修设计时，宜进行室内环境质量预评价，设计时根据室内装修设计方案和空间承载量、材料的使用量、室内新风量等因素，对最大限度能够使用的各种材料的数量做出预算。根据设计方案的内容，分析、预测建成后存在的危害室内环境质量因素的种类和危害程度，提出科学、合理和可行的技术对策措施，作为该工程项目改善设计方案和项目建筑材料供应的主要依据。

2）完善后的装修设计应保证室内空气质量符合现行国家标准的要求，空气的物理性、化学性、生物性、放射性参数必须符合现行国家标准 GB/T 1888《室内空气质量标准》的要求。室外环境空气质量较差的地区，室内新风系统宜采取必要的处理措施以提高室内空气品质。

3）目前主要采用的有关建筑材料放射性和有害物质的国家标准见表 6-3。

表 6-3　控制建筑材料放射性和有害物质的国家有关标准一览表

序号	国家标准名称	国家标准编号	备注
1	《建筑材料放射性核素限量》	GB 6566	
2	《室内装饰装修材料　人造板及其制品中甲醛释放限量》	GB 18580	
3	《室内装饰装修材料　溶剂型木器涂料中有害物质限量》	GB 18581	
4	《室内装饰装修材料　内墙涂料中有害物质限量》	GB 18582	
5	《室内装饰装修材料　胶粘剂中有害物质限量》	GB 18583	
6	《室内装饰装修材料　木家具中有害物质限量》	GB 18584	
7	《室内装饰装修材料　壁纸中有害物质限量》	GB 18585	
8	《室内装饰装修材料　聚氯乙烯卷材地板中有害物质限量》	GB 18586	
9	《室内装饰装修材料　地毯、地毯衬垫及地毯胶粘剂有害物质释放限量》	GB 18587	
10	《混凝土外加剂中释放氨的限量》	GB 18588	
11	《民用建筑工程室内环境污染控制规范》	GB 50325	

（12）选用绿色环保的建筑材料

1）绿色建筑设计应通过控制建筑规模、集中体量、减小体积，优化结构体系与设备系统，使用高性能及耐久性好的材料等手段，减少在施工、运行和维护过程中的材料消耗总量，同时考虑材料的循环利用，以达到节约材料的目标。

2）绿色建筑应营造有利于人身心健康的良好室内外环境，因此，不但要考虑其满足建筑功能的需要，还应考虑通过人的视觉、触觉等感官引起生理和心理的良性反应。例如：在寒冷地区多采用暖色材料；在休息区域采用色调柔和的材料；接触人体的部位采用传热慢、触感柔和的材料；人员长时间站立的地面采用有一定弹性的材料等。

3）每种材料都牵涉到质量、能耗、可回收性、运输、污染性、功能、性能、施工工艺等多个方面的指标，影响总体绿色目标的实现。因此不可仅按照材料的单一或几项指标进行选用，而忽视其他指标的负面影响，而应通过对材料的综合评估进行比较和筛选，在可能的条件下达到最优的绿色效应。

在施工图中明确对材料性能指标的要求，可以保证实际使用材料以及工程预算的准确性。选材和节材计算等预评估计算是绿色建筑设计必需的控制手段，应保证计算输入的材料参数与施工图设计文件中要求的一致，设计文件中，应注明与实现绿色目标有关的材料及其性能指标，并与相关计算一致，以保证计算的有效性。

4）选用绿色环保的建筑材料

①建筑中可再循环材料包含两部分内容，一是使用的材料本身就是可再循环材料；二是建筑拆除时能够被再循环利用的材料。钢材、铜材等金属材料属于可再循环材料，除此之外还包括铝合金型材、玻璃、石膏制品、木材等。

可再利用材料指在不改变所回收物质形态的前提下进行材料的直接再利用，或经过再组合、再修复后再利用的材料。可再利用材料的使用可延长还具有使用价值的建筑材料的使用周期，降低材料生产的资源消耗，同时可减少材料运输对环境造成的影响。可再利用材料包括从旧建筑拆除的材料以及从其他场所回收的旧建筑材料。可再利用材料包括砌块、砖石、管道、板材、木地板、木制品（门窗）、钢材、钢筋、部分装饰材料等。

充分使用可再循环材料及可再利用材料，可以减少新材料的使用及生产加工新材料带来的资源、能源消耗和环境污染。

②用于生产制造再生材料的废弃物主要包括建筑废弃物、工业废弃物和生活废弃物。在满足使用性能的前提下，鼓励使用利用建筑废弃物再生骨料制作的混凝土砌块、水泥制品和配制再生混凝土；鼓励使用利用工业废弃物、农作物秸秆、建筑垃圾、淤泥为原料制作的水泥、混凝土、墙体材料、保温材料等建筑材料；鼓励使用生活废弃物经处理后制成的建筑材料。

③在设计过程中，应最大限度利用建设用地内拆除的或其他渠道收集得到的既有建筑的材料，以及建筑施工和场地清理时产生的废弃物等，延长其使用期，达到节约原材料、减少废物的目的，同时也降低由于更新所需材料的生产及运输对环境的影响。设计中需考虑的回收物包括木地板、木板材、木制品、混凝土预制构件、金属、砌块、砖石、保温材料、玻璃、石膏板、沥青等。

④可快速再生的天然材料指持续的更新速度快于传统的开采速度（从栽种到收获周期不到10年）。可快速更新的天然材料主要包括树木、竹、藤、农作物茎秆等在有限时间阶段内收获以后还可再生的资源。我国目前主要的产品有：各种轻质墙板、保温板、装饰板、门窗等。快速再生天然材料及其制品的应用一定程度上可节约不可再生资源，并且不会明显地损害生物多样性，不会影响水土流失和影响空气质量，是一种可持续的建材，它有着其他材料无可比拟的优势。但是木材的利用需要以森林的良性循环为支撑，采用木结构时，应利用速生丰产林生产的高强复合工程用木材，在技术经济允许的条件下，利用从森林资源已形成良性循环的国家进口的木材也是可以的。

⑤宜选用距离施工现场500km以内的本地的建筑材料。绿色建筑除要求材料优异的使用性能外，还要注意材料运输过程中是否节能和环保，因此应充分了解当地建筑材料的生产和供应的有关信息，以便在设计和施工阶段尽可能实现就地取材，减少材料运输过程资源、能源消耗和环境污染。

5）节约建筑材料

①绿色建筑设计应避免设置超出需求的建筑功能及空间，材料的节省首先有赖于建筑空间的高效利用。每一功能空间的大小应根据使用需求来确定，不应设置无功能空间，或随意扩大过渡性和辅助性空间。

建筑体量过于分散，则其地下室、屋顶、外墙等的外围护材料和施工、维护耗材等都将大量增加，因此应尽量将建筑集中布置；另一方面，由于高层建筑单位面积的结构、设备等材料消耗量较高，所以在集中的同时宜注意控制高层建筑的数量。

层高的增加会带来材料用量的增加，尤其高层建筑的层高需要严格控制。层高的降低需综合平衡，降低层高的手段包括优化结构设计和设备系统设计、不设装饰吊顶等。

②一体化设计是节省材料用量、实现绿色目标的重要手段之一。土建和装修一体化设计可以事先统一进行建筑构件上孔洞的预留和装修面层固定件的预埋，避免在装修施工阶段对已有建筑构件打凿、穿孔和拆改，既保证了结构的安全性，又减少了噪声、能耗和建筑垃圾。一体化设计可减少材料消耗，并降低装修成本。一体化设计也应考虑用户个性化的需求。

③鼓励建筑设计中采用本身具有装饰效果的建筑材料，目前此类材料中应用较多的有：清水混凝土、清水砌块、饰面石膏板等。这类材料的使用大幅度减少了涂料、饰面等装饰材料的用量，从而减少了装饰材料中有害气体的排放。

④建筑装修应遵循形式简约、高度功能化的设计理念，并尽量减少使用重质装修材料，如石材等，提倡使用轻质隔断、轻质地板等，以减少结构荷载、施工消耗及拆除时的建筑垃圾。室内装修应围绕建筑使用功能进行设计，过度装修使用太多的装修材料、涂料，使本来宽敞的空间变得狭窄，还可能影响通风和采光等使用性能。

⑤建筑材料用量中绝大部分是结构材料。在设计过程中应根据建筑功能、层数、跨度、荷载等情况，优化结构体系、平面布置、构件类型及截面尺寸的设计，充分利用不同结构材料的强度、刚度及延性等特性，减少对材料尤其是不可再生资源的消耗。

⑥功能性建材是在使用过程中具有利于环境保护或有益于人体健康功能的，对地球环境负荷相对较小的建筑材料。它的主要特征是：

a）在使用过程中具有净化、治理、修复环境的功能；

b）在其使用过程中不造成二次污染；

c）其本身易于回收或再生。

此类产品具有多种功能，如防腐、防蛀、防霉、除臭、隔热、调湿、抗菌、防射线、抗静电等，甚至具有调节人体机能的作用。例如抗菌材料、空气净化材料、保健功能材料、电磁波防护材料等。

⑦绿色建筑提倡采用耐久性好的建筑材料，可保证建筑材料维持较长的使用功能，延长建筑使用寿命，减少建筑的维修次数，从而减少社会对材料的需求量，也减少废旧拆除物的数量，采用耐久性好的建筑材料是最大的节约措施之一。

有关建筑材料的选用，见本书的第七章。

（13）给水排水设计

建筑设备系统已成为现代绿色建筑设计中必不可少的组成部分。给水、排水、热水、直饮水、采暖、通风、空调、燃气、照明、电力、电话、网络、有线电视等构成了建筑设备工程丰富的内容，通过优化设备系统的设计可以减少工程造价和材料的用量。

1）在 GB/T 50378《绿色建筑评价标准》中，方案设计阶段制定水资源规划方案的要求是作为控制项提出的。在进行绿色建筑设计前，应充分了解项目所在区域的市政给排水条件、水资源状况、气候特点等客观情况，综合分析研究各种水资源利用的可能性和潜力，制定水资源规划方案，提高水资源循环利用率，减少市政供水量和雨水、污水排放量。

制定水资源规划方案是绿色建筑给排水设计的必要环节，是设计者确定设计思路和设计方案的可行性论证过程。

水资源规划方案应包括下列内容：

①当地政府规定的节水要求、地区水资源状况、气象资料、地质条件及市政设施情况等的说明；

②用水定额的确定、用水量估算（含用水量计算表）及水量平衡表的编制；

③给水排水系统设计说明；

④采用节水器具、设备和系统的方案；

⑤污水处理设计说明；

⑥雨水及再生水等非传统水源利用方案的论证、确定和设计计算与说明。

2）绿色建筑设计中应优先采用废热回收及可再生能源作为热源以达到节能减排的目的。

3）供水系统设计

①合理的供水系统是给水排水设计中达到节水、节能目的的保障。为减少建筑给水系统超压出流造成的水量浪费，应从给水系统的设计、合理进行压力分区、采取减压措施等多方面采取对策。另外，设施的合理配置和有效使用，是控制超压出流的技术保障。减压阀作为简便易用的设施在给水系统中得到了广泛的应用。

充分利用市政供水压力，作为GB 50368《住宅建筑规范》的一项节能条款中明确规定"生活给水系统应充分利用城镇给水管网的水压直接供水"。加压供水可优先采用变频供水、管网叠压供水等节能的供水技术；当采用管网叠压供水技术时，应获得当地供水部门的同意。

在执行该条款过程中还需做到：掌握准确的供水水压、水量等可靠资料；满足卫生器具配水点的水压要求；高层建筑分区供水压力应满足GB 50015—2003（2009年版）《建筑给水排水设计规范》中有关条款的要求。

②用水量较小且分散的建筑，如办公楼、小型饮食店等。热水用水量较大，用水点比较集中的建筑，如高级住宅、旅馆、公共浴室、医院、疗养院等。

在设有集中供应生活热水系统的建筑，应设置完善的热水循环系统。

GB 50015《建筑给水排水设计规范》中提出了建筑集中热水供应系统的三种循环方式：

a）干管循环（仅干管设对应的回水管）；

b）立管循环（立管、干管均设对应的回水管）；

c）干管、立管、支管循环（干管、立管、支管均设对应的回水管）。

同一座建筑的热水供应系统，选用不同的循环方式，其无效冷水的出流量是不同的。

集中热水供应系统的节水措施有：保证用水点处冷、热水供水压力平衡的措施，对不利用水点处冷、热水供水压力差不宜大于0.02MPa；宜设带调节压差功能的混合器、混合阀。

设有集中热水供应的住宅建筑中考虑到节水及使用舒适性，当因建筑平面布局使得用水点分散且距离较远时，宜设支管循环以保证使用时的冷水，出流时间较短。

4）非传统水源利用

①设置分质供水系统是建筑节水的重要措施之一。在GB/T 50378《绿色建筑评价标准》，对住宅、办公楼、商场、旅馆类建筑均提出了非传统水源利用率的要求。该标准中规定凡缺水城市均应参评此项。参考联合国系统制定的一些标准，我国提出的缺水标准为：人均水资源量1700m³～3000m³为轻度缺水；1000m³～1700m³为中度缺水；500m³～1000m³为重度缺水；低于500m³的为极度缺水；300m³为维持适当人口生存的最低标准。

采用非传统水源时，应根据其使用性质采用不同的水质标准：

a）采用雨水或中水用于冲厕、绿化灌溉、洗车、道路浇洒，其水质应满足GB 50335《污水再生利用工程设计规范》中规定的城镇杂用水水质控制指标。

b）采用雨水、中水作为景观用水时，其水质应满足GB 50335《污水再生利用工程设计规范》中规定的景观环境用水的水质控制指标。

雨水和中水利用工程应依据GB 50400《建筑与小区雨水利用工程技术规范》和GB 50336《建筑中水设计规范》进行设计。

②为确保非传统水源的使用不带来公共卫生安全事件，供水系统应采取可靠的防止误接、误用、误饮的措施。其措施包括：非传统水源供水管道外壁涂成浅绿色，并模印或打印明显耐久的标识，如"中水"、"雨水"、"再生水"；对设在公共场所的非传统水源取水口，设置带锁装置；用于绿化浇洒的取水龙头，明显标识"不得饮用"，或安装供专人使用的带锁龙头。

③上述条文主要是针对非传统水源的用水及水质保障而制定。中水及雨水利用应严格执行GB 50336《建筑中水设计规范》和GB 50400《建筑与小区雨水利用工程技术规范》的规定。

④目前在我国部分缺水地区，水务部门对雨水利用已形成政府文件，要求在设计中统一考虑。同时GB 50400《建筑与小区雨水利用工程技术规范》已于2006年发布，因此在绿色建筑设计中雨水利用作为一项有效的节水措施被推荐采用。

我国幅员辽阔，地区差异巨大，降雨分布不均，因此在雨水的综合利用中一定要进行技术经济比较，制定合理、适用的方案。

建议在常年降雨量大于800mm的地区采用雨水收集的直接利用方式，而低于上述年降雨量则采用以渗透为主的间接雨水利用方式。

在征得当地水务部门的同意下，可利用自然水体作为雨水的调节设施。

5）节约用水措施

①小区管网漏失水量包括：室内卫生器具漏水量、屋顶水箱漏水量和管网漏水量。住宅区漏损率应小于自身最高日用水量的5%，公共建筑漏损率应小于自身最高日用水量的2%。可采用水平衡测试法检测建筑或建筑群管道漏损量。同时适当地设置检修阀门也可以减少检修时的排水量。

②本着"节流为先"的原则，根据用水场合的不同，合理选用节水水龙头、节水便器、节水淋浴装置等。节水器具可作如下选择：

a）公共卫生间洗手盆应采用感应式水嘴或延时自闭式水嘴；

b）蹲式大便器、小便器宜采用延时自闭冲洗阀、感应式冲洗阀；

c）住宅建筑中坐式大便器宜采用设有大、小便分档的冲洗水箱，不得使用一次冲洗水量大于6L的坐式大便器；

d）水嘴、淋浴喷头宜设置限流配件。

③绿化灌溉鼓励采用喷灌、微灌等节水灌溉方式；鼓励采用湿度传感器或根据气候变化调节的控制器。

喷灌是充分利用市政给水、中水的压力通过管道输送将水通过喷头进行喷洒灌溉，或采用雨水以水泵加压供应喷灌用水。微灌包括滴灌、微喷灌、涌流灌和地下渗灌等。微灌是高效的节水灌溉技术，它可以缓慢而均匀地直接向植物的根部输送计量精确的水量，从而避免了水的浪费。

喷灌比地面漫灌省水30%～50%，安装雨天关闭系统，可再节水15%～20%。微灌除具有喷灌的主要优点外，比喷灌更节水（约15%）、节能（50%～70%）。

④按使用性质设水表是供水管理部门的要求。绿色建筑设计中应将水表适当分区集中设置或设置远传水表。当建筑项目内设建筑自动化管理系统时，建议将所有水表计量数据统一输入该系统，以达到漏水探查监控的目的。

（14）暖通空调设计

1）建筑设计应充分利用自然条件，采取保温、隔热、遮阳、自然通风等被动措施减少暖通空调的能耗需求。建筑物室内采暖空调系统的形式、技术措施应根据建筑功能、空间特点、使用要求，并结合建筑所采取的被动措施综合考虑确定。

2）冷热源形式的确定影响能源的使用效率，而各地区的能源种类、能源结构和能源政策也不尽相同。任何冷热源形式的确定都不应该脱离工程所在地的具体条件。同时对整个建筑物的用能效率应进行整体分析，而不只是片面地强调某一个机电系统的效率。如利用热泵系统在提供空调冷冻水的同时提供生活热水、回收建筑排水中的余热作为建筑的辅助热源（污废水热泵系统）等。

绿色建筑倡导可再生能源的利用，但可再生能源的利用也受到工程所在地的地理条件、气候条件和工程性质的影响。

3）室内环境参数标准涉及舒适性和能源消耗，科学合理地确定室内环境参数，不仅是满足室内人员舒适的要求，也是为了避免片面追求过高的室内环境参数标准而造成能耗的浪费。鼓励通过合理、适宜的送风方式、气流组织和正确的压力梯度，提高室内的舒适度和空气品质。

4）强调设备容量的选择应以计算为依据。全年大多时间，空调系统并非在100%空调设计负荷下工作。部分负荷工作时，空调设备、系统的运行效率同100%负荷下工作的空调设备和系统有很大差别。确定空调冷热源设备和空调系统形式时，要求充分考虑和兼顾部分负荷时空调设备和系统的运行效率，应力求全年综合效率最高。

5）为了满足部分负荷运行的需要，能量输送系统，无论是水系统还是风系统，经常采用变流量的形式。通过采用变频节能技术满足变流量的要求，可以节省水泵或风机的输送能耗，夜间冷却塔的低速运行还可以减少其噪声对周围环境的影响。

6）空调各子系统相互耦合而非孤立，子系统最优，并非空调系统综合最优，某个子系统能效高可能会降低其他子系统的能效。所以空调系统的节能设计关键是空调系统各子系统的合理匹配与优化，使空调系统综合能效最高。因此，评价空调系统的节能优劣，应以空调系统综合能效比来衡量。

空调系统设计综合能效比（Designing Comprehensive Energy Efficieney ratio），（以下简称 CEER）反映一个空调系统在设计负荷下的总能耗水平。本条文提出了空调系统设计综合能效比的理论计算方法，以供空调系统节能设计时参考（见表6-4）。

表6-4　空调系统综合能效比限值的理论计算式

序号	分项	理论计算公式
1	空调系统的综合能效比 CEER	$$CEER = \dfrac{Q_C}{N_C + N_{CP} + N_{CT} + N_{CWP} + \sum N_k + \sum N_x + \sum N_{FP}}$$ 或者 $$CEER = \dfrac{1}{\dfrac{N_C + N_{CP} + N_{CT}}{Q_C} + \dfrac{N_{CWP}}{Q_c} + \dfrac{\sum N_k + \sum N_x + \sum N_{FP}}{Q_c}}$$ 或者 $$CEER = \dfrac{1}{\dfrac{1}{CEER_1} + \dfrac{1}{CEER_2} + \dfrac{1}{CEER_3}}$$ 式中，Q_C 为空调系统的总供冷量（kW）；N_C 为冷水机组的耗电量（kW）；N_{CP} 为冷却水泵的耗电量（kW）；N_{CT} 为冷却塔风机的耗电量（kW）；N_{CWP} 为冷水泵的耗电量（kW）；$\sum N_k$ 为所有末端空气处理机组的耗电量（kW）；$\sum N_x$ 为所有末端新风处理机组的耗电量（kW）；$\sum N_{FP}$ 为所有末端风机盘管机组的耗电量（kW）。
2	冷源系统的综合能效比 $CEER_1$	$$CEER_1 = \dfrac{1}{\dfrac{1}{COP} + \dfrac{(1+COP) \cdot g \cdot H_c}{1000 \cdot COP \cdot \Delta T_2 \cdot C_w \cdot \eta_{CP}} + \dfrac{0.035 \times 3600 \times (1+COP)}{COP \cdot \Delta T_2 \cdot C_w \cdot \rho_w}}$$ 式中，COP 为冷水机组的性能参数（W/W）；ΔT_2 为冷却水的供回水温差（℃）；H_C 为冷却水泵的场程（m），η_{CP} 为冷却水泵的效率；C_w 为水的比热容，取 4.1868kJ/kg；ρ_w 为水的密度，取 1×10^3 kg/m^3。
3	冷水系统的综合能效比 $CEER_2$	$$CEER_2 = \dfrac{1000 \cdot \Delta T_1 \cdot C_w \cdot \eta_{CWP}}{g \cdot H_{CW}}$$ 或者 $$CEER_2 = \dfrac{1}{ER_{CW}}$$ 式中，ΔT_1 为冷水供回水温差（℃）；H_{CW} 为冷水泵的扬程（m）；η_{CWP} 为冷水泵的效率；g 为重力加速度，取 9.8067m/s^2。
4	风系统的综合能效比 $CEER_3$	$$CEER_3 = \dfrac{1}{\sum \dfrac{a \cdot P_k}{1000 \cdot \rho_a \cdot \Delta i_k \cdot \eta_k} + \sum \dfrac{b \cdot P_x}{1000 \cdot \rho_a \cdot \Delta i_x \cdot \eta_x} + \sum \dfrac{c \cdot W_{SFD} \cdot 3600}{\rho_a \cdot \Delta i_{FP}}}$$ 或者 $$CEER_3 = \dfrac{1}{\sum \dfrac{a \cdot W_{Sk} \cdot 3600}{\rho_a \cdot \Delta i_k} + \sum \dfrac{b \cdot W_{Sx} \cdot 3600}{\rho_a \cdot \Delta i_x} + \sum \dfrac{c \cdot W_{SFD} \cdot 3600}{\rho_a \cdot \Delta i_{FP}}}$$ 式中，P_k、η_k、Δi_k 分别为空气处理机组风机的全压（Pa）、风机的总效率和空气处理机组进出口空气的焓差（kJ/kg）；P_x、η_x、Δi_x 分别为新风机组风机的全压（Pa）、风机的总效率和新风机组进出口空气的焓差（kJ/kg）；Δi_{FP} 为风机盘管机组进出口空气的焓差（kJ/kg）；ρ_a 为空气的密度（kg/m^3）；W_{Sk}、W_{Sx}、W_{SFD} 分别为空气处理机组、新风机组、风机盘管机组单位风量耗功率［W/（m^3/h）］；a、b、c 分别为空气处理机组、新风机组、风机盘管机组承担系统冷负荷的比例（$a+b+c=1$）。

①暖通空调冷热源

a）余热利用是节能手段之一。城市供热网多由电厂余热或大型燃煤供热中心提供，其一次能源利用效率较高，污染物治理可集中实现。优先使用此类热源，有利于大气环境的保护和节能。

b）当室外环境温度降低时，风冷热泵的制热性能系数随之降低。虽然热泵机组能够在很低的环境温度下启动或工作，但当制热运行性能系数低至1.8时，已经不及一次能源的燃烧发热和效率。所以在冬季室外空调计算温度下，如果空气源热泵的冬季制热运行性能系数小于1.8，其一次能源的综合利用率不如直接燃烧化石能源。

c）没有热电联产、工业余热和废热可资利用的严寒和寒冷地区，应建设以集中锅炉房为热源的供热系统。为满足严寒和寒冷地区冬季内区供热要求，应优先考虑利用室外空气消除建筑物内区的余热，或采用自然冷却水系统消除室内余热。

d）采用多联机空调系统的建筑，当不同时间存在供冷和供热需求时，采用热泵型变制冷剂流量多联分体空调系统比分别设置冷热源节省设备材料投入、节能效果明显。如果部分时间同时有供冷和供热需求，在经过技术经济比较分析合理时，应优先采用热回收型变制冷剂流量多联分体空调系统。

e）通常锅炉的烟气温度可达到180℃以上，在烟道上安装烟气冷凝器或省煤器可以用烟气的余热加热或预热锅炉的补水。供水温度不高于80℃的低温热水锅炉，可采用冷凝锅炉，以降低排烟温度，提高锅炉的热效率。

f）蓄能空调系统虽然对建筑物本身不是节能措施，但是可以为用户节省空调系统的运行费用，同时对电网起到移峰填谷的作用，提高电厂和电网的综合效率，也是社会节能环保的重要手段之一。

②暖通空调水系统

a）建筑物空调冷冻水的供水温度如果高于7℃，对空调设备末端的选型不利，同时也不利于夏季除湿。供回水温差小于5℃，将增大水流量，冷冻水管径增大，消耗更多的水泵输送能耗，于节材和节能都不利。由于空调冷热水系统管道夏季输送冷水，冬季输送热水，管径多依据冷水流量确定，所以本条没有规定空调冷热水系统的热水供回水温差。但当采用四管制空调水系统时，热水管道的管径依据热水流量确定，所以仅规定四管制时的空调热水温度及温差。

b）锅炉的补水通常经过软化和除氧，成本较高，其凝结水温度高于生活热水所需要的温度，所以无论从节能还是从节水的角度来讲，蒸汽凝结水都应回收利用。

c）冬季室外新风消除室内余热虽然直接、简单、成本低，但由于风系统在分区域或分室调节、控制方面的困难，不能满足个性化控制调节的要求。采用冷却制冷提供"免费"冷冻水，可以适用于各分区域的空调末端，利用其原有的控制方法实现个性化调节目的。

d）散热器暗装，特别是安装方式不恰当时会影响散热器的散热效果，既浪费材料，也不利于节能，与绿色建筑所倡导的节材和节能相悖，故应限制这种散热器暗装的方式，鼓励采用外形美观、散热效果好的明装散热器。

③空调通风系统

a）在大部分地区，空调系统的新风能耗占空调系统总能耗的1/3，所以减少新风能耗对建筑物节能的意义非常重大。室内外温差越大、温差大的时间越长，排风能量回收的效益越明显。由于在回收排风能量的同时也增加了空气侧的阻力和风机能耗，所以一方面强调在过渡季节设置旁通，减少风侧阻力；另一方面，由于热回收的效益与各地气候关系很大，应经过技术经济比较分析，满足当地节能标准，确定是否采用、采用何种排风能量回收形式对新风进行预冷（热）处理。

b）封闭吊顶的上、下两个空间通常存在温度差，吊顶回风的方式使得吊顶上、下两空间的温度基本趋于一致，增加了空调系统的负荷。当吊顶空间较大时，增加的空调负荷也相应加大。采用吊顶回风的方式时多是由于吊顶空间紧张，一般不会超过层高的1/3；当吊顶空间高度超过1/3层高时，吊顶空间已经比较大了，应可以采用风管回风的方式。

c）不同的通风系统，利用同一套通风管道，通过阀门的切换、设备的切换、风口的启闭等措施实现不同的功能，既可以节省通风系统的管道材料，又可以节省风管所占据的室内空间，是满足绿色建筑节材、节地要求的有效措施。

d）相同截面积、长宽比不同的风管，其比摩阻可能相差几倍以上。为减少风管高度而单纯地改变长宽比，忽略了比摩阻的差别而造成风压不足，或者由于系统阻力过大使得单位风量的风机耗功率不满足节能标准要求的做法是不可取的，所以在此强调风管的长宽比和风系统的规模不应过大。高层建筑空调通风系统竖向所负担的楼层数，通过计算仍然经济合理时，可不受 10 层的限制。

④暖通空调自动控制系统

a）建筑物暖通空调能耗的计量和统计是反映建筑物实际能耗和判别是否节能的客观手段，也是检验节能设计合理、适用与否的标准；通过对各类能耗的计量、统计和分析可以发现问题、发掘节能的潜力，同时也是节能改造和引导人们节能行为的手段。

b）如果建筑的冷热源中心缺乏必要的调节手段，则不能随时根据室外气候的变化、室内的使用要求进行必要和有效的调节，势必造成不必要的能源浪费。本条文的出发点在于，提倡在设计上提供必要的调控手段，为采用不同的运行模式提供手段。

c）在人员密度相对较大，且变化较大的房间，为保证室内空气质量并减少不必要的新风能耗，宜采用新风量需求控制。即在不利于新风作冷源的季节，应根据室内二氧化碳浓度监测值增加或减少新风量，在二氧化碳浓度符合卫生标准的前提下减少新风冷热负荷。

（15）建筑电气设计

1）在方案设计阶段，应制定合理的供配电系统方案，优先利用市政提供的可再生能源，并尽量设置变配电所和配电间居于用电负荷中心位置，以减少线路损耗。在 GB/T 50378—2006《绿色建筑评价标准》中把"建筑智能化系统定位合理，信息网络系统功能完善"作为一般项要求，因此绿色建筑应根据 GB 50314《智能建筑设计标准》中所列举的各功能建筑的智能化基本配置要求，并从项目的实际情况出发，选择合理的建筑智能化系统。

在方案设计阶段，应合理采用节能技术和节能设备，最大化地节约能源。

2）太阳能是常用的可再生能源之一，其中太阳能光伏发电是具发展潜力的能源开发领域，但目前其高昂的成本阻碍了太阳能光伏技术的实际应用。近年来，太阳能光伏发电发展很快，光伏发电初始投资每年以 10% 的速度下降，随着技术工艺的不断改进、制造成本降低、光电转换效率提高，光伏发电成本将大大降低。

我国风能资源丰富，居世界首位。风力发电是一种主要的风能利用形式，虽然风力发电较太阳能而言，它的成本优势明显，但应用在建筑上会有一些特殊要求，如风力发电和建筑应进行一体化设计、在建筑周围设置小型风力发电机不能影响声环境质量等。

综上所述，在项目地块的太阳能资源或风能资源丰富时，应进行技术经济比较分析，合理时，宜采用太阳能光伏发电系统或风力发电系统作为电力能源的补充。

①供配电系统

a）在民用建筑中，由于大量使用了单相负荷，如照明、办公用电设备等，其负荷变化随机性很大，容易造成三相负载的不平衡，即使设计时努力做到三相平衡，在运行时也会产生差异较大的三相不平衡。因此，作为绿色建筑的供配电系统设计，宜采用分相无功自动补偿装置，否则不但不节能，反而浪费资源，同时难以对系统的无功补偿进行有效补偿，补偿过程中所产生的过、欠补偿等弊端更是对整个电网的正常运行带来了严重的危害。

b）采用高次谐波抑制和治理的措施可以减少电气污染和电力系统的无功损耗，并可提高电能使用效率。目前，国家标准有 GB/T 14549—1993《电能质量 公用电网谐波》、GB 17625.1—2003《电磁兼容 限值 谐波电流发射限值（设备每相输入电流≤16A）》、GB/Z 17625.3—2000《电磁兼容 限值 对额定电流大于 16A 的设备在低压供电系统中产生的电压波动和闪烁的限制》，地方标准有北京市地方标准 DBJ/T 11-626—2007《建筑物供配电系统谐波抑制设计规程》及上海市地方标准 DG/TJ 08-1104—2005《公共建筑电磁兼容设计规范》，有关的谐波限值、谐波抑制、谐波治理可参考以上标准执行。

c）电力电缆截面的选择是电气设计的主要内容之一，正确选择电缆截面应包括技术和经济两个方面，GB 50217—2007《电力工程电缆设计规范》提出了选择电缆截面的技术性和经济性的要求，但在实际工程中，设计人员往往只单纯从技术条件选择。对于长期连续运行的负荷应采用经济电流选择电缆截面，可以节约电力运行费和总费用，可节约能源，还可以提高电力运行的可靠性。因此，作为绿色建筑，设计人员应根据用电负荷的工作性质和运行工况，并结合近期和长远规划，不仅依据技术条件还应按经济电流来选择供电和配电电缆截面。经济电流截面的选用方法可参照 GB 50217—2007《电力工程电缆设计规范》。

②照明设计

a）在照明设计时，应根据照明部位的自然环境条件，结合天然采光与人工照明的灯光布置形式，合理选择照明控制模式。

当项目经济条件许可的情况下，为了灵活地控制和管理照明系统，并更好的结合人工照明与天然采光设施，宜设置智能照明控制系统以营造良好的室内光环境，并达到节电目的。如当室内天然采光随着室外光线的强弱变化时，室内的人工照明应按照人工照明的照度标准，利用光传感器自动启闭或调节部分灯具。

b）选择适合的照度指标是照明设计合理节能的基础。在 GB 50034《建筑照明设计标准》中对居住建筑、公共建筑、工业建筑及公共场所的照度指标分别作了详细的规定，同时规定可根据实际需要提高或者降低一级照度标准值。因此，在照明设计中，应首先根据各房间或场合的使用功能需求来选择适合的照度指标，同时还应根据项目的实际定位进行调整。此外，对于照度指标要求较高的房间或场所，在经济条件允许的情况下，宜采用一般照明和局部照明结合的方式。由于局部照明可根据需求进行灵活开关控制，从而可进一步减少能源的浪费。

c）选用高效照明光源、高效灯具及其节能附件，不仅能在保证适当照明水平及照明质量时降低能耗，而且还减少了夏季空调冷负荷，从而进一步达到节能的目的。下列为光源、灯具及节能附件的一些参考资料，供设计人员参考。

——光源的选择：

ⅰ）紧凑型荧光灯具有光效较高、显色性好、体积小巧、结构紧凑、使用方便等优点，是取代白炽灯的理想电光源，适合于为开阔的地方提供分散、亮度较低的照明，可被广泛应用于家庭住宅、旅馆、餐厅、门厅、走廊等场所。

ⅱ）在室内照明设计时，应优先采用显色指数高、光效高的稀土三基色荧光灯，可广泛应用于大面积区域且分布均匀的照明，如办公室、学校、居所、工厂等。

ⅲ）金属卤化物灯具有定向性好、显色能力非常强、发光效率高、使用寿命长、可使用小型照明设备等优点，但其价格昂贵，故一般用于分散或者光束较宽的照明，如层高较高的办公室照明、对色温要求较高的商品照明、要求较高的学校和工厂及户外场所等。

ⅳ）高压钠灯具有定向性好、发光效率极高、使用寿命很长等优点，但其显色能力很差，故可用于分散或者光束较宽且光线颜色无关紧要的照明，如户外场所、工厂、仓库，以及内部和外部的泛光照明。

ⅴ）发光二极管（LED）灯是极具潜力的光源，它发光效率高且寿命长，随着成本的逐年减低，它的应用将越来越广泛。LED 适合在较低功率的设备上使用，目前常被应用于户外的交通信号灯、紧急疏散灯、建筑轮廓灯等。

——高效灯具的选择：

ⅰ）在满足眩光限制和配光要求的情况下，应选用高效率灯具，灯具效率不应低于 GB 50034《建筑照明设计标准》中的有关规定。

ⅱ）应根据不同场所和不同的室空间比 RCR，合理选择灯具的配光曲线，从而使尽量多的直射光通落到工作面上，以提高灯具的利用系数。由于在设计中 RCR 为定值，当利用系数较低（0.5）时，应调换不同配光的灯具。

ⅲ）在保证光质的条件下，首选不带附件的灯具，并应尽量选用开启式灯罩。

ⅳ）选用对灯具的反射面、漫射面、保护罩、格栅材料和表面等进行处理的灯具，以提高灯具的光通维持率，如涂二氧化硅保护膜及防尘密封式灯具、反射器采用真空镀铝工艺、反射板选用蒸镀银反射材料和光学多层膜反射材料等。

ⅴ）尽量使装饰性灯具功能化。

——灯具附属装置选择：

ⅰ）自镇流荧光灯应配用电子镇流器。

ⅱ）直管形荧光灯应配用电子镇流器或节能型电感镇流器。

ⅲ）高压钠灯、金属卤化物灯等应配用节能型电感镇流器，在电压偏差较大的场所，宜配用恒功率镇流器，功率较小者可配用电子镇流器。

ⅳ）荧光灯或高强度气体放电灯应采用就地电容补偿，使其功率因数达 0.9 以上。

d）在 GB 50034《建筑照明设计标准》中规定，长期工作或停留的房间或场所，照明光源的显色指数（R_a）不宜小于 80。GB 50034《建筑照明设计标准》中的显色指数（R_a）值是参照 CIE 标准 S008/E—2001《室内工作场所照明》制定的，而且当前的光源和灯具产品也具备这种条件。作为绿色建筑，应更加关注室内照明环境质量。此外，在 GB/T 50378—2006《绿色建筑评价标准》中，建筑室内照度、统一眩光值、一般显示指数等指标应满足现行国家标准 GB 50034《建筑照明设计标准》中的有关要求，是作为公共建筑绿色建筑评价的控制项条款来要求的。因此，我们将 GB 50034《建筑照明设计标准》中规定的"宜"改为"应"，以体现绿色建筑对室内照明质量的重视。

③电气设备节能

a）作为绿色建筑，所选择的油浸式或干式变压器不应局限于满足 GB 20052—2006《三相配电变压器能效限定值及节能评价值》中规定的能效限定值，还应达到目标能效限定值。同时，在项目资金允许的条件下，亦可采用非晶合金铁芯型低损耗变压器。

b）[D，ynll] 结线组别的配电变压器具有缓解三相负荷不平衡、抑制三次谐波等优点。

c）乘客电梯宜选用永磁同步电机驱动的无齿轮曳引机，并采用调频调压（VVVF）控制技术和微机控制技术。对于高速电梯，在资金充足的情况下，优先采用"能量再生型"电梯。

对于自动扶梯与自动人行道，当电动机在重载、轻载、空载的情况下均能自动获得与之相适应的电压、电流输入，保证电动机输出功率与扶梯实际载荷始终得到最佳匹配，以达到节电运行的目的。

④计量与智能化

a）作为绿色建筑，针对建筑的功能、归属等情况，对照明、电梯、空调、给排水等系统的用电能耗宜采取分区、分项计量的方式，对照明除进行分项计量外，还宜进行分区或分层、分户的计量，这些计量数据可为将来运营管理时按表进行收费提供可行性，同时，还可为专用软件进行能耗的监测、统计和分析提供基础数据。

b）一般来说，计量装置应集中设置在电气小间或公共区等场所。当受到建筑条件限制时，分散的计量装置将不利于收集数据，因此采用卡式表具或远程抄表系统能有效减轻管理人员的抄表工作。

c）在 GB/T 50378—2006《绿色建筑评价标准》中把"建筑通风、空调、照明等设备自动化监控系统技术合理，系统高效运行"作为一般项要求。因此，当公共建筑中设置有空调机组、新风机组等集中空调系统时，应设置建筑设备监控管理系统，以实现绿色建筑高效利用资源、管理灵活、应用方便、安全舒适等要求，并可达到节约能源的目的。

四、既有建筑门窗、幕墙的节能改造设计与工程造价分析

建筑节能包括新建（含改建及扩建）建筑节能和既有建筑节能改造。我国既有建筑面积 400 亿 m²，其中大多数建筑不节能。

全国公共建筑面积大约为 45 亿 m²，其中采用中央空调的公共建筑（商场、办公楼、宾馆）为 5～6 亿 m²，而占既有建筑面积 11% 的公共建筑单位面积能耗大约是普通居住建筑的 10 倍左右，堪称耗能大户。一些公共建筑门窗面积占建筑面积比例超过 20%，透过门窗的能耗约占整个建筑的 50%。通过玻璃的能量损失约占门窗能耗的 75%，占窗户面积 80% 左右的玻璃能耗占第一位。

建筑节能改造的重点是公共建筑，门窗及幕墙改造是建筑节能的关键，而其中的玻璃改造则是节能工作的重中之重。对既有建筑中的玻璃节能改造的办法有两种选择：一是将原有的玻璃更换为节能玻

璃，二是在原有玻璃上加贴建筑用的隔热安全膜。

1. 节能玻璃的种类和功能

（1）镀膜玻璃

镀膜玻璃是在玻璃表面镀一层或多层金属、合金或金属化合物，以改变玻璃的性能。按特性不同可分为热反射玻璃和低辐射玻璃。

热反射玻璃，一般是在玻璃表面镀一层或多层如铬、钛或不锈钢等金属或其化合物组成的薄膜，使产品呈丰富颜色，对可见光有适当的透射率，对近红外线有较高的反射率，对紫外线有很低的透过率，因此，也称为阳光控制玻璃。与普通玻璃比较，降低了遮阳系数，即提高了遮阳性能，但对传热系数改变不大。

低辐射玻璃，是在玻璃表面镀多层银、铜或锡等金属或其他化合物组成的薄膜，产品对可见光有较高的透射率，对红外线有很高的反射率，具有良好的隔热性能，由于膜强度较差，一般都制成中空玻璃使用而不单独使用。

（2）中空玻璃

中空玻璃是由两片或以上的玻璃用铝制空心边框住，用胶结或焊接密封，中间形成自由空间，可充以干燥的空气或惰性气体，其传热系数比单层玻璃小，保温性能好，但其遮阳系数降低很小，对太阳辐射的热反射性改善不大。

（3）镀膜玻璃与中空玻璃的复合体

包括热反射镀膜中空玻璃和低辐射镀膜中空玻璃。前者可同时降低传热系数和遮阳系数，后者透光率较好。

2. 建筑玻璃贴膜的种类和功能

建筑玻璃贴膜是由优质的聚脂膜与金属镀膜层通过真空磁射喷涂工艺粘合压制而成，能为各种类型的玻璃提供优良的阳光控制功能，建筑玻璃贴膜大致分为三大类：

（1）建筑隔热玻璃贴膜

建筑隔热膜以节能为主要目的，附带隔紫外线的安全防爆功能，这种建筑隔热膜分为热反射膜和低辐射膜。

热反射膜（又称阳光控制膜）贴在玻璃表面使房内能透过一定量的可见光，高红外线反射率，低太阳能热量获得系数，在炎热的夏季能保持室内温度不会升高太多，从而降低室内空调用电费用。

低辐射膜能透过一定量的短波太阳辐射能，使太阳辐射热（近红外线）进入室内，同时又能将90%以上的室内物体热源（如暖气设备）辐射的长波红外线（远红外线）反射回室内，低辐射膜能充分利用室外太阳短波辐射及室内热源的长波辐射能量，因此在寒冷地区采暖建筑中使用可起到保温节能的明显效果。

（2）建筑安全玻璃贴膜

主要功能是安全防爆、防盗及防弹。这种膜具有较好的抗冲击性（抗爆强度）及阻隔紫外线能力，透明度高或全透明。

（3）装饰性玻璃贴膜

这种膜的主要功能是装饰性，品种繁多，如基本色、半透明、不透明及印有各种几何图案，不透明膜如单向透视膜，半透明膜如磨砂膜，相对于磨砂玻璃及工艺玻璃制造而言，具有经久耐用、安装快捷、成本低的优点，还可以根据个人意愿随时随地更换装饰图案。

3. 在建筑门窗及玻璃幕墙节能改造中既有玻璃贴膜的六个优点

（1）更经济。既有钢化透明玻璃或着色玻璃贴热反射膜比更换热反射玻璃要节约50%的总成本，其余情况可类推，例如：原有普通中空玻璃贴热反射膜或低辐射膜后分别升级为中空热反射镀膜玻璃或中空低辐射镀膜玻璃。

（2）更快捷。既有玻璃贴膜比拆下旧玻璃再换上新玻璃工期短，操作简便。

（3）更环保。更换玻璃会产生大量碎玻璃的建筑垃圾，会增加运输及填埋成本，而贴膜可利用既有玻璃，使其隔热及安全性能升级。还可防止室内地毯、窗帘、织物和油漆等褪色，有效保护室内家具、电脑等办公设备，延长其使用寿命。

（4）更安全。一般的隔热膜也有一定的安全增强功能，同时具备夹（胶）层玻璃的碎片粘持性能，其安全性优于钢化玻璃，专业安全膜的安全性更强。

（5）更健康。玻璃贴膜中的安装胶含有 UV（紫外线）吸收剂，可阻隔 98%～99% 的紫外线。

（6）更轻盈。若更换为中空玻璃或中空 LOW-E 玻璃，两片玻璃加中空部分总质量增加 1 倍或更多，会大大增加建筑负荷。

4. 节能门窗、幕墙工程造价的编制

（1）编制说明

1）消耗量标准中断桥隔热铝合金门窗均按施工单位自行制作、安装考虑，如为半成品购入，仅需现场安装，则套用相应成品门窗安装消耗量标准。

2）断桥隔热铝合金门窗子目中，如设计门窗所用的型材质量与消耗量标准不同时，型材用量进行调整，其他不变；设计玻璃品种与消耗量标准不同时，玻璃单价进行调整。

3）地弹簧、门拉手、门锁等五金项目套用《建筑装饰工程消耗量标准（第二版）2003》相应消耗量标准；其他五金项目的安装人工包括在相应消耗量标准中，五金材料费另行计算。

4）内开内倒窗套用平开窗相应消耗量标准，人工乘以系数 1.1。

5）弧形门窗套相应消耗量标准，人工乘以系数 1.15，型材弯弧形费用另行增加，如果采用弧形玻璃，单价进行换算。

6）玻璃幕墙中设计有窗时，仍套用幕墙消耗量标准，窗五金相应增加，其他不变。

7）幕墙铝合金龙骨消耗量标准中的型材分为断桥隔热型铝合金型材和普通型铝合金型材，设计与消耗量标准不同时应根据实际含量分别进行调整。

8）弧形幕墙套用幕墙消耗量标准，面板单价调整，人工乘以系数 1.15，骨架弯弧费另计。

9）幕墙玻璃面层仅适用断桥隔热型玻璃幕墙，不分明框及半隐框均执行同一消耗量标准。

10）幕墙中的避雷装置、防火隔离层消耗量标准已综合考虑，但幕墙的封边和封顶等另行计算。

（2）工程量计算规则

1）门、窗工程量按设计洞口面积计算。

2）弧形门窗按展开面积计算。

3）门与窗相连时，应分别计算工程量，门算至门框外边线。

4）幕墙龙骨应根据设计图纸分别计算断桥隔热型铝合金龙骨和普通型铝合金龙骨质量，按比例分别调整定额中铝合金龙骨的含量，并考虑相应的损耗率（损耗率为 6%）。

5）玻璃幕墙面积按设计图纸的外围面积计算。

（3）节能门窗

1）断桥隔热铝合金门窗制作、安装（见表 6-5、表 6-6）

工作内容为型材放样下料、切割断料、钻孔组装、制作搬运、现场安装、校正门窗框、周边塞缝、安装门窗扇。

表 6-5 　　　　　　　　　　　　　　　　　　　　　　　　　　　　　　单位：100m²

子目编号			2004-215-JN	2004-216-JN	2004-217-JN	深圳市2008工料机参考价格/元
子目名称			隔热铝合金系列			
			地弹门	平开门	推拉门	
编码	工料机名称	单位	消耗量			
人工 AZG0003	装饰工日 3	工日	71.7	63.3	59.5	90

续表6-5

子目编号			2004-215-JN	2004-216-JN	2004-217-JN	深圳市
子目名称			隔热铝合金系列			2008工料机参考价格/元
			地弹门	平开门	推拉门	
	编码	工料机名称	单位	消耗量		
材料	BKD0053	断桥隔热型铝合金型材	kg	1228.19	1133.24	1050.01	31
	BEN0117	LOW-E中空玻璃(5+6A+5)	m²	96.66	95.56	94.44	220
	BFH0030	铝合金角码	kg	33.85	42.32	20.45	21
	BEH0070	耐候胶	L	20.38	29.8	34.55	71
	BEH0018	玻璃胶310ml	支	112	96.5	119.32	8
	BEQ0076	软填料	kg	31.77	24.54	39.75	3.53
	BFW0116	空心胶条	m	572.73	774.24	560	2
	BFY0035	密封毛条	m	350	—	700	0.12
	BLC0005	密封胶条	m	—	522.67	—	1
	BII0052	其他材料费	元	570.91	441.82	570.91	1
机械	CKY0004	其他机械费	元	334.69	310.6	283.33	1
参考综合单价			元	75420.98	72685.96	68631.91	—

表6-6   单位:100m²

子目编号			2004-218-JN	2004-219-JN	2004-220-JN	深圳市
子目名称			隔热铝合金系列			2008工料机参考价格/元
			平开窗	推拉窗	固定窗	
	编码	工料机名称	单位	消耗量		
人工	AZG0003	装饰工日3	工日	64.3	51.1	41.8	90
材料	BKD0053	断桥隔热型铝合金型材	kg	924.46	885.1	595.35	31
	BEN0117	LOW-E中空玻璃(5+6A+5)	m²	95.39	95.39	95.35	220
	BFHOO30	铝合金角码	kg	28.3	29.99	28.3	21
	BEH0070	耐候胶	L	31.46	31.46	31.46	71
	BEH0018	玻璃胶310ml	支	112	112	112	8
	BEQ0076	软填料	kg	32.19	32.19	32.19	3.53
	BFW0116	空心胶条	m	840	840	840	2
	BFY0035	密封毛条	m	—	772	—	0.12
	BLC0005	密封胶条	m	560	—	—	1
	BII0052	其他材料费	元	570.67	570.67	570.67	1
机械	CKY0004	其他机械费	元	252.94	250.66	165.78	1
参考综合单价			元	66181.22	63047.08	52397.44	—

2)断桥隔热铝合金门窗安装(见表6-7)

工作内容为现场安装、校正门窗框、周边塞缝、安装门窗扇、五金安装。

表 6 - 7　　　　　　　　　　　　　　　　　　　　　　　　　　单位：100m²

子目编号				2004 - 221 - JN	2004 - 222 - JN	深圳市 2008 工料机参考价格/元
子目名称				隔热铝合金门窗安装		
				铝合金门	铝合金窗	
	编　码	工料机名称	单位	消耗量		
人工	AZG0003	装饰工日 3	工日	38.9	36.4	90
材料	BFV0137	成品断桥隔热型铝合金门	m²	96.2	—	—
	BFV0138	成品断桥隔热型铝合金窗	m²	—	95.04	—
	BEQ0076	软填料	kg	33.516	32.19	3.53
	BFW0116	空心胶条	m	607.94	840	2
	BII0052	其他材料费	元	545.09	570.67	1
参考综合单价			元	6090.42	6335.09	—

注：所列门、窗含量按平开门及平开窗考虑。实际门、窗种类不同时，应按 2003 版消耗量中相应的门、窗含量进行调整，其余不变。

（4）节能幕墙

工作内容为定位、弹线、现场搬运、龙骨安装等；玻璃安装、打胶、清理等（见表 6 - 8）。

表 6 - 8

子目编号				2002 - 342 - JN	2002 - 343 - JN	深圳市 2008 工料机参考价格/元
子目名称				隔热型铝合金幕墙		
				幕墙隔热型铝合金龙骨	玻璃幕墙面板	
				t	100m²	
	编　码	工料机名称	单位	消耗量		
人工	AZG0003	装饰工日 3	工日	95	97.3	90
材料	BFM0021	隔热型铝合金龙骨	t	0.85	—	31000
	BKD0023	铝合金型材	kg	210		23
	BEN0118	LOW - E 中空玻璃（6 + 9A + 6）	m²	—	99.99	240
	BLS0476	不锈钢螺栓 12×110	套	87.83	29.8	3.8
	BLS0567	不锈钢螺栓 12×45	套	87.83	—	2.52
	BLS0568	自攻螺钉 M4×25	百个	14.87	—	2.5
	BYM0008	铁件	kg	134.39	—	5.5
	BZW0016	镀锌白铁皮 1.5mm	m²	19.09	—	58.02
	BEH0018	玻璃胶 310ml	支	76.65	—	8
	BEH0069	结构胶	L	—	45.94	114.8
	BEH0070	耐候胶	L	—	24.17	71
	BEH0048	双面胶纸	m	—	364.58	2.9
	BFP0025	泡沫条	m	—	247.92	0.8
	BII0052	其他材料费	元	-	42.72	1
机械	CKY0004	其他机械费	元	271.35	709.23	1
参考综合单价			元	46286.95	44952.08	—

五、建筑节能与屋面保温设计

根据建筑节能的要求，针对屋面保温工程的设计，将屋面保温工程的发展分为三个阶段，通过对各阶段所用保温材料的技术性能和特点进行分析，提出了屋面热工计算指标和提高屋面节能的具体措施。

1. 建筑节能的重要性与要求

随着社会生产力的发展和人民生活水平的提高，建筑中消耗的能量日益增加，如何降低能源消耗，减少建筑物中热量的损失，已引起了世界各国的普遍关注。我国人口众多，能源相对匮乏，所以能源不足已成为我国经济、社会可持续发展的制约因素，节约能源已成为我国的基本方针。据有关资料介绍，城市建筑的能耗连同建材生产能耗共占总能耗的 1/4 ~ 1/3。因此，如何在建筑物中降低热量的损耗已成为我国当前建筑设计中的一项重大技术政策。

为实现建筑节能，住房和城乡建设部提出了三步节能标准，即以 1980 年 ~ 1981 年当地通用设计能耗水平为基础，第一步由 1986 年起达到节能 30%；第二步由 1996 年起达到节能 50%；第三步由 2005 年起达到节能 65%。

2. 屋面保温工程的发展

对于建筑物而言，热量损耗主要包括外墙体、外门窗、屋面及地面等围护结构的热量损耗。据有关资料介绍，对于有采暖要求的一般居住建筑，屋面热损耗约占整个建筑热量损耗的 20% 左右。为减少屋面的热量损耗，我国北方地区在屋面保温工程设计方面大约经历了 3 个发展阶段。

第一阶段：20 世纪 50 ~ 60 年代。当时屋面保温做法主要是干铺炉渣、焦渣或水淬矿渣，在现浇保温层方面主要采用石灰炉渣，在块状保温材料方面，仅少量采用了泡沫混凝土预制块。

第二阶段：20 世纪 70 年代 ~ 80 年代。随着建材生产的发展，出现了膨胀珍珠岩、膨胀蛭石等轻质材料，于是屋面保温层出现了现浇水泥膨胀珍珠岩、现浇水泥膨胀蛭石保温层，以及沥青或水泥作为胶结与膨胀珍珠岩、膨胀蛭石制成的预制块及岩棉板等保温材料。

第三阶段：20 世纪 80 年代以后。随着我国化学工业的蓬勃发展，开发出了质量轻、热导率小的聚苯乙烯泡沫塑料板、泡沫玻璃块材等屋面保温材料。近年来又推广使用质量经、抗压强度高、整体性能好、施工方便的现喷硬质聚氨酯泡沫塑料保温层，为屋面工程的性能提供了物质基础。

3. 屋面保温材料的技术性能和特点

不同发展时期屋面保温材料的技术性能和特点如表 6 - 9。

由表 6 - 9 可以看出，我国在屋面保温工程的发展变化情况可总结如下：

（1）选用保温材料的热导率由较大逐渐向较小发展。

（2）屋面保温材料由较高的干密度向较低的干密度发展。

（3）保温层做法由松散材料保温层逐步向块状材料保温层发展。

表 6 - 9 屋面保温材料技术性能和特点

阶段	保温材料名称	保温材料性能			特点
		干密度/ (kN/m³)	热导率/ [W/ (m·K)]	抗压强度/kPa	
一	干铺炉渣、焦渣	10	0.29	—	利用工业废料，材料易得，价格低廉，但压缩变形大，保温效果差
	白灰焦渣	10	0.25	—	保温层含水率高，易导致防水层起鼓，保温效果差
	泡沫混凝土	4 ~ 6	0.19 ~ 0.22	—	含水量较大，抗压强度较高，但热导率较大
	石灰锯末	3	0.11	—	易腐烂、易压实后保温性能将大大降低

续表 6-9

阶段	保温材料名称	保温材料性能			特点
		干密度/ (kN/m³)	热导率/ [W/ (m·K)]	抗压强度/kPa	
二	水泥膨胀珍珠岩	2.5~3.5	0.06~0.087	300~500	整体现浇的此类保温层由于要加水进行拌和，其中的水分不易排出，不仅造成防水层鼓泡，且加大了热导率，现已不准使用此种做法，但可预制成块状保温材料使用
	水泥膨胀蛭石	3.5~5.5	0.090~0.142	≥400	
	岩棉板	0.8~2	0.047~0.058	—	质量轻，热导率小，但抗压强度低，要限制使用条件
	加气混凝土板	5	0.19	≥400	干密度中等，抗压强度高，但热导率较大，保温效果较差
三	模塑聚苯板（EPS）	0.15~0.30	0.041	≥200	质量轻，热导率小，是比较理想的屋面保温材料，但此类保温材料不能接触有机溶剂，以免腐蚀
	挤塑聚苯板（XPS）	0.25~0.32	0.030		
	现喷硬质聚氨酯泡沫塑料	>0.3	≤0.027	>400	此种保温材料除具有质量轻，热导率极小的优点外，由于可以现喷施工，更适用于体形复杂的屋面保温工程
	泡沫玻璃	1.5	0.058	500	无机保温材料，耐化学腐蚀，抗压强度高，变形小，耐久性好

4. 屋面热工计算及指标

按照建筑节能的要求，根据当地气候条件、建筑物屋面的构造型式，在正确进行屋面热工计算的基础上，经过技术经济比较，进行合理的屋面保温层设计。

在进行屋面保温层设计时，首先要通过综合比较，选定保温材料，确保保温层厚度。我国目前使用的无机类保温材料有水泥膨胀珍珠岩板、水泥膨胀蛭石板，以及加气混凝土、岩棉板等；有机类保温材料有模塑聚苯板（EPS）、挤塑聚苯板（XPS）、硬质聚氨酯泡沫塑料等。

以常见的屋面构造为例，即室内白灰砂浆面层（20mm 厚）→现浇钢筋混凝土板（100mm 厚）→白灰焦渣找坡层（平均 70mm 厚）→保温层→水泥砂浆找平层（20mm 厚）→防水层。

（1）当选用无机类保温材料时，保温层厚度和屋面总热阻 R_0、传热系数 K_0 的关系见表 6-10。

表 6-10　无机类保温材料屋面热工计算指标

保温层厚度/mm	水泥膨胀珍珠岩板		水泥膨胀蛭石板	
	总热阻 R_0/ [(m²·K)/W]	传热系数 K_0/ [W/(m²·K)]	总热阻 R_0/ [(m²·K)/W]	传热系数 K_0/ [W/(m²·K)]
80	1.290	0.775	—	—
95	1.428	0.700	—	—
110	1.565	0.639	—	—
125	1.703	0.587	1.258	0.795
160	2.205	0.494	1.455	0.687
200	—	—	1.681	0.595
220	2.577	0.388	—	—
260	—	—	2.019	0.495

（2）当选用有机类保温材料时，保温层厚度和屋面总热阻 R_0、传热系数 K_0 的关系见表 6-11。

表 6-11 有机类保温材料屋面热工计算指标

保温层厚度/mm	模塑聚苯板（EPS）		挤塑聚苯板（XPS）		硬质聚氨酯泡沫塑料	
	总热阻 R_0/ $[(m^2 \cdot K)/W]$	传热系数 K_0/ $[W/(m^2 \cdot K)]$	总热阻 R_0/ $[(m^2 \cdot K)/W]$	传热系数 K_0/ $[W/(m^2 \cdot K)]$	总热阻 R_0/ $[(m^2 \cdot K)/W]$	传热系数 K_0/ $[W/(m^2 \cdot K)]$
25	—	—	1.312	0.762	1.326	0.754
30	—	—	1.463	0.683	1.480	0.676
35	1.265	0.790	1.615	0.619	1.634	0.612
40	—	—	1.766	0.566	1.789	0.559
45	1.469	0.681	1.918	0.521	1.943	0.515
50	1.570	0.637	2.069	0.483	2.097	0.477
55	1.672	0.598	2.221	0.450	2.252	0.444
65	1.872	0.533	2.524	0.396	2.560	0.391
75	2.078	0.481	—	—	2.869	0.349
80	2.090	0.478	2.987	0.336	—	—

5. 提高屋面节能的措施

降低屋面热量的损耗，是降低建筑总体热量损耗的一个主要环节。要真正实现建筑节能达到50%，并逐步过渡到65%的要求，除了对墙体、外门窗必须采取有效的保温措施外，对于屋面工程则应采取以下针对性措施。

（1）选用热导率小、质量轻、强度高的新型保温材料

如选用现喷硬质聚氨酯泡沫塑料，这种新型的保温材料不仅质量轻、热导率极小、保温效果好、施工方便，而且适用于形状比较复杂的屋面。另外，这种保温材料是闭孔的材料，不仅吸水率非常小，而且在一定程度上还具有防水的功能。所以在进行屋面保温工程设计时，在综合考虑经济发展水平的情况下，应优先采用热导率小、质量轻、吸水率低、抗压强度高的新型保温材料。

（2）增加保温层的厚度

要使建筑物整体达到节能50%~65%的目标，应根据建筑物耗热量指标及所选用保温材料的品种、屋面相关层次的构成，以及当地的室外计算温度，在确保室内湿度的条件下，通过计算增加保温层的厚度，以降低热量的损失。

（3）淘汰现浇水泥膨胀珍珠岩保温层和现浇水泥膨胀蛭石保温层

在20世纪七八十年代，很多屋面保温层采用了现浇水泥膨胀珍珠岩保温层和现浇水泥膨胀蛭石保温层，但此类保温层在施工过程中要加入大量的水分来进行拌和。据调查表明，这类保温层中的水分很难排出，有的甚至完工三、四年后去检查，保温层还是处于较潮湿的状态。由于保温层中存在大量的水分，使热导率增大，降低了保温效果，所以在进行屋面保温工作设计时，应淘汰此类做法。

（4）做好防水层，降低保温层内的含水率

渗漏水是屋面工程的质量通病。虽然《屋面工程技术规范》、《屋面工程质量验收规范》相继出台，大大改善了屋面渗漏水的状况，但是仍有不少的屋面渗漏水或雨水通过防水层进入保温层，使保温层内的含水量大幅提高。有试验表明含水量每增加1%，保温材料的热导率就要增大5%，从而降低了保温效果。所以要降低热量损耗就必须做好屋面防水层，以确保保温层的含水率相当于当地自然风干状态下的平衡含水率。

（5）采用吸水率低的保温材料

既然保温层所用材料的热导率与其含水率的大小有密切关系，而一些保温材料如水泥膨胀珍珠岩、加气混凝土板等保温材料，由于吸水率很高，容易使保温层的热导率增大。故在进行屋面保温工程设计时，宜选用一些吸水率低的保温材料，如沥青膨胀珍珠岩、聚苯乙烯板等。

（6）设置排汽屋面

设置排汽屋面的目的就是要将保温层内的水分逐步排入大气中，以降低保温层的含水率，使保温层

能达到当地自然风干状态下的平衡含水率，从而减少屋面部分的热量损耗，确保保温效果。

（7）采用生态型的节能屋面

利用屋顶植草栽花，甚至种植灌木或蔬菜，使屋顶上形成植被，成为屋顶花园，起到了良好的隔热保温作用。

种植屋面又分为覆土种植屋面和无土种植屋面两种。覆土种植屋面是在屋顶上覆盖种植土壤，厚度200mm左右，有显著的隔热保温效果；无土种植屋面是用水渣、蛭石等代替土壤作为种植层，不仅减轻了屋面荷载，而且大大提高了屋面的隔热保温效果，降低了能源的消耗。

六、寒冷地区住宅建筑节能措施

目前城市住宅的节能建设得到了充分的关注，但是寒冷地区住宅的节能、节地严重被忽略。针对寒冷地区住宅目前的现状，对其体型设计、围护结构保温、窗户设计、太阳能利用等方面进行分析，提出寒冷地区住宅节能措施，且对这些措施进行评价。

1. 寒冷地区住宅现状

目前城市住宅的节能建设得了充分的关注，但是，大部分市郊、村镇建房建设规划布局仍不尽合理，市郊、村镇农民建房分散无序，新旧住宅双重占地现象普遍存在。寒冷地区市郊住宅的建筑形式大部分均为独户平房形式，坐北朝南，每户附带一个院落。同时，寒冷地区市郊住宅围护结构保温性能差，节能、节地严重被忽略。目前寒冷地区市郊住宅的构造做法及其热工性能见表6-12。

表6-12　目前寒冷地区市郊住宅构造做法及其热工性能

名称	构造做法	总热阻 $R_0/$ [m² · K · W⁻¹]	总传热系数 $K_0/$ [W · m² · K⁻¹]
外墙	370m厚黏土实心清水砖墙； 20mm厚石灰砂浆抹面； 喷大白浆2道	0.63	1.59
屋顶	草泥渥黏土红瓦； 苇箔（或20mm厚木板）； 掾子、檩条； 空气层； 板条抹灰吊顶	0.57	1.75
窗户	单框双玻塑钢窗	0.37	2.7
	单层木窗	0.21	4.7

表6-12中的数据明显表明，目前寒冷地区市郊住宅围护结构的保温性能很低，而市郊住宅的建筑面积大，建设增长速度快，且市郊住宅建筑基本没有集中供暖，几乎全部是每户单独以煤炉或土暖器取暖。以煤为主要燃料，这势必消耗大量能源，造成环境恶化，对节能、节地均有不利影响。

建筑的能耗与诸多因素有关，如：围护结构的保温性能、体型系数、房屋的朝向等。要保证建筑的节能有效性，与建筑能耗相关的各因素必须综合考虑。本章着重从住宅体型、围护结构保温、太阳能利用等方面进行分析，提出适合寒冷地区市郊住宅的节能措施，以供有关人员参考。

2. 节能措施

（1）体型设计

体型系数是指建筑物围合室内所需与大气接触外包表面积（F_0）与其体积（V_0）的比值，用 $S = F_0/V_0$ 表示。由于建筑物内部的热量是通过围护结构散发出去的，所以传热量就与外表面传热面积相关。体型系数越小，表示单位体积的外包表面积越小，即散失热量的途径越少，越具有节能意义。

大量研究也证明，在其他条件相同的情况下，建筑物的采暖耗热量随体型系数的增大而呈正比例升高。寒冷地区市郊的平房住宅体型系数偏大，对节能、节地极其不利。虽然目前对市郊住宅的体型系数没有给出明确的规定，但在市郊住宅设计时，不能延续传统的住宅规划及住宅设计思想，应对这些住宅整体规划，合理控制建筑的体型系数，达到节约能源、节约土地、保护环境的目的。

目前，大部分寒冷地区市郊住宅均为三开间加一庭院的平房设计方法。考虑市郊住户的使用要求，寒冷地区市郊住宅可以规划为二层，每四户为一单元体，底层和二层各设两户，同样采用三开间，每户附带一个庭院的做法。在其他条件相同的情况下，对于三开间分别为 3.3m、3.6m、3.9m，总进深为9m，层高 2.8m 的住宅，其方案和新规划方案的体型系数与能耗比较见表 6-13。

表 6-13　两种方案体型系数及能耗比较

方案	层数	体型系数	四户外表面积/m²	能耗节约率/%
原方案	单层	0.77	814.8	—
新方案	二层	0.49	525	36

从表 6-13 中的数据看出，寒冷地区住宅采用新方案设计时，由于体型系数的改变，住宅散失热量的外表面积明显减少，能耗大幅度降低，在其他条件相同的情况下，能耗降低达 36%。这样，每年势必会节约大量的燃煤，降低冬季采暖费用。同时，由于减少供暖燃煤，可相应减少由于燃煤释放大量 CO_2、SO_2 等气体，减少对大气的污染，具有良好的环境效益。

另外，从耗材方面考虑，新规划方案可以节约大量的建筑材料。如果按建筑全寿命周期考虑，节约材料的同时减少了生产建筑材料所需的能耗，具有良好的经济效益。

（2）围护结构的外墙

在相同的室内外温差条件下，建筑围护结构保温隔热性能的好坏，直接影响到流出或流入室内的热量多少。建筑围护结构保温隔热性能好，流出或流入室内的热量就少，采暖、空调设备消耗的能量也就少；反之，流出或流入室内的热量就多，采暖、空调设备消耗的能量也就多。

从建筑传热耗热量的构成来看，外墙所占比例最大，必须对围护结构的墙体设计给予足够的重视。影响墙体热工性能的因素主要包括两方面，一是墙体选用的材料性能，二是墙体构造做法。目前大部分寒冷地区市郊住宅围护结构仍然沿用黏土实心砖，其热工性能完全不能达到节能的要求。

大量研究表明，单一材料的外墙，在合理的厚度之内，很少有能够满足节能标准要求的，发展复合墙体才能大幅度提高墙体的保温隔热性能。复合墙体有外保温、内保温和夹芯保温三种结构形式。寒冷地区冬季室内外温差较大，从传热的角度考虑，采用外保温墙体整体上是合理的，外保温做法综合技术及经济效益优越。同时，外保温墙体的设计、施工等技术都有比较成熟的经验，有许多国内外的经验可以借鉴，所以可以尽量采用外保温做法。但对于那些以煤炉或土暖气间歇供暖的住户，由于内保温做法室内加热时温度上升快，采用内保温效果较好。

考虑施工方便，保温层自重不宜太大，墙体总厚度不能太大而使房间的使用面积减少，以及就地取材的原则，外墙保温层宜采用聚苯乙烯泡沫塑料板、水泥珍珠岩板、岩棉板等轻质高效保温材料与黏土空心砖或其他砌块组合的复合墙体。墙体传热系数至少要达到 JG 26—1995《民用建筑节能设计标准（采暖居住部分）》规定的要求。

（3）围护结构的屋顶

屋顶不仅是建筑冬季的失热构件，而且是夏季受太阳辐射影响大的构件；同时，屋顶作为蓄热体对室内温度波动起稳定作用，所以，住宅屋顶的保温性能好坏，不仅直接影响住宅的能耗情况，而且直接影响居民的热舒适性能。对于寒冷地区市郊这种单层或两层住宅，屋顶散发热量所占比例更大，屋面的热损失约占整个房屋围护结构热损失的 30%，居民夏季受屋顶太阳辐射影响所占的比例大（平房为 100%，新规划的两层四户组合体为 50%），然而目前寒冷地区市郊住宅屋顶的传热系数为 1.75W/（m²·k）偏大。这势必造成大量的能量消耗，造成居民夏季室内热舒适性差。

增大屋顶热阻的主要措施就是采用保温材料作为保温层。综合各种保温材料的节能效果和经济性分析评价，寒冷地区住宅屋顶的保温材料宜选用聚苯乙烯泡沫塑料板、挤塑性聚苯板、水泥聚苯板、岩棉等轻质高效保温隔热材料。对于寒冷地区市郊住宅保温层宜设置在结构层之下。虽然目前没有对市郊住宅的节能作十分明确规定，但可以借鉴城市多层住宅的标准规范，寒冷地区市郊住宅屋顶的传热系数至少要满足 JG 26—1995《民用建筑节能设计标准（采暖居住部分）》规定的要求。

（4）窗户节能设计

窗户虽然在外围护结构表面中占的比例不如墙面大，但窗户的传热系数 K 远大于墙体的传热系数，所以通过窗户的传热损失却有可能接近甚至超过墙体。同时，当围护结构墙体和窗户的 K 值相差较大时，使它们表面之间的温差加大，而且 K 值小的窗户表面温度更低，增强了墙体和窗户之间的对流和辐射换热，从而导致其传热损失更大。

窗户的热损失主要包括通过窗户传热耗热和通过窗户的空气渗透耗热。因此，窗户的节能不仅要改善窗户保温性能，增加窗户的热阻，而且还要减少窗户冷风渗透和控制窗墙面积比。

JG 26—1995《民用建筑节能设计标准（采暖居住部分）》中规定不同地区多层住宅窗户的保温性能等级，寒冷地区市郊住宅可参照这一要求，例如：张家口市各方向窗户的传热系数 $K \leqslant 3.0\text{W}/$（$\text{m}^2 \cdot \text{K}$），其保温性能属于Ⅱ级。PVC 和木制单框双层玻璃窗的传热系数 K 可达 $2.2\text{W}/$（$\text{m}^2 \cdot \text{K}$）～$2.9\text{W}/$（$\text{m}^2 \cdot \text{K}$），其保温性能级别相当于Ⅱ级，但木制门窗有防火性能差、工业化程度低、木材翘曲变形严重、缝隙大等缺点。非断桥铝合金窗框保温差，传热系数 K 只能达 $4.3\text{W}/$（$\text{m}^2 \cdot \text{K}$）～$4.7\text{W}/$（$\text{m}^2 \cdot \text{K}$）相当于Ⅳ级，钢窗的保温性能约为Ⅴ级。从保温性能方面考虑，住宅建筑的窗户应优先选用 PVC 窗，禁止使用钢窗，特别是实腹式钢窗。

寒冷地区市郊住宅基本只在南向设置窗户，窗户也是得热体。如果采用具有空气间层的双层玻璃，内外表面温差由单层玻璃的 0.4℃ 上升到接近于 10℃，使玻璃窗的内表面温度升高，减少了人体遭受冷辐射的程度，所以采用双层玻璃窗，减少供暖房间的热损失以达到节约能源的目的，同时可以提高人体的舒适感。当双层玻璃的外层采用透明玻璃而内层采用吸热玻璃时，大量的太阳能透过透明玻璃而被吸热玻璃吸收，由于空气间层阻止热量向外散失，室内可获得大量的太阳能，达到节能的效果。当然，若把吸热玻璃设在外层，就会起到相反的效果。因此，在寒冷地区的市郊住宅中，窗玻璃应选择外层采用透明玻璃而内层采用吸热玻璃的双层玻璃，具有良好的节能效果。热反射玻璃是镀膜玻璃的一种，由于它反射太阳能，所以不适合在寒冷地区的住宅中采用。

窗户的气密性好坏对节能有很大的影响。窗户的气密性差，通过窗户的缝隙渗透入室内的冷空气量加大，采暖耗热量随之增加。因此，在保证室内人员生理、卫生需要的前提下，改善窗户的气密性是十分必要的。加强窗户的气密性，可以从以下几个方面着手：1）合理选用窗户所用型材，提高窗户所用型材的规格尺寸、准确度、尺寸稳定性和组装精确度，减少开启缝的宽度，达到减少空气渗透的目的。2）采用密封条、密封胶或其他密封材料、挡风设施，提高外窗的气密水平，减少渗透能耗。3）合理设计窗户的形式，减少窗缝的总长度。4）采用节能换气装置，把欲排到室外的热空气与进入室内的新鲜空气进行不接触换热，提高进气温度，减少换气能耗。

（5）太阳能利用

太阳能是一种洁净的可再生能源，北方寒冷地区一般都市太阳辐射能比较丰富，为寒冷地区市郊住宅充分使用太阳能提供了保证。寒冷地区市郊住宅可以采用太阳能热水器、被动式太阳能住宅。太阳能热水器已有较成熟的技术，但安装太阳能热水器要与建筑结合完美。被动式太阳能住宅可以采用在房屋南向设置阳光间走廊的形式。

3. 小结

目前，寒冷地区住宅在体型设计、围护结构构造、可再生能源利用等方面对节能、节地均不利，而市郊住宅在这些方面具有很大的节能、节地潜力。采用节能措施，不仅降低了能源消耗、改善了室内的热环境，而且在经济上是可行的，具有良好的经济效益、社会效益和环境效益。

第七章

绿色建材在绿色建筑中的应用

一、概述

1. 绿色建材的使用

建筑与装修材料、设备管材的生产和建设环节是建筑大量产生能耗和污染的环节。很多常用的建筑材料会对环境产生不利影响，如新鲜加气混凝土会散发氡气，人造板材有大量甲醛挥发。在我国城市化进程中，建筑大多采用钢筋混凝土结构，而水泥是高耗能、高污染、高 CO_2 排放的建筑材料，每建成 $1m^2$ 的钢筋混凝土建筑，将产生 $300kg \sim 400kg$ 的 CO_2，而且混凝土拆除物还会造成难以处理的废弃物。材料使用的不恰当在后期的使用和维护上带来很多的问题。因此，选用工业化成品或者可再生、循环利用的建筑材料，选取内含能源（embodiedenergy）低的材料，是减少 CO_2 排放，控制建设中、使用中和废弃后环境污染的一个有效途径。

在开发新材料的同时，强调建筑材料的地域性和原生态性。西班牙建筑师的 FOA 事务所设计的"竹屋"，选用当地临时建筑上常用的竹子作为外围护材料，尝试将这种临时性的材料和构造用在建筑的永久结构上，寻求寻常材料的不寻常使用方式，"在建筑中引入自然界的消亡和再循环"（扎拉波罗），试图使人造的城市逐渐向自然生态型转化。黄土高原地区的生土建筑维护结构主要是黄土直接加工成的生土材料，另外混入的麦草、芦苇等防止开裂。生土建筑具有施工简易、低能耗、便于就地取材等优势。生土制成的土坯砖造价仅为混凝土的 1/5，用它做成外围护结构可以使建筑室内获得稳定舒适的环境。另外，其加工制作过程也无需煅烧，污染很小，并且材料可以重复利用，甚至可以作为肥料在农业中使用。在内部装修材料的选用上，选择简单有效、能源消耗少、施工便捷而且可以调节室内微气候的材料，比如日本零排放住宅中采用消石灰壁纸作为墙面装饰，对室内湿度的调节起到了很好的作用。

2. 材料的高效利用

老子曾云："周行而不殆，可以为天下母。"绿色低碳建筑设计节材策略的直接经济效益来自建筑垃圾减排。

建筑与室内设计一体化，首先，可以减少构成建筑这个系统的要素，减少不必要的材料损失与能耗。其次，充分利用材料的特性，将材料性能与建造紧密地结合起来。采用高性能、低材耗、耐久性好的新型建筑体系，比如自重轻、可再生的钢结构构件，便于现场拼装搭建，可以减少施工环节与施工周期，节约施工成本，减少施工现场的材料浪费，降低废弃材料造成的污染。采用纸管结构与集装箱构成的 Papertainer Museum，考虑建筑拆除后的材料回收再利用，减少整体的生态影响（图 7－1）。汶川地震以后，刘家琨提出"再生砖计划"，利用破碎的废墟材料作为骨料，掺和切断的麦秸作为纤维，加入水泥、沙等做成轻质砌块，用作灾区重建材料。这种低技低价、就地取材的环保材料，既是废弃材料在物质方面的"再生"，又是灾后重建在精神和情感方面的"再生"。

控制体形系数可以有效地节省维护用材，降低物能投入。美国可再生能源最早的使用倡议者富勒专注于对有限的物质资源进行最充分合理的设计。在 Dymaxion 住宅设计中，他采用张力杆穹隆技术，近似于球形的外观完美地控制了体形系数，并且使结构体系与维护体系合二为一，在节约材料的同时，还免去了二次装修的材料消耗（图 7－2）。

图7-1 材料可回收利用的临时博物馆

图7-2 Dymaxion 住宅

3. 建筑空间的高效利用

空间的高效利用可以降低总体的面积需求。对大量的居住建筑而言，注重空间的充分利用，控制住房面积标准，必然降低建造的能耗。日本是一个土地资源贫乏的国家，其住宅设计中，往往将活动较频繁的空间作为枢纽来组织部分空间，以减少交通长度，达到节省空间的目的。

减少建造也是节约能源的有效手段。建筑空间再利用（reuse）是建筑进入良性循环的有效手段，是城市发展的契机。户型设计中考虑空间的灵活可变性，以及建筑随着时间功能变更的可能性，既延长了建筑的使用寿命，又减少了建造量及建筑垃圾的产生，是降低建设费用、节省能源的途径。

4. 建筑形式与能源消耗

建筑的形式对建筑使用中的能耗有很大的影响（图7-3）。在规模、体量、建造年代等基本接近、采用相同的空调设备系统的情况下，由于内部空间、建筑形式、窗墙比等的不同，两栋建筑的能耗相差会将近1倍。因此，从建筑的形式设计出发控制建筑使用中的能耗是一种简单有效的手段。

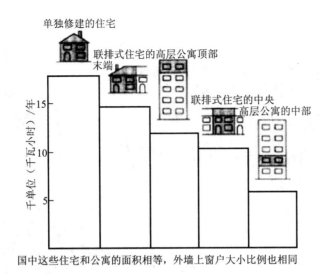

图7-3 住宅建筑形式与能耗之间的关系

5. 形式与气候相适应

中国文化从总体上非常关注自然之道，从气候因素出发确定建筑的形式。传统的民居往往通过天井、庭院等形式改善室内的采光与通风。印度建筑师柯里亚的建筑形式往往随气候演变，在干旱的地区采用水体院落，在湿热临海的地区采用"管式"住宅把烟囱拔风原理应用于剖面设计中，实现对室内微气候的调节，并产生了直接反映气候性的建筑形象（图7-4）。适宜的建筑形式可以节约电能，减少对机械通风与空调系统的依赖，为人们提供更高的舒适感。

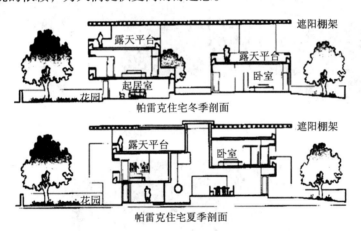

图7-4 "管式住宅"剖面

窗户是外围护结构中保温隔热的薄弱环节。公共建筑中玻璃幕墙大量采用，可开启窗扇的减少，在取得独特的造型及空间效果的同时带来了光污染，加大了能耗。因此，在满足采光的前提下，采用较小的窗墙比，采用中空隔热玻璃、铝制窗框及多种遮阳技术，对降低建筑运营中的能耗起到了重要作用。在以人工照明为主的公共建筑中，将采光形式与功能空间有机结合，还可以取得独特的空间效果（图7-5）。

造型多样的遮阳设施设计在改善建筑热工性能的同时对立面的可塑性帮助也不小。选择合理的遮阳方式，可以改善建筑表面对外部气候资源的利用，为建筑内部空间提供良好的气候环境。遮阳的方法有很多种，利用阳台、外廊等形体的凹凸变化形成的自遮阳，利用植物、建筑物之间相互遮挡遮阳，利用透光材料自遮阳，结合立面设计安装人工遮阳构件等，都是设计中可以考虑的方式。牵牛、葡萄藤、爬山虎等构成窗前垂直和水平遮阳，可以使有西向窗口的室内温度下降1℃~2℃。由诺曼·福斯特设计的马来西亚石油技术大学采用月牙形的高大挑檐在解决热带遮阳的同时提供了一个公共交流的空间，成为应对当地气候的一个具有独创性的方案（图7-6）。建设清华大学能源楼通过日照遮阳模拟、能耗预测分析和通风模拟组织的策略，确定建筑C形平面和阶梯状由北向南对称跌落的形态，并根据北京冬至和夏至正午太阳高度角设计遮阳系统。南侧退台遮阳板面层覆盖太阳能PV板，与配套设备构成太阳能发电系统，为中国城市建筑物温室气体排放的削减提供示范（图7-7）。

图7-5　美术馆的休息空间

图7-6　马来西亚石油技术大学

图7-7　清华大学能源楼

6. 墙体的构造形式与太阳能的利用

建筑物的墙体保温性能的好坏是影响建筑物节能指标的关键，是目前很多国家建筑节能开发的重点。墙体的颜色、材料、构造方式都会对建筑的能耗产生影响。

自伦佐·皮亚诺开创了建筑"双层表皮"以来，全世界大量办公建筑都运用这一技术进行节能化设计。随着新技术新材料的开发使用，建筑的外维护结构逐步从能量损失的系统变为吸收能量的系统。瑞士的 Domat/Ems 生态节能住宅墙体采用的 TWD 复合型材料，既可以在夏季阻挡热辐射，又可以在冬季吸收太阳能，具有很高的环境适应性。英国目前最大的光伏建筑项目 CIS 大厦在南向幕墙处采用多晶硅光伏材料，充分利用了太阳能提供建筑运营的能耗。

7. 屋面的节能设计与构建立体绿化网络体系

蓄水、架空、覆土种植屋面是目前比较常见的屋面保温隔热设计的方式。屋面绿化与墙体垂直绿化相结合，在美化建筑、充分利用雨水、遮挡东西向日晒的同时，水分的蒸发还可以净化空气，调节屋面及室内温度，缓解城市"热岛效应"。

大阪的 Namba Park 是一个购物中心与办公楼的综合体（图 7-8）。设计师借用"峡谷"的理念，巧妙地将楼层和花园结合在一起，建筑宛如一个斜坡公园，从街道地平面上升至 8 层楼的高度，精心设计的多层次屋面绿化打破了室内外的空间界限，使冰冷的商业空间生龙活虎了起来。植物每天生长，每天都在改变建筑的样子，给人以新的体验。

图 7-8　大阪纳波公园

8. 可再生能源的综合利用

建筑的低碳化发展建设依赖于多种技术手段。在高度节能设计的同时，优化能源利用方式、发展可再生利用能源、新技术新材料的开发与应用也是很关键的因素。

（1）节能系统的选择

建筑的能源消耗性存在地区差异性，应该根据不同地区的特点采取不同的能源利用方式。比如北方城市采暖能耗在总能耗中所占比重较高，对煤炭的消耗也最大，就需要考虑在加强保温设计的同时寻求开发新的替代能源，大量缩减碳排放。南方城市对电能的消耗比较高，在加强隔热、遮阳设计同时，采用能耗低的电气设备，考虑建筑的通风与地冷的利用。改善城市的能源结构，尽量使用清洁能源，是当前建筑低碳设计的必然趋势。

（2）可再生能源的综合利用

在建筑全寿命周期内，充分考虑可以再生的非化石能源，包括风能、太阳能、水能、生物质能、地热能和海洋能等，满足建筑与环境之间的辨证关系。

对太阳能的利用正在成为常规的能源利用手段。据悉，欧洲将开展太空太阳能电站实验，这个实验将收集太阳能，并通过红外线激光器，把能量传输给地球。上海世博会中国馆的屋面系统就安装了太阳能电池方阵，为一些设备系统和展厅照明提供电力。而对可再生能源的综合利用，更是建筑低碳化规划设计中发展的趋势。英国 Graylingwell 社区利用太阳能光电版和热电联产系统实现二氧化碳零排放，燃气热电联产设备不仅提供大部分的暖气和热水供应，而且能够发电，并将电能输送到电网或邻近的地块。建于瑞典马尔默西部旧工业码头区的"明日之城-BO01 住宅"，广泛利用太阳能、风能和地热。小区 99% 的用电依靠风力发电，15% 的供热依靠太阳能，85% 由地热供热，100% 利用地热制冷，是世界上第一个完整的具有一定规模的全部利用可再生能源的小区，为建筑、规划提供了可资借鉴的实例。

（3）新技术开发

1）变废为宝的水体开发利用理念。面对全球水资源的缺乏问题，节水策略应与水环境系统设计有机结合起来。室外的铺装注意水体的循环、蒸发、吸收利用，减少热岛效应，考虑水的分类使用、循环使用与节水设计，加强水体处理应用于景观、灌溉用水，降低城市耗水量，从而降低城市污水处理的能耗，减少污水排放对水源的污染，达到节能减排的目的。

利用非传统水源，将污水"变废为宝"。在天津公馆项目上成功应用"污水源热泵空调系统"，实现冷暖及生活热水的三联供，且该系统不产生任何废渣、废水、废气和烟尘，环保效益显著。正如中国工程院院士江亿所言："在具备污水的条件下，污水源热泵空调系统是目前最经济的热泵应用方式。"

2）建筑成为环境调节器。如果人工的建筑物在降低能耗、利用可再生能源的同时可以同步改善现有的自然环境，那将是一件两全其美的事情。日本的"零排放住宅"，外墙表面的装饰材料"TAF-CLEAR - E"超亲水涂料可以起到墙体自净、净化空气的作用。涂料中的"光解酶"成分，经过太阳照射后释放出的活性氧可以分解大气中的氮氧化物。这种像自然界的生物一样可以"呼吸"的建筑，让我们看到了在低碳设计的道路上，理念与技术相得益彰。

9. 低碳设计理念的推广与建立完善的后评价机制

通过政策法规的制定、专业机构的实施推进、经济杠杆的运用、设计师有目的地引导等手段进行低碳项目的推广，是行之有效的手段。一个理性的建筑设计过程加上一个具有延续性的环境性能评价过程，才能形成一个完整的循环。由评价提供的反馈信息最终可以转化为设计的优化策略。比如在新材料新技术的推广应用上，不能单纯地从感觉上判断节能的效果，而是要通过一个有效的评价机制，获得科学严谨的数据，从而在经济、环保等方面综合判断其应用价值。如太阳能光电转化装置，成本较高、回收期较长，在大量的居住性建筑中推广就较为困难。

10. 小结

绿色低碳建筑和低碳经济核心是能源技术和减排技术创新、产业结构和制度创新以及人类生存发展观念的根本性转变。中国的城市化、现代化进程还将持续很长的时间，只有选择节能减排的低碳发展模式，避免用孤立的眼光看待交通、污染、建筑、能源等问题，考虑整个生态系统的协同合作，建立建筑低碳排放体系，注重建设过程的每一个环节以有效控制和降低建筑的碳排放，并形成可循环持续发展的模式，才能有效解决城市发展中的各种问题。

绿色建筑始终是一门工程与艺术相结合的科学，在绿色建筑中贯穿生态设计的理念意味着在高新生态技术运用的同时，让技术和审美时尚相融合，根据具体设计所处的区域特征，在常规的设计中寻求调整的方法，以最小的投入换取生态效益的最大化。对文明的梳理，多学科的融入，在能源危机的时代中做出建筑师冷静的思考，将是未来建筑设计应对环境与资源问题的必由之路。

二、绿色建材在当代土木工程中的应用

1. 引言

建筑材料是土木建筑的基础，合理地使用建筑材料，充分发挥材料的性能不仅对建筑工程的安全、实用、美观、舒适等有重要影响，并且还会对自然环境产生很大的影响，因此，随着人们对环境保护和可持续发展越来越重视，绿色建材也得到了更加广泛的使用，成为了当代建筑材料发展的一大趋势。传统的建筑工程材料包括：钢材、木材、砌筑材料、气硬性无机胶凝材料等，其生产、利用及回收过程中会消耗大量的资源并且带来严重的环境问题，因此人们开始寻找既能满足材料性能要求，又不破坏环境并且能合理改善建筑环境的生态建材——"绿色建材"。绿色建材的首次提出是在 1988 国际材料科学研讨会上，1992 年联合国召开了环境与发展大会并于 1994 年成立可持续发展小组，随后国际标准化机构 ISO 也开始讨论和制定环境和谐制品的标准化（ECP），大大推动了国际绿色建材的发展。我国于 20 世纪九十年代开始了绿色建材的研究和宣传，并开始制定相关的标准。1999 年召开了首届全国绿色建材发展与应用研讨会，有力促进了我国绿色建材的发展。2005 年 10 月城乡住房建设部印发绿色建筑技术导则，GB/T 50378—2006《绿色建筑评价标准》要求：在建筑的全寿命周期内，最大限度地节约资源（节能、节地、节水、节材）、保护环境和减少污染，为人们提供健康、适用和高效的使用空间，与自然和谐共生的建筑，并制定了未来建材工业循环再生、协调共生、持续自然发展的原则。

2. 建材的定义、特性、分类及评价标准

绿色建材至今没有较为统一的定义，传统的定义为与生态环境相协调的建筑材料。1992 年国际学术界给绿色建材定义为：在原料采取、产品制造、应用过程和使用以后的再生循环利用等环节中对地球环境负荷最小和对人类身体健康无害的建筑材料。

不论对于绿色建材怎样定义，其一般公认有如下基本特征：

（1）在生产过程中，以高新技术为基础，尽可能少地使用天然资源和能源，大量采用尾矿、废渣和废液等废弃物。不产生过量的有毒有害物质或废料。不得使用甲醛、卤化物或芳香族碳氢化合物，产品中不得含有汞、铅、铬及其化合物。大掺量粉煤灰混凝土可以说是这个方面的一个例子。

（2）采用低能耗的制造工艺和不污染环境的生产技术。如环保型高性能贝利特水泥（C_2S 为熟料的主要矿物，含量大于 60%），其烧成温度为 1200℃ ~ 1250℃，节能 25%，CO_2 排放量减少 25% 以上。

（3）在产品配制和生产过程中，不得使用甲醇、卤化物溶剂或芳香族碳氢化合物，产品中不得含有汞及其化合物，不得用铅、镉、铬及其化合物的颜料和添加剂。

（4）产品不仅不能损害人体健康，还应有益于身体健康，具有多种功能，如抗菌、除臭、隔热、防火、防射线、抗静电等。如在建筑卫生陶瓷的釉料或涂料中加入少量 TiO_2 光催化剂、银铜离子型抗菌剂、稀土激活抗菌剂等可以制成具有抗菌、防霉功能的建筑卫生陶瓷或涂料。

（5）产品可循环或回收利用，不产生二次污染物。例如木结构建筑，低污染、可循环、环境友善。

3. 绿色建材常见的分类

（1）基本型。满足使用性能要求和对人体无害的材料，这是建材最基本的要求。在其生产及配制过程中不得超标使用对人体有害的化学物质，产品中也不能含有过量的有害物质如甲醛、氨气、VOC 等。

（2）节能型。采用低能耗的制造工艺，如采用免烧低温合成以及降低热损失，提高热效率，充分利用原料等新工艺、新技术和新设备，产品能够大幅度节约能源。如节能 20% 以上的保温材料等。

（3）循环型。制造和使用过程中利用新工艺、新技术，大量使用尾矿废渣污泥垃圾等废弃物以达到循环利用的目的。如日本用下水道污泥制造生态水泥、用垃圾焚烧渣灰生产陶质绿色建材等，产品可循环或回收利用率达 90% 以上，真正做到变废为宝，降低了对环境的污染。

（4）健康型。产品的设计是以改善生活环境提高生活质量为宗旨，产品为对人体健康有利的非接触性物质，具有抗菌、防霉、除臭、隔热、调温、调湿、消磁、防射线、抗静电、产生负离子等功能。

对于绿色材料的评价并没有统一的标准，一些国家采用 LCA（Life-Cycle Assessment）法，即寿命全

程评价法。LCA 是指一个产品从原料取得阶段开始到最终废弃物处理的全过程中对社会和环境影响的评价方法，将整个过程换算成 C 或 CO_2 的量进行计算，以开发利用环境负荷最小的产品为目的。日本于 1992 年环境厅组织研究环境负荷评价法之后，1992 年和 1993 年先后成立了日本 LCA 研究会，Ecomaterial 研究会。

因环境评价的需要发展起来的 LCA 法已发展到制定国际标准的阶段，并进一步研究评价与材料设计密切结合的能够指导绿色建材的设计。

4. 常见的绿色建材在绿色建筑中的应用

按照工程材料功能分类，从结构材料和功能材料两方面来介绍绿色建材在其领域的应用。

（1）结构材料。传统的结构用建筑材料有木材、石材、黏土砖、钢材和混凝土，现代结构用材料主要是钢材和混凝土。

1）木材、石材。这两种材料是自然界提供给人类最直接的建筑材料，不经加工或通过简单的加工就可用于建筑。木材和石材消耗自然资源，由于木材是可再生的永续材料，如果自然界木材的生长量与人类的消耗量相平衡，那么木材是最绿色的建筑材料。石材虽然消耗了矿山资源，但由于它的耐久性较好，生产能耗低，重复利用率高，可以说它也具有绿色建筑材料的特征。

目前能大规模取代木材的新型绿色建材还不是很多，其中应用较多的一种绿色建材是竹材人造板。我国是森林资源贫乏的国家，但我国的竹类资源十分丰富，素有"竹子王国"的美誉，因此好多人把竹材资源看作是替代木材的比较好的后备资源。

竹材人造板是以竹材为原料，经过一系列的机械和化学加工，在一定的温度和压力下，借助胶粘剂或竹材自身的结合力的作用，胶合而成的板状材料，具有强度高、硬度大、韧性好、耐磨等优点，可用替代木材作为建筑模板等。竹材人造板按竹片法可分为竹材胶合板、竹材集成地板、竹材集成材。按竹篾法可分为竹编胶合板、竹帘胶合板、竹篾层压板、竹材胶合模板。按竹材碎料法可分为竹材刨花板。按复合法可分竹木复合胶合板、竹木复合层积材、竹木复合地板等。

其主要物理性能有：①含水率低。②干缩，膨胀率较低。③密度小，约为 $715kN/m^3$，是混凝土密度的 1/4，砖墙砌体密度的 1/3，轻质高强。④导热系数约为 0.14W/（m·K）～0.18W/（m·K），低于黏土砖、混凝土，是冬暖夏凉的理想材料。

竹材人造板其力学性能与其他材料的比较见表 7-1。

表 7-1　竹材人造板力学性能比较

名称 力学性能	竹胶合板 40mm×250mm	竹胶合板 50mm×250mm	常用树种木材	C25 混凝土
静弯曲强度/MPa	95	81	13～17	11.9
弹性模量/MPa	14700	21900	10000	28000

由于竹结构具有如上所述的众多优点，作为绿色建材的竹材人造板在土木工程领域的应用前景广阔。

2）黏土砖。其能耗是比较低的，但它是以破坏良田为代价且是不可恢复的，可以说是最不绿色的建筑材料。20 世纪 90 年代开始限制使用黏土砖到如今黏土砖已禁止生产和使用。

黏土砖的绿色替代建材的主要发展方向是利用工业废渣替代部分或全部天然黏土资源的新型建材。

我国近年工业废渣年排放量近 10 亿吨，累计总量已达 66 亿吨，利用率却仅有 40%。而实际上绝大部分工业废渣均可作为黏土砖的原料，加以利用则可节约土地，节省能源，保护环境。如利用粉煤灰可生产粉煤灰烧结砖、粉煤灰蒸压砖、粉煤灰蒸压灰砂砖、粉煤灰硅酸盐砌块等。利用煤矸石可生产烧制实心砖和空心砖，采用蒸压养护又可生产煤矸石砖、煤矸石空心砌块，采用煤矸石作为骨料还可生产煤矸石轻骨料混凝土小型空心砌块等。利用尾矿类废料，如铁、铝、铜及各种稀土、非金属矿尾矿等，可作为原料生产砖、小型混凝土空心砌块、蒸压灰砂砖等。利用其他废渣，如炉渣、炼铁矿渣、钢渣、冶金化工企业排出的高炉水淬矿渣、电石渣、冶炼厂排出的赤泥等，通过采用不同的生产工艺，与其他材料相混合，可生产烧结砖、蒸压砖、加气混凝土、内外墙板等。

由于工业废渣来源丰富，其力学性能普遍优于黏土砖，并且可以满足不同使用环境的要求，所以具有广阔的应用前景。

3）钢材。表7-2为几种建筑材料生产过程中的环境性能比较，可以看出，耗能和环境污染物排放上钢材是最多的。

表7-2 几种材料生产过程中的环境性能比较

材料种类	强度/（N/mm²）	燃料能耗/（GJ/m³）	SO₂排放量/（kg/m³）	CO₂排放量/（kg/m³）	粉尘排放量/（kg/m³）
钢材	240	236	14	5	320
玻璃	30	56	3.2	—	—
黏土砖	7.5	11	1.8	—	9
灰砂砖	7.5	4.9	0.4	—	9
木材	14	2.4	28	—	—
混凝土	13	5	6.3	1.0	120

由于钢材的不可替代性，因此绿色钢材主要发展方向是在生产过程中如何提高钢材的绿色指标，研究发展新技术、新生产工艺，努力降低生产能耗，减少污染物排放，对生产过程中产生的废弃物资源化，加快钢材的绿色化进程。

4）混凝土。由水泥和集料组成，是复合材料。它的生产能耗主要是由水泥生产造成的。而传统的水泥生产需要消耗大量的资源与能量，并且对环境的污染较大，所以水泥生产工艺的改善是绿色混凝土发展的重要方向。目前水泥绿色生产工艺主要采用新型干法生产工艺取代落后的立窑等工艺。

现今土木工程使用的绿色混凝土主要有低碱性混凝土、多孔混凝土、植被混凝土、护坡植被混凝土、透水性混凝土、吸收分解 NO_x 的光催化混凝土、生态净水混凝土等。其中应用较为广泛的是多孔混凝土。

多孔混凝土也称为无砂混凝土，它只有粗骨料，没有细骨料，直接用水泥作为粘结剂连接粗骨料，它具有连续空隙结构的特征，其透气和透水性能良好，连续空隙可以作为生物栖息繁衍的地方，而且可以降低环境负荷。多孔混凝土按其气孔结构形成的方式不同，又可分为泡沫混凝土和加气混凝土两大类。

多孔混凝土的主要性能有：①多孔轻质，由于孔隙引入大量空气（孔隙率达70%~80%），大大降低了材料密度。②保温隔热，多孔混凝土的导热系数明显低于传统建筑材料，其与普通混凝土导热系数比较见表7-3。③耐火隔音，多孔混凝土是一种极好的吸音材料，与实心砖墙相比，吸音能力大约是实心砖墙的5倍~10倍。④多孔混凝土具有很好的耐久性，其长期强度稳定。

表7-3 传统建筑材料与多孔混凝土性能对照表

种类	密度/（kg/m³）	导热系数/［W/（m·K）］	孔径/mm
红砖	1600~1800	0.34~0.81	—
普通混凝土	1900~2600	1.63~1.74	—
泡沫混凝土	300~1600	0.08~0.34	0.5~2
加气混凝土	300~800	0.11~0.23	0.1~0.8

多孔混凝土的主要品种有：水泥-石灰-粉煤灰加气混凝土、水玻璃泡沫混凝土、快硬低收缩泡沫混凝土、陶粒水泥泡沫混凝土、加气石膏陶粒混凝土、粉煤灰泡沫混凝土、耐热泡沫混凝土、泡沫塑料混凝土、地面用泡沫混凝土等。

（2）功能材料

目前国内外各种功能材料迅速发展，材料种类繁多，用途广泛，正在形成一个规模宏大的高技术产业群，有着十分广阔的市场前景和极为重要的战略意义。世界各国均十分重视功能材料的研发与应用，它已成为世界各国新材料研究发展的热点和重点，也是世界各国高技术发展中战略竞争的热点。在全球新材料研究领域中，功能材料约占85%。我国高技术（863）计划、国家重大基础研究（973）计划、国家自然科学基金项目中均安排了许多功能材料技术项目（约占新材料领域70%比例），并取得了大量研究成果。除了利用材料的某些特殊功能外，如防水、装饰、保温等，具有新功能的材料也不断涌现，主要包括储氢材料、梯度功能材料、智能材料、功能陶瓷材料、超导材料、信息材料、光学功能材料、功能复合材料、分离材料、生物医用等。

绿色功能材料主要体现在以下3个方面：

1）节能功能材料。如各类新型保温隔热材料，常见的产品主要有聚苯乙烯复合板、聚氨酯复合板、岩棉复合板、钢丝网架聚苯乙烯保温墙板等，这些产品具有很好的保温隔热性能。节能保温玻璃如中空玻璃、太阳能热反射玻璃等。

2）充分利用天然能源的功能材料。将太阳能发电、热能利用与建筑外墙材料、窗户材料、屋面材料和构件一体化，形成一种崭新的建筑材料，成为建筑材料发展方向。如太阳能光电屋顶、太阳能电力墙、太阳能光电玻璃等。

3）改善居室生态环境的绿色功能材料，如健康功能材料（抗菌材料、负离子内墙涂料）、调温内墙材料、调湿内墙材料、调光材料、电磁屏蔽材料等。

5. 绿色建材市场存在的问题

随着绿色建材应用的不断普及，绿色建材市场暴露出的问题也日益明显。这些问题主要表现在以下四个方面：

（1）无材不"绿"。由于国家和普通消费者对绿色建材越来越重视，许多建材厂商为了博取消费者的青睐，竞相打起了"绿色"、"健康"、"环保"建材的旗号，使得建材市场一片"绿色"。

（2）绿色建材认证和检测过程存在漏洞。虽然建材市场绿色建材产品很多，但大多鱼龙混杂，真正经得起检验的绿色建材并不算太多，据了解，市场上将近70%以上的建材无产品检验报告，而且大多是委托检测报告，缺少正规检测机构的检测。其次是认证不规范，目前国家在绿色建材认证和管理方面的相关法律还不完善是造成这一现象的主要原因。

（3）存在认识的误区。许多人把绿色建材和新型建材等同起来，绿色建材不等于新型建材。新型建材是相对于传统建材在能源资源消耗、环境污染破坏和材料性能、功能等方面的发展而提出的，而绿色建材跳出了节约能源、保护环境的范畴，从材料的全生命周期和可持续发展的角度对建材进行定义。新型材料从全生命周期考虑不一定绿色，而传统材料也不一定不绿色。

（4）绿色建材行业缺乏良好的发展环境。绿色建材与建筑、施工、建材等行业是密不可分的，由于绿色建材发展的法律法规不完善，各行业间缺乏协调合作，没有统一的规划，缺乏约束力。

针对以上四个方面的问题，为营造良好的绿色建材市场环境，应着力从法律和政策上严格规范绿色建材的生产、认证、检测、销售和使用的各个环节。加强信息宣传，普及绿色建材基本知识等。绿色建材是实现建筑材料可持续发展的关键，因此，营造良好的绿色建材市场环境，促进绿色建材产业的健康发展迫在眉睫。

三、绿色建筑材料在绿色生态节能建筑中的应用

当前，以绿色大厦和绿色小区为代表的绿色建筑，主要指的是利用现代先进技术对楼宇、社区进行控制、通信和管理。如智能大厦是以综合布线为基础，结合楼宇自动化系统（BA）、办公自动化系统（OA）和综合通信系统（CA）等子系统实现现代办公和生活的理想场所。而智能小区则由小区网络通信、闭路电视监控、周界防范、可视对讲、小区一卡通、停车场管理、智能化物业管理、智能家居等子系统组成，以提供一个安全、舒适、便利的社区居住环境。

上述传统智能化技术的应用有诸多缺点。例如，这些基于电气自动化计算机技术的系统过于复杂，维护工作量大，且存在建筑物使用周期长而智能化技术更新周期短的矛盾。据报道，许多智能化集成系统建成后利用率低，甚至是闲置不用，从而不可避免地迅速贬值，进而成为负担。更重要的是，过分强

调现代通信电子技术的使用，带来建筑物的高能耗，直接提高了使用成本。比如北京、上海一些高档写字楼，由于使用能耗过高导致出租率、租金偏低。

要实现真正意义上的智能型建筑，不仅体现在建筑内部弱电系统的应用，还应把节能、环保、绿色、生态等发展可持续建筑的战略思想融入建筑的智能化建设中去，实现资源的有效持续利用，节能、节水、节地，减少废弃物，减低或消除污染，减小地球负荷，体现社会、经济、环境效益的高度统一。

所以，智能建筑的建设不应仅局限于建筑内部子系统，还应包括能源优化系统、生态绿化系统、废弃物管理与处置系统、水热光气声环境优化系统等，充分体现建筑与周围环境的协调关系以及自身的稳定性和可持续性，充分体现绿色建筑、节能建筑和生态建筑的思想内容。要实现上述目标是一个复杂的系统工程，这其中，基于智能建筑材料的开发应用是非常重要的一方面。

1. 绿色智能建筑材料

绿色智能材料是指模仿生命系统，能感知环境变化，并及时改变自身的性能参数，作出所期望的、能与变化后的环境相适应的复合材料或材料的复合。模仿生命感觉和自我调节是智能材料的重要特征。

绿色智能材料在建筑中的应用广泛，结构型智能建筑材料可对建筑结构的性能进行预先的检测和预报，不仅大大减少结构维护费用，更重要的是可避免由于结构破坏而造成的严重危害。本章讨论的功能型智能建筑材料，则主要体现在节能环保、绿色生态等智能化建筑元素中的作用。

以建筑中的功能元素之一的湿度调节为例，若使用当前的智能建筑技术，需要通过 HVAC（Heating, Ventilating, and Air Conditioning）系统实现，能耗很大。而一些建筑材料本身具有调节湿度的功能，可以充分加以利用。传统材料如木材的平衡含水率、石膏的"呼吸"作用，二者都可随空气湿度的变化吸收或放出水分。新开发的某些智能材料调湿作用更加明显，如下面讨论的调湿混凝土、生物相容转变材料等。

2. 混凝土

除水泥、水、砂、石及化学外加剂外添加第六组分，不仅可以改善混凝土的使用性能，一些特殊的功能型、智能型添加物以及一些特种混凝土，可提供特殊的绿色节能生态功能。

（1）电磁屏蔽混凝土

通过掺入金属粉末导电纤维等低电阻导体材料，在提高混凝土结构性能的同时，能够屏蔽和吸收电磁波，降低电磁辐射污染，提高室内电视影像和通讯质量。

（2）调湿混凝土

通过添加关键组分纳米天然沸石粉制成，可探测室内环境温度，并根据需要进行调控，满足人的居住或美术馆等建筑对湿度的控制要求，相比较于传统的利用温度湿度传感器控制器和复杂布线系统，使用和维护成本低。

（3）透水混凝土

具备良好的透水、透气性，可增加地表透水、透气面积，调节环境温度、湿度，减少城市热岛效应，维持地下水位和植物生长。

（4）生物相容型混凝土

利用混凝土良好的透水、透气性，提供植物生长所需营养。陆地上可种植小草，形成植被混凝土，用于河川护堤的绿化美化，淡水海水中可栖息浮游动物和植物，形成淡水生物、海洋生物相容型混凝土，调节生态平衡。

（5）抗菌混凝土

在传统混凝土中加入纳米抗菌防霉组分，使混凝土具有抑制霉菌生长和灭菌效果。

（6）净水生态混凝土

将高活性净水组分与多孔混凝土复合，提高吸附能力，使混凝土具有净化水质功能和适应生物生息场所及自然景观效果，用于淡水资源净化和海水净化。

（7）净化空气混凝土

在砂浆和混凝土中添加纳米二氧化钛等光催化剂，制成光催化混凝土，分解去除空气中的二氧化硫、氮氧化物等对人体有害的污染气体。另外还有物理吸附、化学吸附、离子交换和稀土激活等空气净化形式，可起到有效净化甲醛、苯等室内有毒挥发物，减少二氧化碳浓度等作用。

（8）再生混凝土

将废弃混凝土经过处理，部分或全部代替天然骨料而配制的新混凝土，减少城市垃圾，节约资源。

（9）温度自监控混凝土

通过掺入适量的短切碳纤维到水泥基材料中，使混凝土产生热电效应，实现对建筑物内部和周围环境温度变化的实时测量。此外尚存在通过水泥基复合材料的热电效应利用太阳能和室内外温差为建筑物提供电能的可能性。

（10）绿色高性能混凝土

在混凝土的生产使用过程中，除了获得高技术性能外，还综合体现出节约能源、资源，不破坏环境的宗旨。在概念上，绿色混凝土重点在于对环境无害，而生态混凝土强调的是直接有益于环境。

（11）绿色生态水泥

在水泥的生产过程中，通过改进生产工艺、更新设备、充分使用工业废料等手段，体现出节能、利废、保护环境的宗旨。

3. 涂料

自然界中的微生物环境给人类健康带来的隐患和威胁不容忽视，据 WHO 的统计数字显示，仅 1995 年因细菌传染造成死亡的人数就达 1700 万，前几年出现的 SARS 病毒使人们更加重视保健抗菌材料。

纳米材料因近似大分子水平的粒径，具有大比表面积、高表面活性，故化学催化和光催化能力强。以混凝土、涂料、玻璃、陶瓷、砖、板材或其他应用形式出现的纳米建材，可具备同时憎水憎油特性，将抗菌成分银、铜等离子及其化合物结合其中，使其依靠自身能量激活水氧产生活性，使材料表面具有自清洁防污、防霉、防毒、防雾防露、抗菌、净化环境等功能。纳米技术的发展为人们设计功能复合建筑材料提供了广阔的空间，以下介绍几种典型的应用形式。

（1）室外净化空气涂料

外墙涂料在阳光下曝晒后激活其中的光催化剂捕捉空气污染物，由于表面不易产生静电作用，抗污性好，易清洁，雨水也能够将被吸收的污染物冲刷。这类涂料在国外已进入实用阶段，如意大利 Ecopaint 产品，据称在 5 年使用周期内可大量吸收汽车尾气和有毒烟雾等有害气体。此类涂料的净化原理之一是涂料中的二氧化钛和碳酸钙球形粒子与多孔硅酮材料混合，通过紫外线把大气中的氮氧化物和硫氧化物等转变成硝酸和硫酸，从而被冲刷或中和。

（2）室内环境净化涂料

添加稀土激活无机抗菌净化材料，能够较好地净化 VOC、NO_x、NH_3 等室内环境污染气体，其净化原理与室外涂料类似。同时，在光催化反应过程中生成的自由基和超氧化物，能够有效分解有机物，从而起到杀菌作用。此外，利用表面二氧化钛的超亲水效应，使表面去污方便快捷。为充分发挥上述自清洁效果，也可把纳米成分用于瓷砖表面，使用在室内厨房、卫生间或内墙等部位，或用于玻璃表面，使用在汽车、建筑的采光玻璃上，使清洗变得容易。

（3）绿色乳胶漆

在组分中加入"可逆变光剂"、"复合高分子稳定剂"等复合材料，使产品可自动调节光亮度，自动适应环境。

（4）负离子功能涂料

增加室内空气中负离子浓度，产生具有森林功能的效果，吸收二氧化碳及有害气体，抑菌除臭。

（5）阻热防水涂料

其关键组分是有无数闭合腔体的微泡玻璃球，当用于金属表面时，可堵漏、隔热、防锈。当用于沥青表面时，可反射几乎全部的太阳能量，且增强沥青的抗老化性能。用于刚性防水屋面也能发挥极佳的防水隔热效果。此类产品当前有美国专利索士兰防水涂料、台湾快意断热胶等。

（6）露珠仙外墙涂料

仿生荷叶叶面微结构，利用荷叶效应产生自清洁效果，让尘埃易随雨水清除，同时抑制菌类、藻类繁殖，并具有防水、防紫外线、透气耐候性好等特点。

4. 玻璃

玻璃作为建筑采光材料具有不可替代性，玻璃及其深加工制品作为装饰装修材料的应用面正在逐年扩大，利用玻璃材料独具的光电特性制造的多功能材料将会在节能绿色建筑中扮演重要角色。除了传统的节能玻璃制作工艺如中空玻璃、吸热玻璃和热反射玻璃以外，近年来出现了很多的新技术、新产品。

低辐射（LOW-E）玻璃：附加一层金属氧化膜，可通过太阳辐射中的可见光，阻隔占太阳辐射能量49%的红外频谱部分，与普通透明玻璃相比，它可以反射40%～70%的热辐射，但只遮挡20%的可见光，与普通玻璃配合使用，组成双层中空窗，有很好的保温隔热节能效果。同时由于其对可见光的反射率低，被用于玻璃幕墙减低反射光引起的光污染。

智能玻璃：在不同太阳辐射作用下，能够根据需要改变遮阳系数，从而减少日射得热的玻璃。根据变色原理，可分成以下几种。

（1）光致变色玻璃。利用金属卤化物或光学变色塑料，当阳光中的紫外线越强，变色材料越暗，减少可见光通过，吸收热辐射。

（2）热变色玻璃。热变色材料会随着温度变化而改变其光学特性，受热引起化学反应或材料的相变，从而改变颜色，使太阳辐射被散射或被吸收。如在双层玻璃夹层中含有一层水溶性聚合纤维，由聚合物分子受热产生定向排列使透明度改变。

（3）液晶玻璃。分散液晶在电场作用下产生定向排列，改变透明度。如其中的针状液晶，通电时晶体水平排列，玻璃变透明，断电时晶体竖直排列，玻璃吸收散射太阳辐射。

（4）电致变色玻璃。通过低压直流电的驱动，使电变色材料（如W03）变暗，能够根据需要连续调光，同时能消除日照中99%的紫外线。

（5）电泳玻璃。双层玻璃面上有透明的导电涂层，中间充满悬浮液，当通电时，悬浮液中的黑色针状悬浮颗粒产生定向排列，改变透明度，根据电压大小也可连续调光。

上述各种智能玻璃的应用多侧重于减少太阳能对室内的热辐射，若从相反的能源利用角度出发，可使用德弗恩霍夫太阳能研究所发明的一种透光隔热材料，将阳光转变为热能，通过窗体导入室内，同时又能保护室内热量不向外散发，可有效节约冬季取暖能耗。

日本目前开发一种镶有发热玻璃的窗户叫"窗暖"，是在玻璃中熔入导电金属元素，通入小功率电流使玻璃发热，可防止冬季结霜，消除室内空气因受冷而向下流动，夏季阻挡红外线等。

5. 其他

（1）环保砖。一种使用形式是利用自身多孔结构和表面涂覆材料，有效吸收汽车尾气和一氧化碳等有害气体。另有一种"烧结型透水保湿路面砖"，用工业废料制成，具有良好的透水、透气性，实现环保加生态的双重效果。

（2）碳纤维电热板材。在吊顶板、墙板、地板或其他装饰板制作中加入碳纤维，通电辐射供暖，热效率高达100%，安全节能无污染，方便操作，散热均匀，温度可自由调节，是一种典型的智能化多功能板材。

（3）智能毯。用柔性聚酯膜材料作基层，上面喷涂照明、供暖、能量存储、信息显示等微元素粒子，利用有机光电太阳能电池供电，制成电子墙壁，提供变换多姿的装饰效果，其中的相转变材料可在白天蓄热，晚上供热。

（4）功能型高晶板材。传统的石膏板具有保温隔热装饰性好等诸多优良的功能特点，以及特殊的"呼吸"作用，即可以调节室内的空气湿度。在此基础上，在基本材料中加入富含银离子的纳米无机抗菌材料，或掺入负离子经化学反应增加空气负离子浓度，可起到杀菌、抑菌、除臭作用，有效用作内墙板、吊顶板、防火面板等。

（5）太阳能转换材料。太阳能利用是智能建筑的重要内容，除了传统的光-热转换，用光-电转换材料将太阳能直接转换为电能的太阳能瓦，将太阳能电池与建筑材料构件融为一体，体现太阳能与建筑的完美融合。此外，以可见光作光源，以聚合物光纤作转换材料实现光-光转换的光纤照明技术，可有效克服当前传统照明技术的耗能、辐射、易损、污染等缺点，应用前景广阔。

（6）TIM材料。一种半透明绝热塑料（Transparent Insulated Material），用保护玻璃、遮阳卷帘、

TIM层、空气层、吸热面层、结构层等制成复合透明隔热外墙，拓展了传统复合墙体的保温隔热功能，兼有采光、隔热、吸热、流通空气等作用。

（7）相转变材料（Phase Change Material，PCM）。利用相变过程中吸收或释放的热量来进行潜热储能的物质，具有储能密度大、效率高以及近似恒定温度下吸热与放热等优点，可用于储能和温度控制，在太阳能利用、废热回收、空调建筑物、调温调湿、保温材料等方面用途广泛。若作为开发智能建筑材料的功能元素，是一种很有前途的节能材料。PCM可与多种基本建筑材料结合，发展多种应用形式。例如可用于改善室内温度稳定性及空调系统工况的平稳性，从而提高热舒适性、节省能源，也可用于混凝土中制成具有温度自动控制和自动调节功能的智能混凝土，还可用于防止道路、桥梁、飞机跑道等在冬夜结冰。如已开发的PCM恒温智能墙体材料和恒温智能水泥砂浆，能够提高墙体蓄热能力，增强夏季隔热和冬季保温效果。清华大学研制的超低能耗示范楼中围护结构采用PCM作蓄热体，在冬季白天储存由玻璃幕墙或窗户进入室内的太阳辐射热，晚上向室内散发，使室内温度波动不超过6℃。

6. 小结

随着时代的发展，建筑物的智能化建设会愈加深入，智能建筑的内容与涵义随着科技的发展不断延伸，其功能也在不断扩展，以满足人们日益增长的各种需要。具有关预测表明，在21世纪中叶，建筑业将步入高科技建材时期，以聚合混凝土和强化塑料为代表的新型建材成为主流。当前，智能建筑材料已由设计阶段进入试验、实验、实用阶段，将各类智能材料有机组合在建筑物结构中，构建起一个个具有生命特征的绿色建筑物，成为未来绿色智能建筑的重要内容。

四、绿色建筑未来五大趋势

今天的建筑似乎拼命想要抓住环保设计的概念。从伦敦的生态建设到地球日，甚至是在夏纳，建筑业（至少在发达国家）的从业人员似乎都认为绿色建筑领域可以让他们有所作为。以下绿色建筑五大趋势是生态设计界讨论的焦点。

1. 垂直农场

没有比垂直农场更环保的了。联合国报告的数据显示，到2050年，世界人口预计将增加到91亿。联合国粮食和农业组织称，养活所有这些人意味着粮食生产要增加70%，我们需要在提高产量和扩大现有种植面积两方面并行。但是额外的可用种植土地分配不均，而且其中大部分只适合种植少数品种作物。那么，为什么不通过向上建筑来创造更多的农业用地呢？

2. 稻草

如今，稻草似乎是一些绿色建设者和设计者的可持续材料之首选。这种天然材料可广泛应用于不同的形式。在生态建筑师比尔·邓斯特（Bill Dunster）最新的家具设计中，运用了模得塞尔（Modcell）系统零售房屋预制板。模得塞尔（Modcell）实验室甚至有一系列的稻草车间。这些车间供那些计划用现成的农业副产品来修建房屋、学校和办公室的人使用。

StramitZED房屋是邓斯特与稻草板制作商英国斯壮密特（Stramit）公司合作生产的一种有2~4个居室配置的绿色生态住宅。这一住宅的所有类型都符合最新的永久性住宅和伦敦房屋设计指南标准。其设计是基于邓斯特的建案6级标准。其中，北安普顿的RuralZED是第一个符合6级标准的发展成果。这些房屋是由稻草板、威尔士木材和回收旧报纸绝缘板混合制成的箱子组合而成的。

其所需电能由太阳能光伏发电板和太阳能光热板提供，使用的剩余电量被卖给供电厂商。该建筑建造成本高达13.5万英镑，声称比建造一个标准6级房屋的正常成本低了2万英镑。

稻草捆也是模得塞尔（Modcell）零售方案的核心，其使用的是在建造地附近所租用的工作区或仓库内生产的预制板。这些预制板是通过把未加工的、当地采购的稻草灌注进可持续的木材组合成的面板框架后涂抹上保护性的石灰制成的。这种可立即投入使用的方案号称节能、经济、减少二氧化碳排放，并能有效缩短建造时间。

3. 相变材料（PCMS）

这些材料的优点在于它们既可以用来储存加热能源，又可以储存制冷能源。相变材料可以嵌进墙壁和天花板，吸收热量以帮助保持工作空间的凉爽，从而减少对空调的需求。

巴斯夫的相变储能材料已纳入 Racus 天花板瓷砖系统中，同时针对新建或改建项目而被应用——由基准相变材料发展而来。这种瓷砖含有一种特殊的蜡微胶囊。该蜡微胶囊在白天吸收并储存热量，因而从固态变为液态，而到了晚上，当气温下降，这种蜡微胶囊释放热量并恢复成固态。这种瓷砖系统已经应用于沃特福德的维多利亚式露台翻新项目中。

同样，杜邦公司提供的相变材料被称为 Energain。这一可在轻量面板中获取的材料用于把热质添加到轻型结构上。该公司称用该材料可降低室内温度高达 7℃，可提高空间舒适度并降低空调用电费用。

4. 蜜蜂和生物多样性

庞大的野生蜂群带来了越来越多的威胁，包括虫害和疾病（如瓦螨）。同时，日益减少的野生花卉不能为其提供足够的食物和寄居所。

养蜂所需的全部设施仅仅是一个小后花园或在迁徙时蜂群可抵达的一个屋顶。更重要的是，在城市园林、公园、铁路沿线和绿荫道上有种类丰富的植物。

这个想法并不像第一次听到时那样疯狂——这个世界对蜜蜂来说，最适宜的居住地可能是伦敦皮卡迪利福特南和梅森高级百货商场的屋顶。其蜂箱甚至具有独特的建筑风格和一些优雅的黄金点缀。

蜜蜂以城市中种类繁多的花园植物为食。这意味着，在城市中创造此类环境的重要性不仅仅体现在保护现有野生生物上，而且还会促进物种的进一步多样化和为蜜蜂提供更多的食物。帮助设计师和规划者考虑生物多样性和达到新法规要求只是拯救蜜蜂和我们自己免于灭绝的进程中的一小步而已。

5. 可持续材料

除了在市场中存在的由回收材料制成的数以百计的产品之外，金斯顿大学的研究人员正致力于在建筑行业使用那些已经应用在其他行业但几乎没有在设计和建筑业中使用过的可持续材料。

Rematerialise，一个集合了来自 15 个国家的 1200 种可持续材料样本的图书库正由金斯顿大学推出。这些材料被选择为那些资源消耗性材料的一种环保的替代品，包括本来会被运往垃圾填埋场的消费产生的、后工业化的废液、废料和垃圾。该图书馆拥有这些回收材料的可持续方面的属性信息、应用技术数据和当前使用案例。最近，该数据库作为零售商马莎百货新总部建造使用的适当可持续材料的参考资料使用。

五、智能玻璃可实现冬暖夏凉

据英国《每日邮报》2011 年 9 月 22 日报道，多名韩国科学家近日发表论文联合推出一款新型智能玻璃，韩国研发新型玻璃可瞬间转变感光性能，由它制造的家用窗户可以让民众以较低成本实现冬暖夏凉（见图 7-9）。

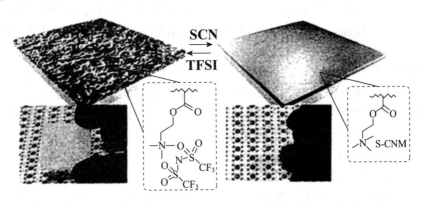

图 7-9 新型智能窗户系统所用材料的内部结构图

1. 自动转换透光度

这项科研成果的发明者林何新、祖郑何、金裕荣和李章桓，他们来自韩国崇实大学和韩国电子技术研究所。据他们介绍，当光照强烈、天气炎热时，这种智能玻璃会自动变暗，做到完全不透明；当阳光不足、天气较冷时，这种智能玻璃又可以在几秒内切换到完全透光的状态，从而使更多的阳光照射到屋内，利用太阳能给房屋供暖。

"据我们了解，现有的智能窗户都无法如此迅速地实现光学性能切换。"这些发明者在《美国化学学会纳米》杂志上撰文说，"通过管理照射到房屋内部阳光的多少，这种新型的光控制系统提供了一个节省取暖、制冷和照明费用的新选择。"

2. 更便宜、功能更强大

市面上现有的智能窗户产品往往价格昂贵、质量较次。这4名研究人员发现聚合物、离子膜以及甲醇溶剂结合起来可以生产出便宜、稳定且功能强大的智能玻璃。

日本日立集团推出了一款SPD智能玻璃，并称将把此玻璃用于制作家用窗户以及奔驰汽车新车型的车窗。新型智能玻璃的发明者表示，他们的智能玻璃能更加快速地转变感光性能，同时也可以更节能省钱。

六、百万吨建筑垃圾就地利用

深圳南方科技大学建成全国首个建筑废弃物"零排放"示范项目，城市更新改造产生的大量建筑废弃物何去何从？南方科技大学（以下简称南科大）拆迁建设项目给出了一个新答案：近100万t的建筑废弃物实现就地转化综合利用，创造综合效益近亿元。深圳市住建局有关负责人介绍，该项目是全国首个建筑废弃物"零排放"示范项目。

深圳市领导率有关部门到南科大建设工地现场调研，对这一建筑废弃物资源化综合利用项目给予充分肯定，要求在全市进行推广。

正在建设的南科大校区8号地块，在由建筑废弃物堆成的大"山"旁，伴随着阵阵轰鸣声，一座移动式的破碎机站正在工作，只见它前面"吞"进去大小不一的混凝土块，而从侧后方两个出口"吐"出来却是沙状的细骨料和稍大颗粒的粗骨料。

项目实施单位深圳市华威环保建材有限公司负责人介绍说，这些材料将被运至距离仅百米远的车间或其他施工现场，前者将被制成实心砖、空心砖等再生建材产品，后者则用于地面铺设基础材料，从建筑垃圾产生、处理、再生建材产品生产和应用全部在南科大校区建设工地现场封闭运行。目前，这里已有30余万吨的建筑废弃物通过这一方式实现就地转化利用。

据了解，建筑废弃物处理是现代城市建设和管理的一大难题。其综合利用传统模式是施工企业对建筑工程进行拆迁，并组织车辆将建筑废弃物运往建筑废弃物受纳场填埋。深圳市住建局建筑节能与建材处告知，南科大及深圳大学新校区前期拆迁工程中共产生近100万t建筑废弃物，按传统处理方式，南科大这批建筑废弃物全部外运填埋，需占用大量土地，而且影响城市环境。同时，大量的建筑废弃物的运输车辆还会给城市交通带来极大压力，不符合科学发展观和国家循环经济产业政策。

针对建筑废弃物，根据深圳市领导要求，深圳市住房建设局会同深圳市城管局、建筑工务署及南山区政府创新思路，招标引入建筑废弃物综合利用企业就地转化，进行建筑废弃物综合利用，通过现场移动式破碎，被制成再生骨料、实心砖、空心砖、彩色荷兰砖、透水砖、广场砖、植草砖、路沿石等15类绿色再生建材产品，这些产品全部将回用于南科大、深圳大学新校区的建设。

经测算，南科大建筑废弃物采用现场处理的方法，可节约土地资源约90亩；按建筑废弃物资源化综合利用转化率90%计，可减少天然砂石原料消耗60万m^3；可节省建筑废弃物外运及填埋的处置费用4000多万元，实现产值6000余万元。

深圳市住建局有关负责人表示，该项目是国内首个建筑废弃物就地绿色消化、再生利用的项目，建筑废弃物转化率达到90%以上。此模式的成功运作，将为深圳市城中村改造、光明新区和坪山新区以及前海片区大规模建设过程中产生的大量建筑废弃物的处理提供示范。

第八章

绿色工程应用实例

本章围绕绿色低碳建筑设计、建造、使用和维护，介绍了几个绿色建筑的工程应用实例，可供推广应用绿色工程参考。

一、【工程应用实例1】 世界首座光伏发电五星级酒店——会呼吸的建筑

高耸的建筑，富丽的房间，贴心的服务……从外表上看，保定电谷锦江国际酒店（图8-1）与其他豪华五星级酒店似乎并没有太大的不同。然而，如果从我国首座多角度应用太阳能玻璃幕墙发电示范项目的角度来了解这座被定义为"金属与玻璃的时装"的太阳能大厦，人们或许会得到更多的启示——光伏建筑一体化，原来科技可以这样改变我们的生活。

图8-1 采用光伏发电的电谷锦江国际酒店

1. "呼吸吐纳"的"活"建筑

坐落于河北保定高新区核心地带的电谷锦江国际酒店，远观像立体的"蓝精灵"。被定义为"金属与玻璃的时装"的这座太阳能大厦，是我国首座多角度应用太阳能玻璃幕墙发电的示范项目。形象地说，是一座"呼吸吐纳"阳光与电力的活建筑。

由于采用了不同的结构方式实现太阳能全玻组件与建筑一体化完美结合，电谷锦江已经成为世界上将不同太阳能组件应用方式与建筑结合的标志性建筑。在酒店内外，随处可见建筑节能和可再生能源技术的应用。在外围护结构方面，大厦屋顶采用了5cm挤塑聚苯板保温，外墙采用5cm厚挤塑聚苯板抹灰系统，外窗则采用低能耗中空玻璃铝合金窗。大厦外墙的五个不同方位安装了4500m² 太阳能玻璃幕墙，它不仅具有遮阳、环保、节能、隔音、美化建筑、结构牢固等特点，而且具有良好的透光性、可产生电能、降低工作及管理成本的优点。

据介绍，整个酒店的光伏发电总装机容量 0.3MW，年发电量 26 万 kW·h，全年可节约 104t 标准煤，减少二氧化碳排放量 270t，减少二氧化硫排放 2.3t，减少氮氧化合物排放 1t。而实际运营两年多来，酒店累计发电量达到 57 万度，实现二氧化碳减排 533.5t，相当于节省标准煤 228t。这种光电幕墙与建筑一体化的尝试、创新，在国内外尚属首例，不仅解决了制造、安装、技术等难题，而且突破了多项科研成果并取得了国家专利。

值得一提的是，太阳能发电将并入地方电网，是国内光伏发电的样板工程。

2. 让光伏发电实现"生命的意义"

对于节能减排，人们的注意力往往集中在传统能源的节约利用与新能源的开拓上。实际上我们身边静默矗立的建筑，更应该受到关注。在发达国家，建筑用能已占全国总能耗的 30% ~ 40%。

因此，如果能够将建筑与太阳能利用相结合，即光伏建筑一体化，对于钢筋水泥搭筑的建筑为人类社会实现可持续发展，显然有着重大的意义。

光伏建筑一体化，即将太阳能光伏发电方阵安装在建筑的围护结构外表面来提供电力。根据光伏方阵与建筑结合的方式不同，光伏建筑一体化可分为两大类：一类是光伏方阵与建筑的结合，光伏方阵依附于建筑物上，建筑物作为光伏方阵的载体，起支承作用。另一类是光伏方阵与建筑的集成，光伏组件以一种建筑材料的形式出现，光伏方阵成为建筑不可分割的一部分。

光伏建筑一体化的优势与好处，首先在于节省了空间，不需要占地兴建光伏电站，其次是可自发自用，减少电力输送过程的能耗和费用。同时，还能够节约成本，适用新型建筑维护材料，替代了昂贵的外装饰材料（玻璃幕墙等），减少建筑物的整体造价，并且在用电高峰期可以向电网供电，解决电网峰谷供需矛盾。而最重要的是杜绝了由一般化石燃料发电带来的空气污染。

另一方面，太阳能发出来的电是直流电，它的使用也分为离网、并网两种。离网系统一般需要用蓄电池将太阳能发出的电进行储存；并网发电则是将太阳能电力设备直接并入电网使用，这是一种经济、便捷的应用方式，代表着太阳能电力的应用主流，堪称光伏发电的"生命意义"。所谓太阳能并网工程就是通过专用的设备，将太阳能电池板发出的直流电转换成符合电网要求的交流电，实现太阳能发电的并网使用，经过升压后的太阳能电力可以达到与常规电力一样的要求，满足生产和生活需要。

由此可以看出，电谷锦江国际酒店的光伏并网工程，既是光伏与建筑一体化的成功结合，又将所发电力并入当地电网服务于人民，真正实现了光伏发电的最终意义。

3. 一体化的普及尚需时日

近年来，借助光伏产业的兴盛，我国在推广光伏建筑一体化方面做出了巨大的努力。仅 2009 年国家公布的金太阳示范工程补贴、光电建筑并网项目就占了 222 个，共 298.4MW。而 2011 年太阳能光电建筑应用示范项目补贴或将达到 10 亿元左右。

然而，尽管市场及产业政策均释放出了利好信号，但光伏建筑一体化的发展仍然存在着障碍。

首先，成本依旧略显高昂。尽管随着技术的发展，光伏发电的成本已经在不断下降。但就光伏建筑一体化来说，仍然不够廉价。目前，我国并网光伏发电系统的建设投资为 20 元/W ~ 25 元/W，虽然相比前几年已经大幅降低，但整体还是比较高，未来还需要从各个方面降低成本。

其次，整个关于光伏建筑一体化的政策还不完善。据了解，可再生能源在光伏发电上落实不力，全国已经建成的并网光伏发电项目仅有极少数可以拿到国家的上网电价。由于光伏发电不连续的特点，电力部门认为只是增加了电量，没有增加实际可调度的电力装机。对于电力部门关心的安全性问题、规模应用对于电网的影响、无功补偿以及电网调度等问题都还没有相应的标准和管理规程。

此外，还存在基本标准、规范和技术要求不健全、不配套等问题。生产光伏电池组件及配套蓄电池的企业，虽然都有较完备的产品检测制度和方法，但有的企业贯彻执行不够认真，进入市场的少数光伏产品没有商标及完备的产品说明书和安装使用手册。

二、【工程应用实例2】 深圳建科大厦——平民化的绿色建筑

深圳建科大厦（见图8-2）建筑功能包括实验室、研发设计、办公、学术报告厅、地下停车库、休闲及生活辅助用房等。曾获得国家第一批可再生能源示范工程、联合国开发计划署（UNDP）低能耗和绿色建筑集成技术示范与展示平台、深圳市可再生能源利用城市级示范工程、"十一五"国家科技支撑计划中的华南地区绿色办公室内外综合环境改善示范工程和现代建筑示范工程与技术集成平台。

图8-2 深圳建筑科学研究院办公大楼

1. 项目基本概况

建筑用途科研、办公，项目用地面积3000m²，总建筑面积18169.7m²，基底面积1120.36m²，容积率达到4，为典型的较高密度建设开发模式。覆盖率38.5%，地上12层、地下2层，建筑高度57.90m。

2. 设计背景

建科大楼是深圳市建筑科学研究院针对目前节能建筑高成本高门槛而自行策划、自主设计的科研办公基地，探索目前条件下切实可行的绿色建筑实现方案，对特定地域、特定条件下的绿色建筑做了很好的诠释。

将适应于夏热冬暖地区的各项绿色、节能、可持续建筑技术整合运用到一座实际运行的办公楼中，低成本建设形成可复制可推广的"示范"效应，推动南方地区的绿色、节能建筑的普及。

项目为联合国开发计划署（UNDP）低能耗和绿色建筑集成技术示范与展示平台、国家首批可再生能源示范工程、国家绿色建筑双百工程、国家"十一五"科技支撑计划之"华南地区绿色办公建筑室内外综合环境改善示范工程"、深圳市循环经济示范工程。

3. 构思特点

建科大楼规划设计将首层架空 6m，形成开放的城市共享空间。并在空中的第六层和屋顶层设置整层的绿化花园，标准层的垂直交通系统，也由开放的绿化平台相联系，共同形成超过用地面积 1 倍的室外开放绿化空间。

建筑功能包括实验室、研发设计、办公、学术报告厅、地下停车库、休闲及生活辅助用房等。整体建筑造型设计采用功能立体叠加的方式，各个功能块根据各自的特点、空间需求和流线组织，分别安排在不同的竖向空间体块中，附以呼应不同需求的建筑外维护构造，从而形成由内而外自然生成的独特建筑形态。

方案采用了"吕"字形的平面布局，有一定的东西错位。建筑室外压力场分布较合理的，分别在建筑迎背风面形成了"最高压力区"、"次高压力区"、"次低压力区"和"最低压力区"，并且是"最高压力区"与"次低压力区"，"次高压力区"与"最低压力区"两两对应，为室内自然通风创造良好条件。

4. 使用者的体现

建科大楼自 2009 年 4 月份投入使用，1 年来的使用记录表明建科大楼不仅提供了舒适健康的工作环境，在能源资源节约方面效果也十分突出。

在环境方面，对大楼使用人员的热湿环境、光环境、声环境及风环境感受调查结果表明，近 90% 的被调查者认为大楼办公环境较舒适。在节能方面，有显著的成效，为低碳绿色的办公生活做出了卓著贡献。

5. 绿色建筑的意义

建科大楼是在夏热冬暖地区探索切实可行的绿色建筑实现方案的综合尝试，项目贯彻了"本土化、低成本、低资源消耗、可推广"的绿色建筑理念，是实践绿色生活、绿色办公方式的重要基地。建筑从策划、选址、建筑形态、绿色技术综合到施工、行为设计、运营管理等全生命周期进行绿色实践。共采用 40 多项绿色建筑技术，相对常规建筑大楼每年可节约电费约 145 万元，节约水费约 5.4 万元。

建科大楼本着"开放、共享"的理念，建成投入使用短短 3 个月以来，已接待各界参观交流的国内外人士近 2000 人次。为推广绿色理念、宣传绿色健康生活做出了贡献。探索目前条件下经济实用、切实可行的绿色建筑实现方案。

6. 节水、节电说明

（1）节水

在深圳这样一个缺水型城市，我们采用雨水回收、中水回用、人工湿地、节水灌溉、设置节水器具、分质供水、场地回渗涵养等措施，以积极的态度为系统化节水技术的综合运用进行尝试。

（2）节能

太阳能光电利用方面，在屋顶结合屋面活动平台遮阳设置单晶硅光伏电池板构架。西立面结合遮阳防晒，采用双通道光伏幕墙。南立面和东立面局部安装多晶硅光电幕墙。太阳能光热利用针对不同太阳能集热产品的特性，分别采用半集中式热水系统、集中式热水系统、分户式热水系统等。

建筑屋架顶部安装 3 架微风启动风力发电风机，并对其进行监测，为未来城市地区微风环境风能利用前景进行研究和数据积累。

三、【工程应用实例3】杭州绿色建筑科技馆——集成十大先进节能体系

杭州绿色建筑科技馆设计建设依靠英国德蒙特福特大学、清华大学建筑节能研究中心、中国建研院上海院绿色建筑研究中心、杭州城建设计院等单位的专家团队，集成了国内外最先进、适用的建筑节能技术系统。其中包括被动式通风系统，尽可能多地利用屋顶自然采光和不需要耗能的日光照明系统，设计中使建筑倾斜形成建筑自遮阳系统，使用智能化自动调节的外遮阳通风百叶系统，环保合理的外围护系统，温度、湿度独立控制的空调系统，雨水收集、中水回用系统，能源再生电梯系统等，都是可以大量普及推广的建筑节能技术。

1. 项目概况

杭州绿色建筑科技馆（见图8-3）位于杭州市钱江经济开发区能源与环境产业园的西南区，占地面积1348m²（约2.02亩），总建筑面积4679m²，其中地上4218m²，地下461m²，建筑高度18.5m，地上4层，半地下室1层。

图8-3 杭州绿色科技馆立面图

该项目为科研、办公复合项目，其主要功能为科研办公、绿色建筑节能环保技术与产业宣传展示。其中地下室功能布局为地源热泵机房、消防水泵房、配电房等设备用房；地上一层为绿色建筑技术展览厅、小型报告厅、机房、接待室等；二层主要为科研办公和研究室；三层为科研办公用房；四层主要布置机房和活动室。项目于2006年3月立项，2008年9月开始土建施工，2009年12月投入使用。科技馆运用先进的绿色建筑设计理念，并采用了大量国内外最新的建筑技术，整合建筑功能、形态与各项适宜技术，通过绿色智能技术平台，系统化地集成应用了"被动式自然通风系统"、"建筑智能化控制系统"、"温湿度独立控制空调系统"、"节能高效照明系统"等十大先进绿色建筑系统体系。

中国节能投资公司杭州绿色建筑科技馆正式投入使用。科技馆采用大量国内外最新的建筑技术，集成十大先进的建筑节能系统，节能效率达到76.4%。中国节能投资公司借此探索我国夏热冬冷地区绿色节能技术的发展与应用。

2. 绿色建筑设计

（1）围护结构节能设计

建筑物整体向南倾斜15°，具有很好的建筑自遮阳效果。夏季太阳高度角较高，南向围护结构可阻挡过多太阳辐射；冬季太阳高度角较低，热量则可以进入室内，北向可引入更多的自然光线。这种设计降低了夏季太阳辐射的不利影响，改善了室内环境。

建筑物南北立面、屋面采用法国钛锌板，东西立面采用陶土板，这两种材料均具有可回收循环使用、自洁功能。建筑物门窗采用了断桥隔热金属型材多腔密封窗框和高透光双银LOW-E中空玻璃，使夏季窗户的得热量大大减少，空调负荷从基准建筑的41.71W/m²下降到了23.53W/m²，但对冬季的采暖负荷影响不大。

建筑物南立面窗墙比0.29，北立面窗墙比0.38，东立面窗墙比0.07，西立面窗墙比0.1。合理的窗墙比既满足建筑物内的采光要求，防止直射造成的眩光对室内人员产生不利影响，又不会造成较大的空调负荷，达到节能降耗目标。

坡屋面采用90mm厚岩棉板，传热系数达到0.49W/（m²·K），外墙采用75mm厚岩棉板，传热系数达到0.56W/（m²·K）；东、西向外窗、天窗为隔热金属型材多腔密封窗框，低透光双银玻璃，传热系数为1.91W/（m²·K）；自身遮阳系数0.29，气密性为4级，水密性为3级，可见光透射比0.57；南、北向外窗采用隔热金属型材多腔密封窗框，高透光双银玻璃，传热系数为2.27W/（m²·K），自身遮阳系数0.44，气密性为4级，水密性为3级，可见光透射比0.7。屋顶天窗采用XIR夹胶玻璃，提高保温隔热性。

南北立面窗采用智能化机翼型外遮阳百叶，该遮阳百叶长度 3.59m，宽度 0.45m，在机翼型百叶上按 23% 左右开孔率打微孔，孔径为 ϕ2.5mm，实现了遮阳不遮景，保持室内视觉通透感；控制光线强弱，有效降低建筑能耗；夏季控制光线照度及减少室内的热，冬季遮阳百叶的自动调整可以保证太阳辐射热能的获取。通风百叶利用烟囱原理，在被动式通风时自动打开，排走室内多余热量、降低室内温度及换气功能；在空调季节和大风、大雨时自动关闭；在发生火灾时，自动打开排走有毒浓烟。

（2）高能效的空调系统和设备

绿色建筑科技馆采用温湿度独立控制的空调系统，可以满足不同房间热湿比不断变化的要求，克服了常规空调系统总难以同时满足温湿度参数的问题，避免了室内湿度过高或过低的现象。

该项目的冷热源为地源热泵系统。本系统选用一台地源热泵机组，制冷量 127kW，COP = 6.15；埋地管 DN25 埋深 60m，共 64 根单 U 管。空调末端采用四种形式：辐射毛细管、冷吊顶单位、吊顶式诱导器、干式风机盘管。采用高湿冷源和空调末端除去室内显热负荷，采用水作为输送媒介，其输送能耗仅是输送空气能耗的 1/10 ~ 1/15。

湿度控制系统由四台热泵式溶液调湿新风机组、送风末端装置组成，通过盐溶液向空气吸收或释放水分，实现对空气湿度的调节。采用新风作为能量输送的媒介，同时满足室内空气品质的要求。每台热泵式溶液除湿新风机组的除湿量为 80kg/h，加湿量为 25kg/h，COP 一般在 5.5 以上。

（3）节能高效的照明系统

绿色建筑科技馆三层选用光导照明技术。阳光经采光罩聚集并直接折射到传输管道，光线沿着管道向零反射穿越房顶到达顶棚，最后经漫反射洒落在房间的每个角落。光线在管道中以高反射率进行传输，光线发射率达 99.7%，光线传输管道可长达 15m。通过采光罩内的光线拦截传输装置（LITD）捕获更多的光线，同时采光罩的设计可以滤去光线中的紫外线。

办公、设备用房等场所选用 T5 系列三基色节能型荧光灯。楼梯、走道等公共部位选用内置优质电子镇流器节能灯，电子镇流器功率因数达到 0.9 以上，镇流器均满足国家能效标准。楼梯间、走道采用节能自熄开关，以达到节电的目的。

（4）生态环境质量优化

屋顶设置风光互补发电系统，多晶硅光伏板 296m²，装机容量为 40kW；采光顶光电玻璃 57m²，装机容量为 3kW；屋顶光伏发电系统产生的直流电，并入园区 2MW 太阳能发电网。两台风能发电机组装机容量为 100W，系统产生的直流电接入氢能燃料电池，作为备用电源，实现了光电、风电等多种形式的利用。氢能燃电池工作原理是通过电解水的逆反过程，即氢气和氧气结合成水产生电这一过程，将化学能直接转换成电能。

（5）适宜的绿化技术

该项目在地块内结合实际情况铺设景观绿化。景观绿化采用大香樟、香樟、乐昌含笑、杜英、榉树、广玉兰、垂柳、大桂花、桂花、山茶花、水杉、雪松、黄山栾树、红白玉兰、樱花、垂丝海棠、红枫、红梅、碧桃、红叶李、紫薇、红槛木球、含笑球、枇杷、黑松桩景、无刺构骨球、南天竹、八角金盘、洒金珊瑚、小叶枸子、金丝桃、春鹃、夏鹃、丰花月季、金森女贞、金边黄杨、红叶石楠、茶梅、八仙花、矮美人蕉、鸢尾、花叶蔓、阔叶麦冬、玉簪、兰花三七、黄馨、红花酢浆草、白花三叶草、果岭草等乔灌乡土植物或适宜树种，通过乔灌草搭配，形成复层绿化形式，同种或不同种苗木高低错落，植后同种苗木相差 30cm 左右。在人行道区域铺设了透水地砖等，室外透水地面面积比为 56.7%，远大于 40%。

（6）建筑节水设计

该项目屋面雨水均采用外排水系统，屋面雨水经雨水斗和室内雨水管排至室外检查井。室外地面雨水经雨水口，由室外雨水管汇集，排至封闭内河，作为雨水调节池，作中水的补水。

雨水收集处理后进入人工蓄水池。人工蓄水池具有调蓄功能，尽可能消解降雨的不平衡，以降雨补水为主，河道补水为辅，保证池水水位。人工蓄水池作为园区景观水的基础，对湖水进行低成本处理，防止景观水污染。人工蓄水池的水作为补充水源，经处理后作为园区绿化用水、景观用水，进而深度处理消毒后作为生活用水。生活污水直接进入中水处理系统，处理后可用于室内冲厕、绿化用水等。

由于杭州地区降雨丰富，综合考虑环境周边可利用资源情况，以及生活废水排水水质和排水量，采用中水回用技术，实现所有生活废水处理，水量不足时采用雨水和河道水补充。主要工艺为生活废水经过中水系统处理后水质达到冲厕、景观绿化灌溉和冲洗路面要求，实现零排放。

建筑室内采用新型的节水器具，公共卫生间采用液压脚踏式蹲式大便器、壁挂式免冲型小便器、台式洗手盆等。所有器具满足 CJ 164《节水型生活用水器具》及 GB/T 18870《节水型产品通用技术条件》的要求。

该项目景观绿化灌溉用水来自处理后的中水，灌溉技术为滴灌，有效节约室外灌溉用水。通过利用雨水、废水、河道湖泊水等非传统水源，实现本项目非传统水源利用率达到 73.7%。

（7）智能化控制

该项目主体结构采用钢框架结构体系，现浇混凝土全部采用预拌混凝土，不但能够控制工程施工质量、减少施工现场噪声和粉尘污染，并节约能源和资源，减少材料损耗，同时严格控制混凝土外加剂有害物质含量，避免建筑材料中有害物质对人体健康造成损害，以达到绿色环保的要求。

屋顶为非上人屋面，其上设计有 18 个拔风井烟囱，用于过渡季节自然通风，南向东西两端的拔风烟囱顶部各自设置有 1 个直径 300mm 的垂直式风力发电机。因此该建筑不存在没有功能作用的装饰性构件。

该项目实现土建与装修工程一体化设计与施工，通过各专业项目提资及早落实设计，做好预埋预处理。若有所调整，则及时联系变更提早修正。各单位依据绿色施工原则结合自身特点制定相应绿色施工技术方案，指导项目施工，有效避免拆除破坏和重复装修。

施工单位制定了建筑施工废弃物的管理计划，将金属废料、设备包装等折价处理，将密目网、模板等再循环利用，将施工和场地清理时产生的木材、钢材、铝合金、门窗玻璃等固体废弃物分类处理并将其中可再利用材料、可再循环材料回收。

（8）室内环境优化

1）日照和采光。室内主要功能空间的采光效果较好。在遮阳板开启时，全楼采光系数大于 2.2% 的区域面积为 2353.21m²，占主要功能空间面积的 85.47%；在遮阳板闭合时，全楼采光系数大于 2.2% 的区域面积为 2254.82m²，占主要功能空间面积的 81.90%，均达到 80% 以上。本项目采用无眩光高效灯具，并设置智能照明灯控系统。

2）自然通风。采用被动式通风系统，其原理是：在凉爽的夏季夜晚和过渡季节，被动式通风系统开启，新风由半地下风道引入，通过竖向风道进入房间，带走室内热量的风汇集进入中庭，通过屋顶烟囱的热压拔风作用排向室外，提高了环境的舒适性，满足室内卫生和通风换气要求。被动式通风系统的开启可以有效减少室内的空调负荷，减少空调机组运行时间，达到节约能源的目的。而在室外温度或湿度较高的时刻，被动式通风系统关闭，利用建筑物的隔热保温性能，保持室内较低的温度或湿度。

3）主动通风装置。采用温湿独立控制的几种空调系统，空调冷热源为土壤源热泵和热泵式溶液调湿机组，具体空调末端为毛细管、干式风机盘管、冷辐射顶棚等。

考虑到大楼的使用情况，一层展示厅和报告厅使用的几率不是很大，为节约能耗，一楼展厅和报告厅的新风支管上设置了电动风阀。当一层展示厅和报告厅不用时，关闭全部新风阀，新风机组通过变频器使其在设定好的频率下运行。每台新风机组设变频器一台。

室内的湿负荷是通过新风来除去的，而每个房间送入的新风量严格按照建筑规定的人员数量确定。因此，在安排房间人员数时不允许超过设计人员数。另外，在空调季节，中庭和房间绿色植物做到尽量少放，且选用散湿量少的品种。

4）可调节外遮阳。南立面采用电动控制的外遮阳百叶，控制太阳辐射的进入，增加对光线照度的控制。东西立面采用干挂陶板与高性能门窗的组合，采用垂直遮阳，减少太阳热辐射得热，保证建筑的节能效果和室内舒适性。

（9）节能管理模式

杭州节能环保投资有限公司聘请其上级公司浙江节能实业发展有限公司下属的获取 ISO 14001 认证的物业公司对绿色建筑科技馆进行有效管理。结合建筑弱电调试，制定楼宇运行管理手册，明确节能、节水与绿化管理制度，并对建筑运营和工作人员进行有效管理教育，实现楼宇高效运行。

空调、照明系统采用智能化控制结合可自主调节的末端，实现有效节能，空调电气管线走线采用集中管井，便于维修管理。

对空调通风系统进行定期检查和清洗。对用水量、用电量进行分项计量，掌握各项能耗水平，对能源利用进行合理管理。

运营管理实施资源管理奖励机制，管理业绩与节约资源、提高经济效益挂钩，采用绩效考核，使得物业的经济效益与建筑用能效率、耗水量等情况直接挂钩。根据垃圾的来源、可否回收性质、处理难易度等对垃圾废弃物进行分类收集和处理，且保证收集和处理过程中无二次污染。将其中可再利用或可再生的材料进行有效回收处理，重新用于生产。

（10）智能化控制系统

1）温湿度独立控制空调系统。采用温湿度独立控制空调系统来分别控制和调节室内湿度和温度。新风经热泵式溶液机组处理后来承担室内湿负荷，毛细管以及干式风机盘管等显热末端承担室内显热负荷。该系统可满足房间热湿比不断变化的要求，避免了室内湿度过高过低的现象，以及常规系统中温湿度联合处理造成的能源浪费和空气品质降低。

2）自然通风系统。中庭共设立了 18 处拔风井来组织自然通风。室外自然风进入地下室经自然冷却后沿着布置在南北向的 13 处主风道以及东西向的 4 处主风道风口进入各个送风风道，在热压和风压驱动下，由布置在各个通风房间的送风口依次进入各个房间。

3）分项计量系统。通过对该建筑物各用能系统实时监测，掌握建筑总能耗和分项能耗情况，发现建筑物典型用能问题，从而改善系统运行，强化行为节能，并通过能耗计量系统客观反映节能技术和产品的实际节能效果，引导节能优化性管理。

同时，科技馆还采用了太阳能、风能、氢能发电系统。先进的楼宇自控系统，可达到智能控制，根据室内的温度和环境质量，自动调节各种设备运行，分项计量各种设备能耗，中国节能投资公司将根据这些实时测量情况对楼宇自控系统本身进行优化改进与研发。

此外，科技馆的建设还采用大量的节能环保材料，如建筑物南北立面、屋面采用的钛锌板，东西立面采用的陶土板，均属于可回收循环使用、具有自洁功能的绿色、环保型建材。建筑物门窗采用的断桥隔热金属型材多腔密封窗框和高透光双银 LE 中空玻璃，使夏季窗户的得热量大大减少，空调负荷从基准建筑的 $41.71W/m^2$ 下降到 $23.53W/m^2$。

科技馆采用集成的低能耗、生态化、人性化的建筑形式及先进的节能环保建筑技术产品，示范并推广系列的节能、生态、智能技术在公共建筑中的应用，被住房与城乡建设部列入建筑节能和可再生能源利用示范项目。

杭州绿色建筑科技馆，建筑主体向南倾斜，有利于夏季遮阳，但不影响冬季日照。同时北面采光良好。

该项目重点突出对江南地区适宜的被动式节能环保技术探索和示范，并通过智能系统与高性能机电设备进行整合联动，以实用技术打造超低能耗绿色建筑科技馆，实现节能环保目标。

四、【工程应用实例4】 深圳万科中心——躺着的"摩天大楼"

1. 项目概况

万科中心位于深圳市盐田区大梅沙海滨旅游度假区，西北临内环路，东南接人工湖，用地面积 $61729.7m^2$，总建筑面积 $121301.9m^2$，万科中心地下 1 层、地上 6 层，总高度为 35m，集会议展览、酒店、办公、休闲娱乐、商业为一体的地标性建筑（见图 8-4）。

图 8 - 4 深圳万科中心里面

万科中心始于设计团队提出的一个水平杆状空间的理念，化解了建筑形式和功能之间的必然关系，不再由功能决定建筑的形式，也就不再需要设计各种不同的功能来满足复杂的需求，而是让多元化的日常生活在建筑的各个功能单元中改变和演化。万科中心的设计概念最初解释为"漂浮的地平线，躺着的摩天楼"，万科中心表现出一种开放的姿态：建筑架空在开阔的场地之上，底部形成对流通风的微气候。同时，建筑物设置地抬起、转折、高低错落、场地起伏等，让人们体验在"路径"上穿越空间。

万科中心总部工程全方位采用绿色建筑技术，即项目场地开放性、景观绿地最大化、建筑低能耗设计、遮阳百叶、冰蓄冷技术、可再生能源规模化利用技术、能源监测技术、雨水规划设计、创新钢结构体系、清水混凝土技术、全过程室内污染物控制与室内环境保障技术等。

2. 绿色建筑设计内容

（1）项目场地开放性

万科中心项目将底层抬高，并根据因地制宜的原则充分利用当地风向特点，使建筑主立面与主导风向交叉，有利于增大建筑背迎风面压差，创造良好的室内通风环境。建筑群体周围人员活动高度1.5m处（为地形高度以上），人员主要活动区域的风速在1m/s～3m/s，由于地面层建筑由一系列散落式的交通核、门厅、餐饮吧、商店等构成，以保证底层绿地的最大化，绿地采用草皮与灌木结合，达到对小区的降温增湿效果，同时该架空设计可以保证建筑背风区域的空气新鲜，调节微气候（见图8-5）。

图 8 - 5 底部抬高，调节微气候

（2）景观绿地最大化

万科中心底层抬高，同时屋顶也进行了全部绿化，使景观绿地最大化。场地内大量种植本地抗旱植物，采用草皮与灌木结合复层绿化。

（3）建筑低能耗设计

1）万科中心外围护主要构造

①屋顶、架空楼板、地面和地下室外墙均采用挤塑板保温措施，其热工参数均满足《公共建筑节能设计标准》的规定性指标；

②屋面采用绿化屋面与高反射屋面；

③外墙主体部分采用新型墙体材料蒸汽加压混凝土砌块墙体；

④外窗采用高透遮阳型双银 LOW-E 玻璃，遮阳系数低于 0.42，透过率大于 0.6，室内可以在白天实现良好的自然采光；

⑤外遮阳采用铝合金可调遮阳板系统，遮阳板角度根据室外照度进行调整，自然采光与室内照明控制联动，最大程度地节约了空调与照明能耗；

⑥建筑外窗可开启面积不小于外窗总面积的 30%，建筑幕墙具有可开启部分。

2）照明系统

①局部照明与背景照明结合；

②使用工作专用灯；

③办公楼照明使用节能灯具，同时采用光控、红外智能化及分区等自动控制系统；室内照明功率密度小于《建筑照明设计标准》的目标值要求，平均功率密度为 $7W/m^2$。

3）设备系统

①万科总部采用冰蓄冷系统，空调制冷机组采用两台双工况螺杆主机，在额定制冷工况和规定条件下能效比可达 4.8；

②末端使用地板全空气送风系统；

③本项目采用新风热回收系统，并采用新风 CO_2 浓度控制。

（4）生态环境质量优化

万科中心采用新型围护结构系统减少能耗，在深圳乃至全国，首次将创新式的、能够自动调节的建筑外遮阳系统用于大型办公楼宇。万科中心从平面上看类似于"树枝状"，每一"枝"的朝向都不一样，有些完全朝北的面是不需要遮阳的。"树枝状"的设计有两个好处：一是遮阳不挡光（或少挡光），即在遮阳的同时减少对自然采光的影响；另一个是挡光不挡风（或少挡风），即在阻挡强光进入的同时减少对自然通风的影响。万科中心共有三种遮阳形式：一种是垂直固定，立面上留有错落的方孔，即千窗百孔的效果；另一种是水平固定，形成的是横线条的效果；第三种是万科总部的这一部分遮阳，采用的是电动可调的百叶。各种办公区或会议室可根据光线的强弱和角度自行调节所需要的遮阳效果。

（5）可再生能源利用

深圳地处华南地区，纬度较低，属南副热带季风气候。气温较高，日照条件良好，日照率较高。太阳能全天、全年分布均匀，全年约 80% 的白天具有采集太阳热能的条件，太阳能利用自然资源优越。因此本项目采用太阳能作为可再生能源利用。

该项目屋顶有总面积约 $1997m^2$ 的太阳能光电板，整个光伏发电系统的光电转换效率为 12.4%。发电功率总计为 272.7kW，年发电量为 280MW·h，可提供万科总部用电总量的 14%。另外，该项目的全部生活热水由太阳能热水系统提供。

（6）建筑节水的设计

该项目除部分广场区域外，全部采用渗透地面。根据现场条件，利用水景池收集屋面及周边雨水径流，在绿地区域建设低势绿地蓄积雨水，增加雨水下渗量；沿主干道铺设渗渠或渗管的方式收集道路及停车场等雨水径流，采用透水材料铺装道路及停车场。根据水量平衡统筹规划，在场地内设计了 $600m^3$ 的雨水收集池减少项目外排雨水量。径流雨水利用弃流装置、植被浅沟、低势绿地、植被缓冲带等截留雨水中的污染物。在道路雨水口、浅沟以及生物滞留设施溢流口，设置截污挂篮，减少污染物的排放量（见图 8-6）。

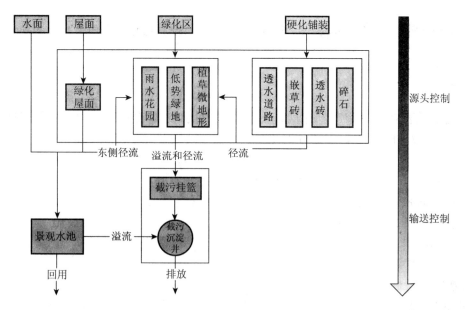

图 8-6 水系统规划流程图

利用人工湿地技术，收集利用建筑中水。人工湿地与雨水中水收集处理系统集成设计，中水系统收集项目区域内的生活污水资源经处理达标后回用于绿化灌溉、道路喷洒、景观水池等，与雨水资源相比，中水回用具有水量稳定，基本不受时间、气候影响等优点。

该项目所有用水器具全部采用节水设备，包括无水小便斗和其他超低节水率的器具，盥洗龙头采用流量为 1.9L/s 的感应龙头，同时按用途设置了用水计量水表，确保水量平衡。

（7）室内空气质量

建筑入口处采用门道截尘系统，在办公室等功能房间人员聚集的地方以及地下车库，安装 CO_2 和 VOC 传感器监测室内空气质量，该传感器与新风系统联动，一旦接近或达到不许可标准时，调整通风的新风量。

充分考虑了自然通风系统，各活动空间都能实现自然通风。为了确保室内环境质量，所有送回风口采用过滤器系统，达到了很高的空气质量控制标准。

空调系统采用地板送风，并可保证所有空间人员温、湿度可调。

（8）创新结构体系

从外观上看，万科中心将建筑主体抬升至距离地面 15m 的空中（上部结构跨度最大达 50m，最大悬挑 20m），在底部留出了开阔的地面空间。为了以最佳结构实现"漂浮"概念，采用"混合框架+拉索结构体系"，利用主动预应力拉索和首层钢结构楼盖承担上部 4~5 层混凝土框架结构，将重力传递至落地筒体、墙、柱，为世界首创。

（9）建筑节材的应用

万科中心总部立面及顶棚采用清水混凝土饰面，节约建筑装饰材料。万科中心总部办公家具等材料采用大量的快速再生材和 FSC 认证木材（竹材）。

3. 绿色建筑设计小结

该项目大量应用了节能、节水、节材、节地和环境保护等技术措施，在建设绿色建筑和推广应用循环经济技术方面起到了示范作用，多项技术的难度、集成度和规模在深圳地区都属首次。绿色建筑将可持续发展的理念贯穿于规划设计、建筑设计、建材选择、施工及运营管理等全过程，将会营造出人与自然、资源与环境、人与室内环境的和谐发展。

五、【工程应用实例5】科技节能住宅——郎诗国际街区

1. 规划设计

（1）项目简介

朗诗国际街区位于南市京河西新城南部，总用地面积为 15.75 公顷，地块被两条规划道路分割成从北向南连续的 B1、B2、B3 三个区域，分别命名为"西欧区"、"北美区"、"亚太区"。

（2）主要经济指标

1）地上总建筑面积 28.35 万 m^2，总户数约 2200 户；

2）居住面积 26.87 万 m^2；

3）公建配套面积 1.48 万 m^2；

4）容积率 1.8；

5）建筑覆盖率 22%；

6）绿化覆盖率 40%。

2. "风车式"围合

（1）通过板式单体的"风车式"围合布局，营造了一个超乎想象的居住空间，栋距基本超过 50m，最大超过 100m。

（2）通过点缀布置的 18 层住宅（约占 35%）与多层住宅（约占 65%）共同构建了一个在平面和空间上都富有节奏、充满韵律的完美作品郎诗国际街区，其平面布置（见图 8-7）。

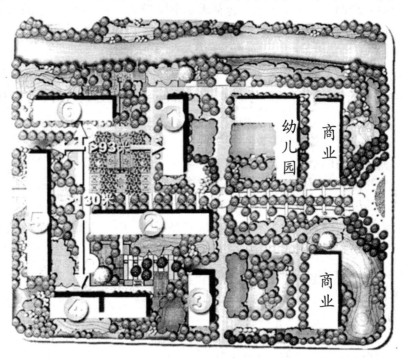

图 8-7　郎诗国际街区平面布置图

六、【工程应用实例6】张江集电港总部办公中心改造装修项目

张江集电港总部办公中心（见图 8-8）是绿色生态改扩建工程，对既有建筑的节能改造和绿色建筑的推广都有积极的意义。

工程性质：办公楼改扩建工程。

工程投资：6974.77 万元。

用地面积：7972.6m²。

建筑面积：23710m²。

结构形式：框架结构。

开发与建设周期：1年。

项目采用的活动铝合金外遮阳、绿化种植屋面、双层呼吸式幕墙、太阳能光伏建筑一体化、地源热泵系统都有很强的应用和推广价值。该项目采用的生态建筑数据采集、监测和展示系统为进一步进行绿色生态技术的研究的改进提供了基础研究数据和实际运营经验。绿色建筑系统为引导人的行为节能做出了尝试和探索，有很强的借鉴作用。

图8－8 张江集电港总部建筑效果图

1. 项目简介

张江集电港总部办公中心项目位于上海浦东张江高科技园区东部扩展区——集电港二期东块内，该区域属"聚集张江"宏伟战略的核心区域，原本为六栋单体建筑，属于张江集电港二期五组团，经扩建后形成A楼、B楼、C楼、D楼、E楼、F楼和A＋B楼之间新建中庭，C＋D楼扩建区（多功能厅、休闲餐厅、展厅）及新建连廊等几部分组成的办公中心。项目用地面积为30027.8m²，总建筑面积为23937m²，绿化率达到44%。

张江集电港总部办公中心是张江高科技园区的管理和服务中心，为园区建设营造出"创新之家"、"服务之家"和"健康之家"的创业氛围，园区最终将建设成为国家自主创新示范基地，具有国际竞争力的科学城。办公中心结合自身条件，综合国内外先进生态技术，将建筑、景观设计融入到园区的生活和工作环境中，创造节能健康的高科技生态园区。

建筑单体完全保留了原设计所建成的立面形式，使改建后的形式与周边环境协调一致。通过加建连廊及插入体，使六栋楼成为单体鲜明又方便使用的整体项目。晶莹剔透错落有致的建筑形体与曲折连续的生态长廊，成为园区温馨的"创新地标"。

2. 绿色建筑设计项目

（1）节能与能源利用

包括建筑节能设计、高效能设备和系统、节能高效照明、能量回收系统、可再生能源利用等。

（2）围护结构节能

1）外墙。由于是改扩建项目，为了不破坏原有外立面，采用30mm挤塑聚苯板内保温改造，热桥部位加强处理，保温层向内延伸1m，平均传热系数0.87W/（m²·K）（见图8－9）。

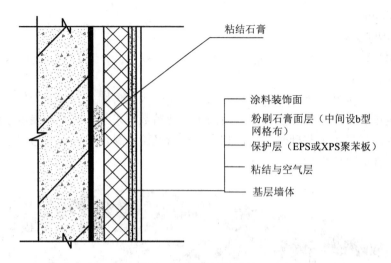

图 8-9 围护结构设计

该工程为改扩建项目，外墙主体及饰面已经施工完毕，为了不破坏原有建筑的外饰面，采用安全性高、维护成本低、使用寿命长、变温方式快的外墙内保温体系。通过热工计算，选用厚度为 30mm 的挤塑聚苯板，挤塑聚苯板导热系数为 0.03W/（m^2·K），是外墙保温材料中性能比较好的材料，外墙主体传热系数达到 0.86W/（m^2·K）。本工程为玻璃幕墙体系，且为内框架结构，因此由钢筋混凝土形成的外墙热桥部位并不多，仅出现在部分外墙与屋顶、楼板、阳台连接的部位以及框架柱。考虑到内保温对热桥的割断作用较差，为了避免建筑热桥，在柱、梁、楼板等热桥部位加强处理，基于二维稳态传热计算的方法（该方法与现行的 ISO 标准一致，能够比较好地反映热桥的传热影响），经过节能软件计算，改造后外墙主体传热系数达到 0.724W/（m^2·K）（见图 8-9、图 8-10）。

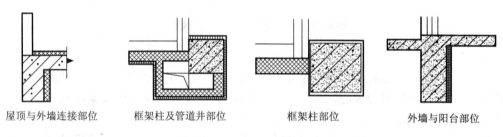

屋顶与外墙连接部位　　框架柱及管道井部位　　框架柱部位　　外墙与阳台部位

图 8-10 保温节点详图

2）屋面。本项目的屋面分为两部分，一部分是原有建筑结构屋面，已经采用了 25mm 厚的挤塑聚苯板做保温，改造时又将此部分屋面改造为佛甲草种植屋面，加强了屋面的保温隔热作用，使整体屋面传热系数小于 0.60W/（m^2·K）；另外一部分是新建中庭的玻璃采光屋面，此屋面设计为集太阳能发电（BIPV 构件）、采光、铝合金活动遮阳、流水景观为一体的智能生态屋面，夏季通过遮阳和水冷却采光屋面，冬季遮阳打开让阳光射入中庭。

3）外窗及玻璃幕墙。原有玻璃幕墙采用智能控制铝合金百叶活动外遮阳，夏季百叶闭合时遮阳系数可以达到 0.2。新建中庭部分采用双层呼吸式幕墙，夏季外层通风百叶打开外循环利用对流散热，冬季通风百叶关闭形成封闭温室保温，过渡季节里外层百叶全部打开加强建筑的自然通风，同时双层内设活动遮阳百叶，幕墙整体传热系数 1.8W/（m^2·K），百叶闭合时遮阳系数也达到 0.2。

（3）高效设备和系统选用

高效能设备和系统：A 楼、B 楼设置一套中央空调系统，生态中庭设置一套中央空调系统，两套中央空调系统主机均采用土壤源热泵机组，C 楼、D 楼、E 楼、F 楼采用可变冷媒多联机系统，电梯全部采用节能型产品。

（4）照明节能系统

项目新建的中庭和多功能厅都采用节能灯具，功率密度达到了《照明设计标准》中目标值的要求。主要计算值如下：普通办公室和会议室照明功率密度小于 9W/m^2，总经理（副总）高档办公室照明功率密度小于 15W/m²，负荷均达到《建筑照明设计规范》中目标值的要求。

（5）能量回收系统

各大楼办公、会议室、餐饮区域采用风机盘管加新风系统。新风处理用全热交换器，新风与室内排风进行热交换后送至室内，大楼平时排风经全热交换器进行全热交换后排至室外。

（6）可再生能源利用

太阳能光伏发电。本项目共设置 41.88kWP 的太阳能光伏组件，在中庭采光顶采用光电幕墙，按 2000mm×1000mm 尺寸设计，共 84 片，约 15.96kWP。剩余容量在 A 楼、B 楼屋面采用传统的支架式光伏组件，屋顶光伏发电系统满足"零能耗"中庭全部用电负荷。

地源热泵系统。根据负荷实际需求量，采用地源热泵系统设计容量 A 楼、B 楼 700kW，中庭 100kW，即满足冷/热负荷的设计要求，又方便调节。该项目 A 楼、B 楼系统设计 154 个孔，埋深 80m，孔径 130mm～150mm，孔间距为 4m；中庭设计 27 个孔，埋深 65m，孔径 130mm～150mm，孔间距为 4m，系统采用单 U 埋管形式。

（7）节水与水资源利用

1）水系统规划设计。给排水系统利用市政余压供水、变频供水、管网防漏保护。

2）节水器具包括节水龙头、节水型坐便器等。

3）非传统水源利用人工湿地污水处理系统，实现卫厕用水和食堂用水中水回用。本项目人工湿地可用面积约 260m²，人工湿地至少可提供 26m³/d 的中水，中水量可以满足厕所便器冲洗用水、小区绿化用水、洗车用水等的需求。根据《绿色建筑评价标准》的条文说明，冲厕用水占办公用水的 60% 以上，冲厕、清洗全部采用中水，因此该项目非传统水源利用率达到 60% 以上。

4）绿化节水灌溉采用喷灌方式进行绿化灌溉。

5）雨水回渗。本项目道路路面全部采用透水混凝土地面，铺设渗透性铺地材料，不透水的地面砖全部换成透水砖，通过透水砖的孔隙吸收雨水，并通过透水砖下面铺设碎石、砂砾、砂子组成的反滤层，让雨水渗入到地下去，补给地下水资源，停车场采用植草花格。

（8）节材与材料资源利用

1）建筑结构体系节材设计。新建建筑选用资源消耗和环境影响小的轻钢建筑结构体系，除功能设计外无任何大量装饰性建筑构件。

2）预拌混凝土使用。本项目采用预拌混凝土，并采用散装水泥，可减少施工现场噪声和粉尘污染，减少材料损耗和节约水泥的包装纸袋对森林资源的消耗，保护生态环境。

3）商品混凝土和商品砂浆。本项目全部采用商品混凝土和商品砂浆，商品混凝土 610t，商品砂浆总计 120t。

4）建筑废弃物回收利用。对施工所产生的垃圾、废弃物现场进行分类处理，直接再利用的材料在建筑中重新利用。该项目中旧建筑改扩建过程中产生的废弃物利用主要有如下几个方面：①旧钢材和丝网印刷的新材相结合，制成园林指示地图和景观指示；②旧材电箱背板和烤漆共同制成主要入口门庭等重要场所指示系统；③旧消防箱剪切板、T 型钢和新材玻璃，制成二期东块地图、张江地区地图和浦东地区地图。

5）可循环材料的使用包括：①本项目设计的建筑结构形式为混凝土框架钢结构，钢结构本身就是可循环利用的材料结构体系；②本项目大面积应用干挂石材、涂料地坪、亚麻油地毯等可再循环材料，可再循环材料使用量超过 20%。

6）可再利用建材。该项目为改扩建项目，改建部分拆除的建材进行了回收利用，回收利用的建材包括了空心砌块、钢筋、钢楼梯、不锈钢扶手、幕墙玻璃、桥架、门框、电缆，再利用建材的使用量占总建材总量的 8.9%。

3. 综合效益分析

（1）初始成本统计

该项目为改扩建工程，初始土建费用不计，初始投资成本包括新建部分土建、围护结构节能改造、生态技术成本。实际价格参见最终中标单位标书。经计算，项目总投资为 1.2 亿元。

（2）示范增量成本统计

示范增量成本概算主要包括太阳能光热、太阳能光电、地源热泵、种植屋面、活动外遮阳、呼吸式幕墙、人工湿地中水回用，各项技术应用的技术成本共计 1238.83 万元，单位面积增量成本为 541 元/m^2。

（3）节能效果分析

该项目改建部分和新建部分的围护结构采用较高标准设计，超过了《公共建筑节能设计标准》节能 50% 的要求。通过能耗分项计量数据分析可知，该项目建筑能耗 87.5kW·h/m^2，与上海同类办公建筑的平均能耗 130kW·h/m^2 相比，能耗低 32.7%。此外，项目还积极利用可再生能源，包括太阳能光伏发电、地源热泵、太阳能热水系统。光伏年发电量为 42263kW·h，中庭年能耗为 27584kW·h，故已实现了中庭零能耗的目标。

（4）建筑寿命周期成本分析

该项目为改扩建项目，土地、规划、建设成本相同，寿命周期成本主要考虑生态技术投资、设备更换和建筑运营能耗差异所引起的成本差异，其他相同的成本相互抵消，不计入寿命周期成本的统计和比较。寿命周期按照 50 年计算，生态建筑的全生命周期成本比原建筑节约了 54%。

（5）环境效益分析

该项目空调冷热源负荷采用清洁环保的地源热泵系统，生活热水采用太阳能光热系统承担，地源热泵系统和太阳能系统均属于清洁环保的可再生能源，大量节省了电能和化石燃料的使用，减少了废热废水和温室气体排放，减缓了城市热岛效应，节省了宝贵的水资源，具有极好的环境保护作用，使该项目真正成为生态、环保、绿色、与自然和谐的可持续发展建筑。

4. 绿色建筑设计

张江集电港办公中心是绿色生态改扩建工程，对既有建筑的节能改造和绿色建筑的推广都有借鉴示范作用。

该项目采用的活动铝合金外遮阳、绿化种植屋面、双层呼吸式幕墙、太阳能光伏建筑一体化、地源热泵、太阳能热水系统都有很强的应用和推广价值。本项目采用的生态建筑数据采集、监测和展示系统为进一步进行绿色生态技术的研究和改进提供基础研究数据和实际运营经验。

该项目的生态中庭设计，是国内首次尝试将"零能耗"（见图 8-11）付诸实际设计行动中的项目，不仅要保证室内的高舒适度，更要实现"零能耗"状态，对于中国绿色建筑探索低能耗、零能耗的研究具有积极的意义。

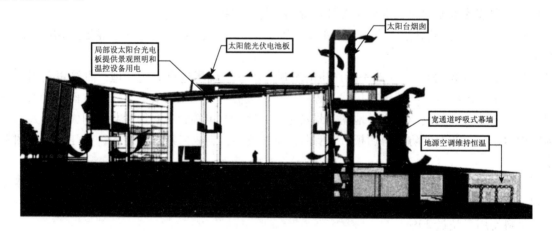

图 8-11　"零能耗"中庭技术分析图

七、【工程实例7】绿色建筑：苏州月亮湾建屋广场

1. 工程概况

该项目地块位于苏州工业园区独墅湖高教区艺苑路北、独墅湖东道路东，为月亮湾沿湖区域第一个开发的项目。该项目功能定位为办公、商业、SOHO公寓，主要工程为 2 幢塔楼，同时配套建设商业裙

房以及地下车库（见图 8 - 12）。

该工程总投资 51600 万元人民币，用地面积 21721.36m²，总建筑面积 111233m²，为多层钢筋混凝土框架结构。

图 8 - 12 苏州月亮湾建屋广场

2. 节能措施

该项目除部分空间采用分体空调及多联式空调系统外，其余部分冷源由市政集中供冷管道提供，冷冻水板换设置在地下机房，热源由市政蒸汽管道供给，汽水板换设置在地下一层机房。裙房 1～4 层区域采用全空气系统，办公塔楼的 5～16 层办公区域采用全空气变风量系统，办公室内区采用单风道节流型变风量末端，外区带电加热，17 层咖啡吧及 SOHO 塔楼的 5～24 层采用风机盘管加新风系统。

SOHO 公寓屋顶太阳能集热器 15 块，每平方米产热水（50℃）70L，提供 10% 热水量的太阳能集热器总面积为 105.4m²，实际太阳能集热器总面积 142.5m²。

该项目采用雨水收集回用系统，屋顶雨水采用内排水、外排水系统，室外雨水管排至室外散水，经雨水井收集后排入雨水检查井。项目设置中水回用处理站，处理量为 200m³/d，每天运行 20h，每小时处理量为 10m³。处理后达到 CJ/T 48—1999《生活杂用水水质标准》的要求，用于商场冲厕用水、道路冲洗、园林绿化等。建筑围护结构采用高性能的 LOW-E 玻璃和幕墙系统，减少太阳得热，又可获得较高的视觉透光率。塔楼西立面、南立面设置外遮阳板，有效控制眩光。

八、【工程实例8】蓝湾国际：荣膺福建首个绿色建筑

位于厦门市中心的地标性住宅项目——蓝湾国际（见图 8 - 13），获得了由国家住房和城乡建设部颁发的"一星级绿色建筑设计标识证书"，成为福建首个荣膺该项殊荣的住宅项目。定位为厦门市中心高品质人居典范社区的篮湾国际，于 2004 年就成功申报成为福建省唯一的"中国人居环境金牌建设试点"项目。在开发建设过程中，便注重"节地、节能、节水、节材、环境保护"五大方面的综合实践，从基础设施到工程建筑产品的构建，都融入绿色节能的精神原则，从减少建筑材料、各种资源和不可再生资源的使用，到绿色环保材料的利用，废物回收，减少污染物排放等，制定了一系列具体措施。在去年进行的"厦门市一、二星级绿色建筑评家标识评审"中，经评委会专家组评定，蓝湾国际的建筑规划和设计达到《绿色建筑评价标准》一星级水平。其中，建筑节能率、可再生能源利用率、非传统水源利用率、住区绿地率、可再循环建筑材料用量比等几个代表性评价指标均远高于国家规定标准。特别是建筑节能率一项，国家标准为 50%，而蓝湾国际已达 64.76%。作为开发商之一的金都集团，成立 17 年来一直致力于推动绿色建筑、科技节能住宅的创新实践。2008 年，金都集团制定了一套严格的绿色建筑管理体系——"金都绿色建筑推行实施体系"，从规划设计、施工建造、工程监理到园区生活服

务体系实现 Allgreen（全程绿色）。

图 8-13　蓝湾国际绿色建筑立面外景

九、【工程实例 9】绿色建筑：骋望骊都华庭

1. 项目简介

工程性质：该项目申报范围主要为中高层商品住宅，并配套物业管理用房、幼儿园、菜场、公厕、垃圾站等公建配套用房。

工程投资：工程总投资约 74864.2 万元。

用地面积：用地面积 42359.99m²，中高层建筑总面积 144215m²，整个项目的地下建筑面积为 65234.14m²（见图 8-14）。

图 8-14　绿色建筑骋望骊都华庭立面图

结构形式：本项目建筑采用剪力墙结构。

开发与建设周期：2010 年 3 月 9 日～2013 年 12 月 31 日。

2. 绿色建筑的主要技术措施

该项目位于南京市江宁区江宁大学城，响应国家发展绿色建筑政策，定位为国家绿色建筑三星级，并提出"有机住宅"理念，强调不对人与环境有害，同时追求产品品质和舒适度，打造项目为南京市江宁区新地标。该项目设计时，充分采用了适用于住宅的绿色生态和建筑节能技术，从节地、节能、节水、节材、室内环境质量、运营管理六方面力争达到绿色建筑三星级指标要求。

十、【工程实例10】苏州国际科技大厦绿色节能

苏州国际科技大厦（见图8-15）由中国节能投资公司下属旗舰公司——江苏长江节能实业发展有限公司鼎力打造。中国节能投资公司历经20余载节能科研，占据国内节能环保领域一流水平。苏州国际科技大厦秉承"聚合点滴、创生无限"的精神，领跑苏州节能商务。

图8-15 苏州国际科技大厦效果图

外墙一律采用EPS保温。EPS是一种热塑性材料泡沫，经过加热发泡以后，每立方米体积含有上百万个密闭气泡，内含空气体积为98%以上，由于空气的热导性能很小且又被封闭于泡沫中而不能对流，所以EPS是一种隔热保温性能非常优越的材料。

建筑采用全热交换新风系统，新风在进室前可以选择过滤、灭菌及预热处理。预防传统空调污染而给人们带来的空调疾病，降低室内能耗。

2008年北京奥运会部分场馆的日光照明赞助商索乐图日光照明，采用国际专利级技术，为苏州国际科技大厦贡献纯正的日光照明，全面降低光源能耗、污染，提高工作效率。

针对商务写字楼能源消耗所占比重最大的空调能源消耗，直流变频多联机空调系统的采用，不仅具有节能、舒适、运转平稳等诸多特点，而且各房间可以独立调节，费用分户计量，满足不同房间不同空调负荷的要求。

选择苏州国际科技大厦，选择健康、舒适的工作环境。资料表明，节能建筑能源消耗比传统商务楼节省30%以上。在绿色节能商务楼中办公，不仅意味着为自己节省办公成本，更是减轻环境污染，实现人与自然和谐发展的重要举措，也是调整房地产业结构、转变经济增长方式、促进经济结构调整的迫切需要。

第九章

绿色环保的地基处理技术——孔内深层强夯

一、概述

强力夯实法（简称强夯法）是将很重的夯锤（一般为 50kN～400kN，目前国外最重的为 2000kN）起吊到很高的高处（一般为 6m～30m）自由落下，对土进行强力夯实，以提高其强度、降低其压缩性的一种地基加固方法。这是在重锤夯实法的基础上发展起来而又与重锤夯实法迥然不同的一种新的地基加固方法，而孔内深层强夯又与强夯法不同，它是一种绿色环保的地基处理技术。

强夯法起源于法国，1969 年首先用于法国戛纳附近芒德利厄海边 20 来幢八层楼居住建筑的地基加固工程。现场的地质条件表层 4m～8m 为采石场废石弃土填海造地，以下的 15mm～20mm 为夹有高压缩性淤泥透镜体的砂质粉土，再下为泥灰岩。原拟采用桩基础，不仅桩长要长达 30m～35m，而且负摩擦所产生的荷载将占整个桩基础承载力的 60%～70%，很不经济。后改用堆土（高 5m，100kPa）预压加固，历时 3 个月，沉降仅 20cm。最后，采用强力夯实，只一遍（锤重 80kN，落距 10m，夯击能为 1200kN·m）就沉降了 50cm。房屋竣工后，基础底面压力为 300kPa，绝对沉降仅 1cm，而差异沉降可忽略不计，随即引起了人们的注意。这种方法最初用于砂砾石地基，随后又推广到饱和黏性土与冲积土地基。到 1973 年年末，已在 12 个国家 150 多项工程中获得了应用，加固面积达 140 万 m²；到 1975 年年末，共计有 200 多项工程近 300 万 m² 地基采用了这种方法进行加固；到 1978 年，已发展到有 20 多个国家 300 多项工程使用了这种方法；1979 年年末《日刊建设工业新闻》报导，用这种方法加固地基面积已多达 600 万 m²。英国一家杂志将其誉为当前最好的几项新技术之一，有的文章称之为"一种经济而简便的地基加固方法"。

强夯法自 1970 年国外使用以来迅速得到推广应用。我国从 1978 年在塘沽新港首次试用以后发展很快，北京、上海、山西、陕西等省市相继引进。不少单位通过现场和室内试验，从机理和微观结构上进行了研究分析。几年来通过应用取得了不少经验，在理论研究上也取得了可喜的成绩。但强夯法处理后的地基承载力仅在 10m～12m 左右，而孔内深层强夯法处理后的地基，地基承载力可达 300kPa 以上，最高已达到 600kPa，而地基加固深度一般在 30m 左右，最高达到 60m。

二、孔内深层强夯法的作用机理

孔内深层强夯处理技术是在综合了重锤夯实、强力夯实、钻孔灌注桩、钢筋混凝土预制桩、灰土桩、碎石桩、双灰桩等地基处理技术的基础上，吸收其长处，抛弃其缺陷，集高动能、高压强、强挤密各效应于一体，完成对软弱土层的处理。

孔内深层强夯处理技术是通过机具成孔，然后通过孔道在地基处理的深层部位进行填料，用具有高动能的特制重力锤进行冲、砸、挤压的高压强、强挤密的夯击作业，从而达到加固地基、消纳建筑垃圾和碴土的目的，使地基承载性状显著改善。这是一般地基处理技术都不具备的、具有显著特色的建筑地基处理方法。通过与其他地基处理方法的比较，可以清楚地看出"孔内深层强夯处理技术"作用机理的合理性和优越性。

对于复杂地层或有饱和软土、淤泥层的地基，为保证桩体的完整性，防止因侧向土约束力太差，导致桩体变形，也可采用其他符合桩体的填料，可在软土层段填夯素混凝土料，其他土层再改填为一般填料。

1. 与强力夯实法的比较

强夯法在我国已广泛应用，但其缺点是施工噪声大，公害显著，单位面积夯击能量小，夯击时仅是动力压密，由于存在有效区和影响区的差别，深层难以达到压密的效果，加固深度受到限制。对于有深层软弱下卧层的地基，只有增大吊车起重能力和增大吊锤重，才可奏效。由于上述各种原因，强夯法的推广使用在工程上受到一定限制，如图9-1所示。

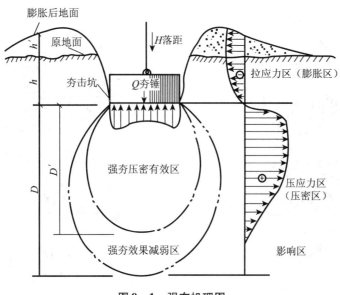

图9-1 强夯机理图

例如湖南岳阳石化原料工程，建设催化常减压生产装置，位于云溪镇沟内，此区有1主沟（2号沟）和4个支沟组成，工程地质表层为素填土，厚度5m～17.8m，为近期人工堆积而成，填土内碎石含量60%～70%，碎石粒径一般为20cm～40cm，大的超过100cm，采用分层强夯处理，下层填土厚9m，采用8000kN·m夯击能，上层厚5m，采用3000kN·m，这种分层强夯施工延长了工期，而且工程造价增加了1倍，强夯后地基承载力仅达到$f_k = 220$kPa。

又如广东某大型储油罐，地基表层为人工填石，厚度9.4m～17.9m，下层为淤泥质中粗砂两个亚层，土层厚度2m～13.3m，经6000kN·m强夯处理后，表层承载力达到300kPa，但储油罐在充水试压时发生倾斜，最大沉降达到42.1cm，最大不均匀沉降达到42.4cm，影响使用，最后进行顶升，储油罐注浆加固处理地基。类似上述实例不少，说明强夯处理后效果达不到工程要求。

孔内深层强夯处理技术是以夯击柱锤对孔内深层填料进行分层强夯或边填料边强夯的孔内柱锤深层作业。其噪声小、公害小，在质量小、压强高的特制重锤作用下，能产生几千个kN·m/m² 高压强的动能，目前常用的强夯重锤为100kN～180kN，而孔内深层强夯的锤重为200kN～400kN。由于柱锤直径小，在具有相同夯锤重和落距条件下，孔内深层强夯处理技术的单位面积夯击能量比强夯法大很多。施工时由深及浅在孔内分层填料，分层强力夯击或边填边夯，因这种方法具有高动能、高压强、强挤密作用。在深层直接加固软弱下卧层，自下而上均匀加固地基，最深可达30m，而强夯法一般有效加固深度不到10m，这是孔内深层强夯处理技术十分重要的特点之一。

孔内深层强夯处理技术的柱锤构造很有新意。它不是平面形状，而是呈尖锥杆状［图9-2（a）］或呈橄榄状［图9-2（b）］，比平面锤优越得多。夯击时，对下层填料是深层动力夯、砸、压密，对上层新填料是动力夯、砸、劈裂和强制侧向挤压。通过锤的动力夯击，在锤侧面上产生极大的动态被动土压力，锤锥土迫使填料向周边强制挤出，桩间土也被强力挤密加固。这是孔内深层强夯处理技术独具特色之二。

孔内深层强夯处理技术的处理地基自上而下都得到加固，呈均匀密实状态，而强夯加固的地基是上强下弱，有软弱下卧层时，则达不到地基加固的目的，这是孔内深层强夯处理技术特点之三。

用孔内深层强夯处理技术处理的地基密实性和均匀性都好，加固深度大、夯击能量高。同时柱锤比强夯锤质量小，对机具要求条件低，所产生的公害也小，比强夯法有很大的优越性。

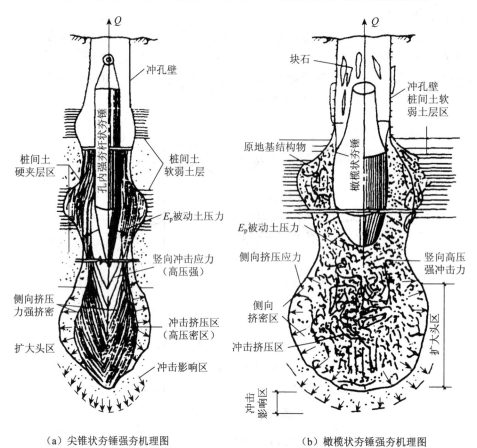

（a）尖锥状夯锤强夯机理图　　　　　　　　（b）橄榄状夯锤强夯机理图

图 9-2　孔内深层强夯的夯锤强夯机理

孔内深层强夯与强夯法对比见表 9-1。

表 9-1　强夯法与孔内深层强夯对比表

名称	强夯法与强夯置换法	孔内深层强夯法
夯锤外形		

续表 9 - 1

名称	强夯法与强夯置换法	孔内深层强夯法
锤重	10t～20t 方形或圆形夯锤	20t～40t 柱式锤
落距	10m～20m	成孔直径 1.4m～3.0m
单击夯击能	3000kN·m～8000kN·m	处理后复合地基承载力可达 600kPa
适用土层	处理碎石土、砂土、低饱和的粉土与黏性土、湿陷性黄土、素填土和杂填土等地基	可处理各类土层，消纳碴土，变废为宝
加固深度	6m～10m	20m～30m
不适用土层	软土地基	各种土层均可适用

2. 与柔性加固桩的比较

双灰桩、灰土桩、砂桩、碎石桩等柔性加固桩都已广泛使用，其最大缺点是加固施工用的桩锤小、成桩的桩径小、夯击能量小、加固料要有选择性、压密效果低、对桩侧土挤密的侧压力小、桩间土被加固的效果差。加固后的复合地基，其承载性状虽然有所改善，但加载后都会发生变形或浸水有湿陷量。用这类柔性桩加固的地基，其地基承载力一般不超过原地基的 2 倍左右或接近天然地基。因此，用这些柔性桩加固的地基不适用于承受较大荷载或对沉降要求严格的重要建筑物。另外由于施工机具的限制，其处理深度也是有限的。砂石桩加固地基一览表见表 9 - 2。

表 9 - 2 砂石桩加固地基一览表

序号	工程名称	地点	工程内容	土质情况	地基处理技术	成桩直径/cm	复合地基承载力/kPa	平均沉降量/cm
1	寿春路商住楼	安徽合肥	6～8 层	杂填土	振动沉管挤密砂石桩	40～45	177～188	3～5
2	光环钢管厂	江苏徐州	24m 跨厂房	粉土	碎石桩	40～50	200	—
3	高尔夫球俱乐部	北京顺义县	2528m²	饱和细砂层	碎石桩	40	200	消除液化
4	石油外运站	山东东营	2 万立方米油罐	滨海粉质沉积黏土	碎石桩	38.5～40.5	180	16
5	太原钢铁公司	山西太原	3 号高炉工程	粉质黏土（软塑）	双管冲击砂桩	约44	330	平均18.7
6	镀锌焊管厂	江苏徐州	18m 跨原料库主轧车间	淤泥质粉质黏土	振动沉管碎石桩	50	170	1.2
7	轻工部管理干部学院	河北固安	教学楼、宿舍楼等	粉土	振动沉管碎石桩	40	>180	—
8	中石油管道局职工医院	河北廊坊	职工医院2307m²	粉质黏土	振动沉管碎石桩	40	218～300	—
9	财政厅办公楼	山西太原	7 层5480m²	饱和粉质黏土	砂桩	40	200～220	1.1～2.3
10	石榴园综合楼	广东珠海	8 层框架结构	淤泥质粉质黏土	碎石桩	54～78	>210	2.8

从表 9 - 2 可见，采用砂石桩加固地基的工程实例分析可知，桩的成桩直径小，地基加固的深度小（在 6m～8m），复合地基的承载力低（180kPa～200kPa），这类加固地基的方法，仅适用中小型工程。

灰土桩法处理深度浅，用料受限，地下有水或淤泥土不能施工，桩间土处理后效果差，承载力提高小，压缩变形量大，易发生缩颈与断桩，仅适用于一般建筑。

　　孔内深层强夯处理技术在加固地基时，采用较重夯锤，孔内加固料单位面积受到高动能、强夯击使地基土受到很高的预压应力，处理后的地基浸水或加载都不会产生明显的压缩变形，地基承载力可提高3倍~9倍。最大处理深度可达30m，桩体直径可达0.6m~2.5m，而且桩间土也受到很大的侧向挤压力，同样也被挤密加固。桩周土被挤密形成了强制挤密区、挤密区以及挤密影响区，复合地基的整体刚度均匀，这是一般柔性桩加固地基难以取得的效果，如图9－3所示。

　　由于上述各种柔性桩加固用料要比孔内深层强夯处理技术桩严格，如碎石桩、砂桩等用料不能就地取材，其工程造价必然较高。孔内深层强夯处理技术工程用料适应性大，从建筑垃圾、工业垃圾到含有块状的土夹石料、煤矸石等各种工业废料均可使用，因此孔内深层强夯处理技术具有广泛的适用性，用料可以就地取材，减少运输费用，造价会明显降低。

　　采用孔内深层强夯处理技术加固的桩体，由于采用高能量的高压夯击和动态冲、砸、挤压的强力压实和挤密作用，使桩体十分密实，在受到很大夯击能后可缓慢释放，不断对桩周土施加侧向挤压力，而桩周土受到的

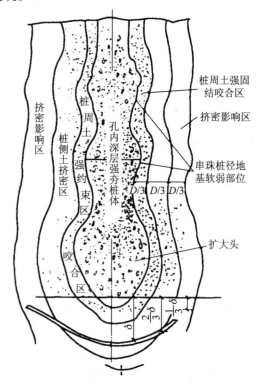

图9－3　孔内深层强夯的柱锤冲扩桩土作用机理图

侧向强力挤密应力成桩后也慢慢释放，对桩体产生很大的侧向约束"抱紧"作用，使桩体具有半刚半柔性桩的特点。对于分层地基或软硬不均土层，桩体在施工挤密过程中，会形成串球状，有利于桩与桩侧土的紧密"咬合"，增大了侧壁摩阻力，使加固后的桩与桩间土形成一个密实整体。处理后的复合地基不仅刚度均匀，而且承载性状显著改善。其桩土应力比一般为3倍~5倍，如图9－4和图9－5所示。

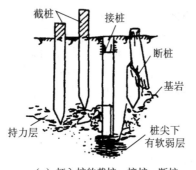

（a）打入桩的截桩、接桩、断桩及未达持力层

（b）沉管灌注桩、钻孔灌注桩的缩颈、断桩及桩尖虚土较多

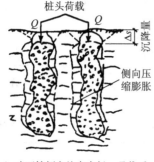

（c）碎石桩侧向约束力低，承载后压缩变形大，桩体侧向膨胀

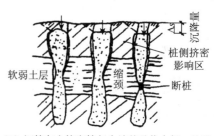

（d）沉管灰土挤密桩复合地基承载力低，处理深度浅，挤密效果差

图9－4　各类柔性桩与孔内深层强夯法的比较

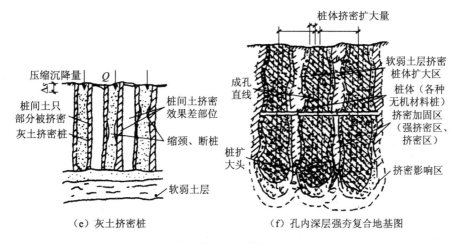

（e）灰土挤密桩　　　　　　（f）孔内深层强夯复合地基图

图 9-4（续）

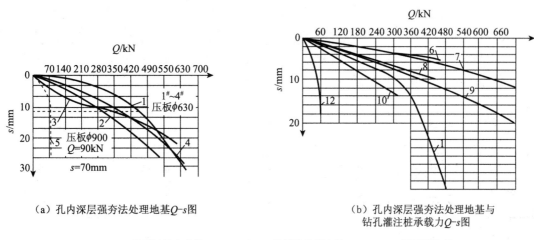

（a）孔内深层强夯法处理地基 Q-s 图　　　　（b）孔内深层强夯法处理地基与
　　　　　　　　　　　　　　　　　　　　　　　钻孔灌注桩承载力 Q-s 图

1，2，7——柱锤冲扩灰土桩；3，4，8——柱锤冲扩素土桩；5，12——原天然地基；
6，9——孔内深层强夯渣土桩；10，11——钻孔混凝土桩。

图 9-5　孔内深层强夯法处理地基素土桩、灰土桩复合地基与天然地基沉降变形的比较

3. 与刚性加固桩的比较

与钻孔混凝土灌注桩、预制桩、沉管灌注桩、桩内夯扩混凝土灌注桩以及碎石桩（CFG桩）等刚性混凝土加固桩相比，孔内深层强夯采用孔内填混凝土或其他合适加固料形成的孔内深层强夯桩，只要被加固地基具有良好的成孔条件，加固处理后地基的综合技术、经济效益好，具有上述刚性加固桩所不及的优点。打入桩施工噪声大、截桩工程量大且费工、工程造价高、打桩机污染空气。另外，混凝土灌注桩或水泥、粉煤灰、碎石桩（CFG桩）的桩身混凝土质量难于保证，桩侧土未被挤密，土对桩的约束力小，尤其是在淤泥软土地基更易发生缩颈和桩体变形、桩形不规则等缺陷，事故率较高。这类地基是靠刚性桩承载，而不是复合地基承载，其用钢量和水泥用量都比较高，工程造价比孔内深层强夯法处理地基高。

例如上海金山石油储备库 15 万 m³ 大型储罐基础采用预应力管桩 $D=600mm$，壁厚 110mm，桩长 40m~45m，桩间距 2.5m~2.8m，每台储罐基础布置了 1085 根管桩，上部设钢筋混凝土承台，厚 90cm 基础的造价等于上部钢油罐造价，即地上建一个储罐等于地下埋进一个储罐。

此外，由于混凝土灌注桩在成孔施工时，对周边土有扰动，未起到侧向挤压加固作用，混凝土硬化时收缩，使桩体混凝土与桩侧土间出现缝隙，造成桩侧摩阻力下降，尤其对以摩阻力为主要承载能力的深长桩，其承载力损失较大。相反，孔内深层强夯处理技术由于施工时不断对侧向土产生强制挤压作用，至成桩后桩侧土对桩体产生很好的"抱紧"、"咬合"作用，增大了桩与桩间土的密实性，形成了良好整体受力的复合地基，如图 9-5 所示。

4. 孔内深层强夯法处理地基与其他地基处理技术效果对比（见表9-3）。

表9-3 孔内深层强夯法处理地基技术与其他地基处理技术效果对比

序号	项目方法 / 施工方法	适应环境	公害	处理何种地基	地基处理用料	地基处理深度/m	地基处理特征	持力层条件	技术效益	对比	经济效益
1	孔内深层强夯法处理地基（渣土桩）[a] / 孔内深层强夯法处理地基	场地开阔及危房区	小	杂填土、湿陷土、各类软弱土、液化地基及特种地基	无机固体垃圾	≈30	具有强夯功能但无强夯公害[b]	无持力层	承载力明显提高，压缩变形小，消除深浅层的湿陷或液化，地基刚度均匀，解决其他技术难以解决的难题	复合地基承载力提高值为原天然地基的3倍~5倍	不用钢材、水泥，造价低，解决了无机固体垃圾的污染
2	孔内深层强夯法处理地基（灰土桩） / 孔内深层强夯法处理地基	场地开阔及危房区	小	杂填土、湿陷土、各类软弱土、液化地基及特种地基	灰土	≈30	具有强夯功能但无强夯公害[b]	无持力层	承载力明显提高，压缩变形小，消除深浅层的湿陷或液化，地基刚度均匀，解决其他技术难以解决的难题	复合地基承载力提高值的5倍~9倍	不用钢材、水泥，造价低
3	孔内深层强夯法处理地基（碎石桩） / 孔内深层强夯法处理地基	场地开阔及危房区	小	杂填土、湿陷土、各类软弱土、液化地基及特种地基	碎石（卵石）	≈30	具有强夯功能但无强夯公害[b]	无持力层	承载力明显提高，压缩变形小，消除深浅层的湿陷或液化，地基刚度均匀，解决其他技术难以解决的难题	复合地基承载力提高值为原天然地基的3倍~5倍	不用钢材、水泥，造价低
4	孔内深层强夯法处理地基（素土桩） / 孔内深层强夯法处理地基	场地开阔及危房区	小	杂填土、湿陷土、各类软弱土、液化地基及特种地基	土	≈30	具有强夯功能但无强夯公害[b]	无持力层	承载力明显提高，压缩变形小，消除深浅层的湿陷或液化，地基刚度均匀，解决其他技术难以解决的难题	复合地基承载力提高值为原天然地基的3倍~4倍	不用钢材、水泥，造价低
5	孔内深层强夯法处理地基（混凝土桩） / 孔内深层强夯法处理地基	场地开阔及危房区	小	杂填土、湿陷土、各类软弱土、液化地基及特种地基	混凝土	≈30	具有强夯功能但无强夯公害[b]	无持力层	承载力明显提高，压缩变形小，消除深浅层的湿陷或液化，地基刚度均匀，解决其他技术难以解决的难题	其承载力比钻孔混凝土桩提高2倍左右	水泥用量多

续表9-3

序号	项目方法 施工方法		适应环境	公害	处理何种地基	地基处理用料	地基处理深度/m	地基处理特征	持力层条件	技术效益	对比	经济效益
6	砂桩	振动挤密法	开阔	大	软弱地基	砂	4~15	振动挤压	无持力层	提高承载力有限，压缩变形大，消除浅层湿陷或液化，地基刚度不均	复合地基承载力提高值为原天然地基的0.5倍~1倍	不用钢材、水泥，造价低
7	碎石桩	振动挤密法	开阔	大	软弱地基	碎石	4~15	振动挤压	无持力层	提高承载力有限，压缩变形大，消除浅层湿陷或液化，地基刚度不均	复合地基承载力提高值为原天然地基的0.5倍~1倍	不用钢材、水泥，造价低
8	石灰桩	振动挤密法	开阔	大	软弱地基	生石灰、粉煤灰	4~15	生石灰膨胀挤压	无持力层	提高承载力有限，压缩变形大，消除浅层湿陷或液化，地基刚度不均	复合地基承载力提高值与原天然地基一样	不用钢材、水泥，造价低
9	强夯	强夯法	开阔	大	杂填土、湿陷土、各类软弱土、液化地基	—	4~8	动能冲击夯实	有或无持力层	深层承载力难于提高，可用于杂填土或液化土的地基处理，对含水量高的地基易造成橡皮土	复合地基承载力提高值为原天然地基的1倍~2倍	不用钢材、水泥，造价低
10	预制桩	锤击法	开阔	大	杂填土、湿陷土、各类软弱土、液化地基	钢筋混凝土	5~20	动能锤击	有或无持力层	承载力高，压缩变形小，桩间土的湿陷性、液化等难以消除	单桩承载力300kN~400kN	造价高，浪费钢材水泥，施工噪声大
11	钻孔灌注桩	钻孔法	开阔危房区	小	杂填土、湿陷土、各类软弱土、液化地基	钢筋混凝土	5~30	钻孔灌注	有或无持力层	承载力高，压缩变形小，桩间土的湿陷、液化等难以消除	单桩承载力300kN~400kN	造价高，浪费钢材水泥
12	大挖大填	换填法	开阔危房区	小	杂填土、湿陷土、各类软弱土、液化地基	素土	4~6	挖填压实	人造持力层强	承载力提高有限，大厚度提高基土的湿陷性、液化等难以消除	复合地基承载力提高值为原天然地基的0.6倍~1倍	不用钢材、水泥，综合效果不好
13	灰土挤密桩	挤密捣实	开阔	大	黄土地基	灰土	4~8	披管捣实	无持力层	承载力提高有限，仅处理一般素土或黄土地基	1倍左右	不用钢材、水泥

a 渣土：土、砂、石、碎砖瓦、废混凝土块、工业废料及其混合物等无机固体块料。

b 具有孔内深层强夯法处理地基的高动能、高压强、强挤密特征。

三、散体桩加固机理

建筑渣土桩及灰土桩的加固机理，其共同之处是对桩间土的挤密作用，但两者又有所不同，现分述如下。

1. 建筑渣土桩（即孔内深层强夯）挤密地基

湿陷性黄土属于非饱和的欠压密土，具有较大的孔隙率和偏低的干重度，这是其产生湿陷性的根本原因。试验研究及工程实践证明，若土的干重度或其压实系数达到某一标准时，即可消除其湿陷性。建筑渣土桩挤密法正是利用这一原理，向土层中挤压成孔，迫使桩孔内的土体侧向挤出，从而使桩周一定范围内的土体受到压缩、扰动和重塑，若桩周土被挤压到一定的干重度或压实系数时，则沿桩孔深度范围内土层的湿陷性就会消除。

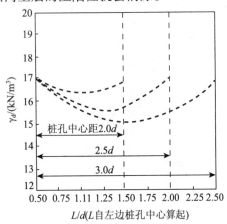

注1：场地土的 $\gamma_{d0}=17\text{kN/m}^3$，$w=21\%$。

注2：L 自左边桩孔中心算起，d 为桩孔直径。

图 9-6　同一场地不同桩距的挤密效果

在单个桩孔外围，孔壁附近土的干重度 γ_d 接近甚至超过 γ_{dmax}，压实系数 $\lambda_c \approx 1.0$，依此向外，γ_d 逐渐减小，直至其值逐渐趋于自然土的情况。若以桩孔中心为原点，"挤密影响区"即塑性区的半径为 $1.5d \sim 2.0d$（d 为桩孔直径）。但当以消除土的湿陷性为标准时，通常以 $\gamma_d \geqslant 15\text{kN/m}^3$ 或 $\lambda_c \geqslant 0.9$ 划界，确定出满足工程实用的"有效挤密区"，其半径为 $1.0d \sim 1.5d$。因此，合理的桩孔中心距离常为 $2.0d \sim 3.0d$ 范围内。群桩挤密效果试验表明，在相邻桩孔挤密区交接处的挤密效果相互叠加，桩间中心部位土的干重度会有所增大，并使桩间土的干重度变得较为均匀。图 9-6 为同一场地不同桩距的挤密试验结果，可以看出，桩距愈近叠加效应愈显著，γ_d 曲线变化愈平缓。

影响成孔挤密效果的主要因素是地基土的天然含水量（w）及干重度（γ_{d0}）。当土的含水量接近其最优含水量时，土呈塑性状态，挤密效果最佳，成孔质量良好。当土的含水量偏低 $w < (12\% \sim 14\%)$ 时，土呈半固体状态，有效挤密区缩小，桩周土挤压扰动而难以重塑，成孔挤密效果较差，且施工难度较大。当土的含水量过高 $w > 23\%$ 时，由于挤压引起的超孔隙水压力短时期难以消散，桩周土仅向外围移动而挤密效果甚微，同时桩孔容易出现缩孔、回淤等情况，有的甚至不能成孔。土的天然干重度越大，有效挤密区半径越大；反之，则挤密区缩小、挤密效果较差。如有两个场地土的天然干重度 γ_{d0} 分别为 13.6kN/m^3 和 12.5kN/m^3，而桩孔间距均采用 $2.5d$，并同样按等边三角形布桩。成孔挤密试验实测结果是：前者有效挤密半径为 $1.5d$，而后者仅为 $1.0d$；前者桩间挤密土的平均干重度 $\overline{\gamma}_{d1} = 16.0\text{kN/m}^3$，而后者 $\overline{\gamma}_{d1} = 14.0\text{kN/m}^3$。显然，在同一桩距情况下，后一场地未能满足消除湿陷性的要求，若将其桩距减小为 $2.0d$ 时，方可满足。

土桩挤密地基由桩间挤密土和分层夯填的素土组成，土桩面积约占处理地基总面积的 $10\% \sim 23\%$，两者土质相同或相近，且均为被机械加密的重塑土，其压实系数和其他物理力学性质指标也基本一致。因此，可以把土桩挤密地基视为一个厚度较大和基本均匀的素土垫层。图 9-7 左侧为土桩挤密地基在均匀荷载分布作用下，刚性压板接触压力分布的实测结果。图 9-7 中显示，土桩桩体与桩间土的接触压力并无明显差异，两者的应力分担比接近 1.0。国内外有关规范对土桩挤密地基的设计原则，如承载力的确定及处理范围的规定与验算等均与

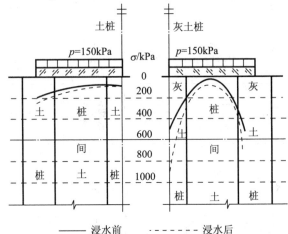

图 9-7　土桩及灰土桩挤密地基基底接触压力的分布

土垫层的设计原则基本相同，其原因即在于此。

2. 灰土桩挤密地基

（1）灰土的基本性质

石灰是一种最常用的气硬性胶凝物质，也是一种传统的建筑材料。但当熟石灰与土混合之后，将发生较为复杂的物理化学反应，其主要反应及生成物包括：离子交换作用、凝硬反应并生成硅酸钙及铝酸钙等水化物，以及部分石灰的碳化与结晶等。由此可见，灰土的硬化既具有气硬性，同时又具有水硬性，而不同于一般建筑砂浆中的石灰，灰土的力学性质决定于石灰的质量、土的类别、施工及养护条件等多种因素。用作灰土桩的灰土，其无侧限抗压强度不宜低于 500kPa。灰土的其他力学性质指标与其无侧限抗压强度 f_{cu} 有关，抗拉强度为（0.20~0.29）f_{cu}，抗剪强度为（0.20~0.40）f_{cu}，抗弯强度为（0.35~0.40）f_{cu}。灰土的水稳定性以软化系数表示，其值一般为 0.54~0.90，平均约为 0.70。若在灰土中掺入 2%~4% 的水泥时，软化系数可提高到 0.80 以上，能充分保证灰土在水中的长期稳定性，同时灰土的强度也可提高 50%~85%。灰土的变形模量为 40MPa~200MPa，但其值随应力的增高而降低。据试验分析，灰土桩顶面的应力在设计荷载下一般为（0.40~0.90）f_{cu}，超过了灰土强度的比例界限，有的甚至已达到极限强度，这是灰土桩工作的主要特点。

（2）灰土桩的变形及荷载传递规律

根据室内外试验结果分析，在竖向荷载作用下，桩长超过 6 倍~10 倍桩径的灰土桩，其变形、破坏及荷载传递规律具有以下特征：

①具有一定胶凝强度的灰土桩，受压时桩顶面的沉降主要是桩身压缩变形所致，桩身变形约为桩顶沉降量的 42%~93%，有的灰土桩，即使桩顶已被压裂，而桩底仍不产生沉降。桩身的总压缩变形约为桩顶段（1.0d~1.5d）变形量的 60%~85%。图 9-8 为不同材料桩体在桩顶均布荷载作用下，桩身分层沉降量的实测结果。在极限荷载作用下，素土桩的沉降主要发生在 2d~3d 深度范围内，与土垫层或天然地基情况相似；素混凝土桩顶面沉降与桩底沉降相差甚微，表明桩身的压缩变形很小。灰土桩介于二者之间，桩身压缩变形的深度略大于 6d。

②长度超过 6d~10d 的灰土桩，在竖向荷载作用时发生破坏的部位多数在桩顶下 1.0d~1.5d 范围内，裂缝呈竖向拉裂或斜向剪切，属脆性破坏。现场试验表明，当局部桩顶压裂后，它仍具有由灰土块体间咬合力和摩擦力构成的剩余强度，因而仍可与

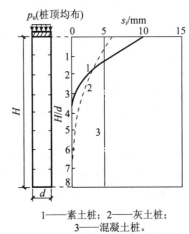

1——素土桩；2——灰土桩；3——混凝土桩。

图 9-8 各类材料桩体在极限荷载下的分层沉降量

桩间挤密土协同工作，同时由于桩顶破损的深度有限，复合地基仍可维持整体稳定性。由此可见，灰土桩的实际工作应力相对于其极限强度是比较高的，介于屈服强度与极限强度之间，灰土桩体及灰土桩挤密地基的承载力主要取决于桩身灰土的强度。

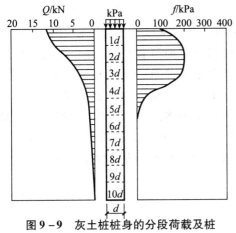

图 9-9 灰土桩桩身的分段荷载及桩周摩擦阻力的分布图

③灰土桩的荷载传递规律。图 9-9 为灰土桩在竖向荷载作用下，桩身分段与桩周摩擦阻力的测试结果。可以看出，由于灰土桩受荷时的变形特性，桩身的荷载压力急剧衰减，3d 深度处的荷载仅为桩顶荷载的 1/6 左右，6d~10d 深度以下桩身荷载已逐渐趋于零，桩身应力与桩间土的应力接近一致。桩周摩擦阻力主要产生于上部 6d 的范围内，最大摩阻力位于 2d~3d 桩段，其值高于一般混凝土桩。灰土桩在 6d~10d 深度内桩的平均摩擦阻力亦略高于混凝土桩。试验结果表明，灰土桩传递荷载的深度是有限的，其传递荷载的有效深度为 6d~10d。有效荷载传递的深度与桩径及灰土的强度成正比，而与桩周土的摩擦阻力成反比。在有效荷载传递深度以下，灰土桩的主要作用不再是分担较大的荷载，但对地

基仍有加固作用，如提高下层土的强度和变形模量等。

（3）灰土桩在挤密地基中的作用

①分担荷载。降低上层土中应力灰土桩的变形模量高于桩间土数倍至数十倍，因此在刚性基础底面下灰土桩顶的应力分担比相应增大。图9-10右侧所示为灰土桩挤密地基接触压力的分布情况，灰土桩上的应力 σ_p 已超过600kPa，而桩间土的应力 $\sigma_s = 50\text{kPa} \sim 100\text{kPa}$，应力比 $\sigma_p / \sigma_s = 6 \sim 12$，浸水后比值进一步增大。若基底平均压力增大时，桩土应力比将有所降低并趋于稳定。由于占基底面积约20%的灰土桩承担了总荷载的一半左右，其余一半荷载由占基底面积约80%的桩间土分担，从而使土的应力降低了30%左右。基底下一定范围（约2.0m～4.0m）内桩间土的应力降低，可使主要持力层内地基土的压缩变形显著减少，并可能部分或全部消除其湿陷性。某场地浸水载荷试验表明，在桩间土挤密效果较差、黄土的湿陷性尚未完全消除的情况下，土桩挤密地基在200kPa压力下的浸水湿陷量仍超过200mm，而灰土桩挤密地基的湿陷量则已基本消除。

②桩对土的侧向约束作用。灰土桩具有一定的抗弯和抗弯刚度，即使浸水后也不会明显软化，因而它对桩间土具有较强的侧向约束作用，阻止土的侧向变形并提高其强度。载荷试验结果表明，桩间土在压力达到300kPa的情况下，通常 P-s 曲线仍呈直线型，说明桩间土体仅产生竖向压缩变形，这在天然地基或土桩挤密地基中很少见到。

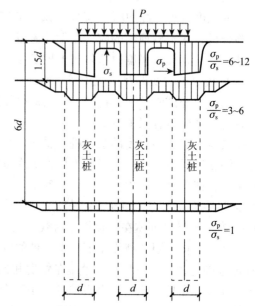

图9-10 灰土桩挤密地基的分层应力分布示意图

③提高地基的承载和变形模量。现场试验和大量工程经验证明，灰土桩挤密地基的承载力标准值比天然地基可提高1倍左右；其变形模量高达21MPa～36MPa，约为天然地基的3倍～5倍，因而可大幅度减少建筑物的沉降量，并消除黄土地基的湿陷性。

综上所述，灰土桩具有分担荷载和减少桩间土应力的作用，但其荷载有效传递的深度也是有限的，在有效深度以下桩土应力趋于一致，两者不再产生相对位移，而灰土桩加固地基的其他作用仍然存在。图9-10为灰土桩挤密地基分层桩土应力分布示意图，约在6d～10d深度以下，桩土应力已基本一致，其结果与一般垫层已无差异。因此，在确定灰土桩挤密地基的处理范围时，也可按垫层原理进行计算。

总之，孔内深层强夯形成的建筑渣土桩与灰土桩均属散体桩，其基本性状有相似之处，也有不同之处，需根据土质情况，加以分析处理。

四、复合地基的计算公式

复合地基已成为土木工程建设中常用的基础形式之一。采用复合地基可以比较充分利用自然地基和增强体两者的潜能，并且可以通过调整增强体的刚度、长度和复合地基置换率等设计参数以满足地基承载力和控制沉降量的要求，具有较大的灵活性。因此复合地基具有一定的优势。展望复合地基的发展，在复合地基计算理论、复合地基形式、复合地基施工工艺、复合地基质量检查等方面都具有较大的发展空间，都有很多工作需要做。复合地基的发展需要更多的工程实践经验的积累，需要工程记录的研究，需要理论上的探索，需要设计、施工、科研和业主单位共同努力。现将碎石桩、砂石桩、石灰桩、CFG桩（水泥粉煤灰碎石桩）、碴土桩（孔内深层强夯）的复合地基 f_{sp} 的计算公式汇总在表9-4中。

表 9-4 复合地基 f_{skp} 计算公式一览表

序号	地基处理方法	复合地基计算公式	备注及说明
1	碎石桩		m——置换率。$m = \dfrac{d^2}{d_e^2}$，d——桩身平均直径；d_e——根桩分担的处理地基面积的等效圆直径，等边三角形布桩 $d_e = 1.05S$，正方形布桩 $d_e = 1.13S$；矩形布桩 $d_e = \sqrt{S_1 S_2}$，其中，S、S_1、S_2 分别为桩间距、纵向间距、横向间距。 n——桩土应力比。 砂石桩复合地基桩土应力比 n 见下表。
2	砂石桩	1. 处理砂性土地基 $f_{spk} = [1 + m(n-1)] f_{sk}$ 2. 处理黏性土地基 $f_{spk} = [1 + m(n-1)] f_{sk}$	（同上）
3	石灰桩	$f_{spk} = [1 + m(n-1)] \alpha\beta \cdot f_{sk}$	n——桩土应力比；β——桩间土承载力发挥度，一般 $\beta = 1$；m——置换率，$m = \dfrac{\pi d_1^2}{4 S_1 S_2}$，排土成孔时，$d$——成孔桩径。土成孔时，$d_1 = (1.1\sim1.2)\,d + 30mm$；$d_1$——计算桩径，排土成孔时，一般取 $1.1\sim1.2$，淤泥等超软土取 $1.3\sim1.5$；挤土成孔时，黏性土取 $1.15\sim1.30$，饱和软黏土取 $1.1\sim1.2$，杂填土、素填土，大孔隙土经测试确定。
4	CFG（水泥粉煤灰碎石桩）	$f_{spk} = m\dfrac{R_a}{A_p} + \beta(1-m) f_{sk}$	m——面积置换率；R_a——单桩竖向承载力特征值（kPa）；β——桩间土承载力折减系数，宜按地区经验取值，如无经验时可取 $0.75\sim0.95$，天然地基承载力较高时取大值；f_{sk}——处理后桩间土承载力特征值（kPa），宜按地区经验取值，如无经验时可取天然地基承载力特征值。A_p——桩的截面积（m^2）；
5	碴土桩（孔内深层强夯）	$f_{spk} = mf_{pk} + (1-m) f_{sk}$ $m = \dfrac{d^2}{d_e^2}$	m——桩土面积置换率；d——一夯后桩身平均直径（m）；d_e——一根桩分担的处理地基面积的等效圆直径（m），等边三角形布桩 $d_e = 1.05S$，正方形布桩 $d_e = 1.13S$，S 为桩间距。f_{pk}——处理后桩体单位截面积承载力特征值（kPa）。f_{sk}——桩间土承载力特征值（kPa），当场地土质为黄土、非饱和性粉土和砂土时，宜按 $1.5\sim2.5$ 倍天然地基承载力取值；对淤泥、淤泥质土按经验取值。

砂石桩复合地基桩土应力比 n

桩类	桩间土类型	应力比 n
砂石桩	砂土、粉土	1.5~2
砂石桩	黏性土、素填土	2~3
砂石桩	软塑粘性土	3~4
碎石桩	砂土、粉土	2~3
碎石桩	填土	3~5

注：碎石桩与砂石桩复合地基为同一类型。

今后对复合地基可以认为在以下几个研究方面应予以重视：①各类地基载荷规律，应力场和位移场特性；②各类复合地基承载力和沉降计算方法及计算参数研究；③按沉降控制复合地基设计理论；④各类复合地基优化设计理论；⑤动力载荷和周期载荷作用下各类复合地基性状；⑥复合地基测试技术等。同时，与竖向增强体复合地基相比较，水平向增强体复合地基的工程实践积累和理论研究相对较少。随着土工合成材料的发展，水平向增强体复合地基工程应用肯定会得到越来越大的发展，要积极开展水平向增强体复合地基的承载力和沉降计算理论的研究。展望复合地基技术的发展，我们坚信最近几年我国在理论和工程实践两个方面都会有长足的发展。

五、孔内深层强夯的承载性状与其他地基加固方法的比较

作为地基处理新技术的孔内深层强夯法是以高动能、超压强、强挤密的机理对地基进行动力固结处理，以强夯重锤15~20吨冲击成孔，从孔底深层开始分层填碎石强夯至地面，其噪音小公害小，在质量大、压强高的重锤作用下，形成"糖葫芦"状的桩体。这种夯锤的锤高 h 远大于其夯锤直径 D（$h/D=1.5~3$），它具有聚能作用，强夯时约70%的夯击能以压缩波的形式向深处传播加固地基，只有30%左右的夯击能以瑞利波形式向四周扩散，可使夯锤下的块石向下与向四周压实形成高压强区，直接加固深层的不良下卧层，这种自下而上的孔内深层强夯加固，深度可达15m~25m，而普通强夯法的有效加固深度一般不到10m。

在加固的复杂地基中，桩体的强度要比桩间土的强度大5倍左右，在荷载作用下，桩体中的竖向应力将远远大于桩间土中的竖向应力。在夯击过程中，在桩周土侧面产生很大的动态被动压力，迫使碎石向桩周边挤出，而桩间土同时被挤密加固。

该方法具有8000kN·m"强夯"所不具备的优点，通过锥形锤"超压强"冲击成孔直至基岩或采用贯入控制至满足设计要求，其影响深度比8000kN·m强夯法大大加深，在这种复杂的地质条件下，既可以解决"强夯影响深度不够"的问题，又可以避免"橡皮土的出现"，还可以解决承载力低以及地基刚度不均的难题。由于柱锤冲扩桩法桩体由下而上超压强的固结桩体及桩间土，所以它的桩型根据地基土层强度软硬而变，一般桩呈串珠状，地基越软则桩径越大，技术效果越好。通过有效使用"超压强"夯击，能使整个场地地基经过处理后不但承载力高，变形模量大，而且刚度均匀，有效地控制了不均匀沉降，降低了工程造价。由于它的独特性对环境不造成任何污染，并可消纳渣土垃圾，这种具有绿色工程的专利技术，是其他方法所没有的。

孔内深层强夯（DDC法）的复合地基承载力形状与其他地基加固方法的比较见图9-11。

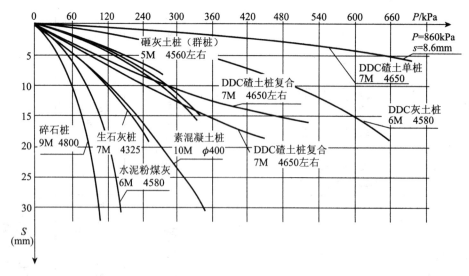

图9-11　孔内深层强夯（DDC法）与其他地基加固的复合地基 *P-S* 线比较图

从图9-11可见，碎石桩复合地基承载性状最低；水泥粉煤灰桩加固的复合地基仅高于碎石桩复合

地基；生石灰桩加固的复合地基高于水泥粉煤灰桩加固的复合地基，仅次于素混凝土桩加固的复合地基。而孔内深层强夯（DDC 法）的复合地基均高于上述各类地基加固的复合地基，说明地基处理新技术——孔内深层强夯加固处理地基的优点是非常突出的，应该在今后各类软弱地基和疑难地基的加固中推广应用。

六、工程应用实例

1. 【工程实例1】新兴大厦软弱地基孔内深层强夯处理

高层建筑物，其软弱地基的处理是学术工程界一直关注的重要课题，都希望有一个不降水、就地取材、造价低、速度快、公害小，又能获得压缩变形小、承载力高、新技术、新桩种。孔内深层强夯技术在方法、机械、机理上为高层建（构）筑物软弱地基的处理开辟了一条新途径，使西安新兴大厦获得了最佳的技术效果，最低的投资和最好的社会效益，解决了高层建筑的软弱地基处理。

（1）工程概况

15 层新兴大厦和高层住宅建于饱和黄土的软弱层上，其承载力仅有 100kPa 左右。对于这类高层、软弱地基的处理，西安地区常用的办法为钢筋混凝土静压桩。该地基想以碎石桩进行处理，但因技术效果不佳和社会环境因素未能如愿，经多方研究决定选用孔内深层强夯建筑渣土桩。

采用孔内深层强夯法建筑渣土桩处理这类饱和黄土地基（地下水位 8m），取得了很好的技术效果。其复合地基承载力 $f_k = 500kPa$，单桩承载力 $f_k = 1200kPa$，桩间土 $f_k = 420kPa$，$S/D = 0.01$（见图 9 - 12）。地基刚度均匀，在地基处理范围内，地下水全部挤出。其素土桩在无侧限条件下抗压强度 $f_k = 860kPa$ 左右，建筑渣土桩的抗压强度可用钢筋混凝土回弹仪测试。它的横截面如同树的年轮一般。与静压桩相比，采用孔内深层强夯法建筑渣土桩不但没有使用水泥，而且在住宅工程中将 6000 多立方米的无机固体垃圾"变废为宝"处理了地基。同时也消除了这些渣土对社会的污染，并节约渣土运输费约 12 万元。根据成本分析，仅高层住宅楼的地基处理费用，每平方米节约 1700 元左右（占地基面积）。该两栋高层工程经过 10 多年的使用沉降观测，其沉降量很微。

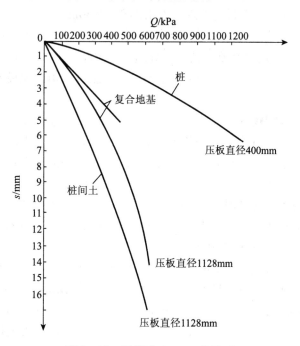

图 9 - 12　承载试验 $Q - s$ 曲线图

（2）新兴大厦 B 区素土桩桩身检验结果

受西安长城岩土工程公司委托，西安建筑科技大学土工试验室对新兴大厦 B 区素土桩桩身进行检验，以测定桩身的干重度、含水量、无侧限抗压强度及抗剪强度指标。

本次试验共完成无侧限抗压强度6件，直接剪切试验一组（4件），干重度3件，含水量3件，试验于1995年1月9日完成。试验结果如表9-5和表9-6所示。

表9-5　无侧限抗压强度试验结果

土样编号	1	2	3	4	5	6
无侧限抗压强度/kPa	712.5	600.6	862.5	637.5	723.5	696.0
干重度/（kN/m³）	15.26	15.46	15.12	15.24	15.13	15.22

表9-6　直接剪切试验结果

土样编号	样1	样2	样3	样4
干重度/（kN/m³）	15.61	15.70	15.29	15.38
正压力/kPa	100	200	300	400
抗剪强度/kPa	473.6	333.0	269.3	473.6

注：三件试样测得的含水量分别为11.3%、11.8%和12.8%，平均值为12.0%。
最后得 $C = 220$ kPa，$\varphi = 33.5°$。

2.【工程实例2】储油库地基的孔内深层强夯处理

（1）中国石油珠海物流仓储地基处理工程

1）该工程位于珠海市南水镇高栏港经济区南迳湾仓储区铁炉湾填海区，占地面积约470000m²。工程包括仓储区和配套设施区两部分。仓储区包括燃料油罐区、重油罐区、柴油罐区、汽油罐区、液体化工品罐区等；配套设施区包括应急发电站、变配电所、给水及消防加压泵站、综合办公楼、化验室、氮气站、锅炉房、汽车装配设施及污水处理场等。

场地表层普遍回填全风化强风化花岗岩碎石土及块石，填土厚度9.50m～18.50m之间，属于新近回填土。地基设计采用孔内深层强夯进行处理，夯击面积40840m²。

2）场地地质条件为素填土：黄褐色及灰白色，主要由花岗岩碎石、块石、粗砾砂堆积而成，块石粒径20cm～1m，结构较松散，均匀性差，钻进十分困难。层厚6.10m～17.50m，平均11.79m，该层在本场区陆域整体分布，厚度较大。该层岩性组成很不均匀，新近回填，粒径差异较大，未经加固处理不宜作为天然地基持力层。

中砂：灰色、灰褐色，级配较好，分选较差，含少量黏性土，含大量贝壳碎片、碎屑，偶夹粗砂、砾砂，砂粒组成以石英、长石成分为主，呈饱和、松散-中密状态，局部含有腐烂植物。层厚2.20m～9.90m，平均5.40m。在该层的上部分布有不连续的淤泥质粉砂。该层工程力学性质较好，分布较稳定，综合评定该层承载力特征值180kPa。

淤泥质粉砂：深灰、灰色，含淤泥及贝壳碎片，局部混少量细砂，含大量腐烂植物，粉砂以石英、长石成分为主，呈饱和、流动-松散状态。层厚0.50m～6.80m，平均3.40m。该层工程力学性质差，分布不均匀，综合评定该层承载力特征值80kPa。

粉砂：灰色、黄褐色，分选较好，级配差，含少量细砂、中砂，局部含有大量粉粘粒，夹有腐烂植物，砂粒组成以石英、长石成分为主，呈饱和、松散-稍密状态。层厚2.80m～17.40m，平均10.56m。

3）设计要求处理后地基承载力特征值达到300kPa，压缩模量达到25MPa。施工分五遍进行。第一遍为18000kN·m点夯，夯点的间距为10.0m，呈正方形布置，夯点的收锤标准以最后两击的平均夯沉量小于20cm控制。第二遍为18000kN·m点夯，夯点的夯击次数及收锤标准同第一遍18000kN·m点夯相同；第三遍为8000kN·m加固夯夯点，夯点的收锤标准以最后两击的平均夯沉量小于20cm控制。最后分别采用能级为3000kN·m、1000kN·m夯击能的满夯各满夯2遍，每点夯两击，要求夯锤底面积彼此搭接1/4。

4）工程于2009年1月16日开工，2009年2月28日竣工。夯后经综合检测，地基承载力、变形指标、有效处理深度均满足设计要求，处理后的地基承载力超过300kPa。

（2）中海油惠州炼油项目南厂区地基处理工程

1）该工程位于广东惠州大亚湾经济技术开发区内，东邻中海壳牌石油化工有限公司，南邻澳霞大道，厂区内总面积为170万m²，场地原始地貌为滨海，经回填形成陆域。实施孔内深层强夯的区域为南场区拟建料仓和柴油储罐地基，设计处理面积约6万m²。

2）该工程设计要求：夯后地基承载力特征值达到250kPa，变形模量15MPa，有效加固处理深度不低于10m。设计分六遍进行夯击，其中两遍12000kN·m，两遍6000kN·m，两遍2000kN·m，主夯点利用CGEl800孔内深层强夯机施工，工程造价900万元。本工程2007年2月2日开始施工，2007年4月7日竣工。

3）夯后经综合检测，地基承载力、变形指标、有效处理深度均满足设计要求，与桩基相比，采用该工法的投资为桩基方案的50%左右，且缩短工期4个月，同时为沿海填海及海滨淤泥质土地基的处理提供了参考。

（3）大连南海原油库区地基处理工程

1）该工程由6台10万m³大型原油储罐组成，设计要求有效地基处理深度15m，处理后地基承载力特征值300kPa，变形模量20MPa，工程于2006年3月12日开始试验，于2006年4月22日完成全部工程施工，工程实际施工工期40天。

2）按该工法施工，共投入3台高能级孔内深层强夯机组，处理面积6万m²，共分四遍施工，其中第一遍、第二遍为15000kN·m，第三遍为8000kN·m，第四遍满夯能级为3000kN·m，夯点间距为9m×9m，最大夯击数为25击。

3）该工程采用动力触探检测手段，对高能级强夯处理前后土层密实度变化情况予以对比，结果显示，处理后地基土各项指标均满足设计要求，充水预压沉降满足规范要求，已投入正常运营。本项目获中国石油勘察设计协会优秀勘察设计三等奖。

从上述三项储油库地基的孔内深层强夯处理工程中可以看到，处理后的地基均满足工程要求，并节省了工程造价、加快了施工进度，值得推广应用。

表9-7列出了深层强夯处理地基工程应用一览表。从表9-7中可以看出地基处理后承载力大幅度提高，地基的有效加固深度均大于10m，最深达到22m~35m。

表9-7 深层强夯处理地基工程应用一览表

序号	工程名称	施工时同	主夯能级/kN·m	施工面积/m²	工程目的或地基土性	有效加固深度	承载力特性
1	山西潞城化肥厂工程	1983年	6250	18万	消除大深度黄土湿陷性	14m	$f_k \geq 280kPa$
2	河南三门峡火力发电厂	1992年	8000，6500	9.3万	消除深度18m的黄土湿陷性	15m	$f_k \geq 350kPa$
3	大连西太平洋石油化工罐区工程	1993年	7200	1万	处理山区非均匀块石和粉质黏土回填地基	12m	$f_k \geq 350kPa$ $E_0 \geq 25Mpa$
4	山西河津电厂地基处理	1993年	8000		消除15m~20m厚黄土的湿陷性	15m	$f_k \geq 450kPa$
5	惠州马鞭洲油罐区原油码头及配套工程	1995年	8000+8000	8万	处理炸岛开山的大块石和碎石填海地基，填方深度19m	24m	双层强夯 $f_k \geq 300kPa$
6	秦皇岛输油泵站罐区原油10万立方米贮罐工程	1995年	8000	1万	处理山区非均匀块石回填地基	10m	$f_k \geq 350kPa$ $E_0 \geq 25Mpa$
7	北京燕山石化扩建工程强夯	1995年	6000	5万	处理山区高填方非均匀大块石和碎石地基，三层强夯	21m	$f_k \geq 400kPa$
8	惠州威宏仓储储油库罐区工程	1996年	8000	1.5万	处理爆破开山抛石填海夹淤泥质土地基	12m	$f_k \geq 250kPa$
9	贵州瓮福磷肥重钙工程	1996年	8000，6000	15.3万	处理山区非均匀块石回填地基	17m	$f_k \geq 250kPa$

续表 9-7

序号	工程名称	施工时同	主夯能级/kN·m	施工面积/m²	工程目的或地基土性	有效加固深度	承载力特性
10	岳阳石油化工总厂原料工程厂区地基强夯工程	1996年	8000+8000	11万	处理山区非均匀碎石和粉质黏土回填地基，填土厚17.8m	17m	$f_k \geqslant 350$kPa
11	山西电力公司阳城电厂	1997年	6250	5万	大深度湿陷性黄土地基	11m	$f_k \geqslant 250$kPa
12	山西焦化集团焦炉易地改造工程	1997年	8000	6万	加固处理湿陷性黄土地基，强夯处理总面积12万平方米	12m	$f_k \geqslant 350$kPa
13	洛阳石化总厂化纤工程	1998年	8000.6030	4.6万	消除黄土湿陷性的不均匀性	14.5m	$f_k \geqslant 250$kPa
14	大连西太平洋石油化工新增原油罐区工程	1999年	8000	7万	结构疏松的粉质黏土填土，半开挖半回填的不均匀地基	17m	$f_k \geqslant 320$kPa 局部双层强夯
15	山西太原呼延净水厂	1999年	8000	8万	加固处理湿陷性黄土地基	14m	$f_k \geqslant 400$kPa
16	广西防城港九、十泊位码头陆域工程	1999年	8000	7万	吹填海砂地基，厚度5m~10m，沉降量沉降差均要求小于2cm	10m	$f_k \geqslant 260$kPa
17	青岛奥里油中转油库	2000年	8000	3.2万	处理杂填土含淤泥夹层地基	12m	$f_k \geqslant 350$kPa
18	青岛港八号码头堆场护岸修复工程	2000年	8000	6.3万	处理人工杂填土和滨海相淤泥质沉积土	16m	$f_k \geqslant 250$kPa
19	温州重交沥青原油罐区	2001年	8000	2.6万	处理开山碎石夹块石地基	13m	$f_k \geqslant 300$kPa
20	青岛重交沥青原油库	2001年	8000	3万	处理大厚度人工填土地基	10m	$f_k \geqslant 300$kPa
21	兰州-成都-重庆输油管道工程重庆末站地基	2001年	8000+8000	7万	半开挖、半回填的不均匀地基，填土厚度15m	22m	双层强夯 $f_k \geqslant 250$kPa
22	青岛益佳阳鸿原油库	2002年	8000	2.6万	处理大厚度人工填土地基	12m	$f_k \geqslant 300$kPa
23	大连港矿石专用码头地基	2002年	8000	21.45万	半开挖、半回填的不均匀地基，爆破碎石填土厚度超过30m	35m	三层强夯 $f_k \geqslant 300$kPa
24	惠州市大亚湾华德石化有限公司增建原油库及配套设施项目地基处理	2002年	8000,6000	16.24万	半开挖、半固填的不均匀地基，爆破填土厚度超过12m，需加固深度17m，变形要求严格	18m	$f_k \geqslant 250$kPa $E_0 \geqslant 25$Mpa

（4）大连西太平洋 10 万 m³ 油罐

该油罐建在大连开发区新港，强风化辉绿岩的山坡上，总高约 20 多米，基岩"深浅不一"、"软硬不均"、"飘石多见"，"局部有裂隙水"使土壤处于饱和状态，地基处理厚度约 8m ~ 16m 之间，廊坊管道局设计院原设计为"桩基"或"分层强夯"处理，但因桩的承载力不均及"强夯"会出现橡皮土，经专家几次讨论，确定以孔内深层强夯技术进行处理。

通过孔内深层强夯"碎石混土桩"处理后的地基，"桩"的承载力为 1400kPa，"复合地基"承载力为 600kPa ~ 700kPa，"桩间土"承载力为 400kPa ~ 500kPa，复合地基"变形模量"E = 40MPa ~ 50MPa。处理后的地基技术效果达到"地基刚度均匀"、"承载力高"、"压缩变形小"的设计要求。

经过沉降观测：以孔内深层强夯处理的地基，地基刚度均匀，沉降量很微约 1cm ~ 2cm，约为规范值的 1/30。完全满足了这类"甲类工程设计"的要求。这一技术效果，显示了孔内深层强夯技术处理疑难地基的突出特征。

该成果的取得，受到了西太平洋石化有限公司、大连市市长等领导的好评，并受到学术，工程界的普遍重视。

七、结语

采用孔内深层强夯法处理地基，可适用于素填土、建筑垃圾、杂填土、砂土、粉土、黏性土、湿陷性黄土、淤泥质土等地基的处理。

处理后的复合地基承载力可达 300kPa ~ 600kPa，地基的加固深度可达 30m。其孔内深层强夯后形成的灰土桩剖面图可见图 9 – 13。

图 9 – 13　孔内深层强夯后形成的灰土桩剖面图

所谓绿色环保的处理地基技术是采用素土、砂土、碎石、建筑固体垃圾、工业废料、灰土、混凝土及其他的非腐蚀性混合物，以及对地下水无污染的材料都可作为桩体填料。

孔内深层强夯法处理地基的设计应根据工程类别、场地条件、周边环境和上部结构设计对地基处理的深度、承载力、沉降变形等要求进行比选后确定。

附录1：

绿色低碳重点小城镇建设评价指标（试行）

类型	项 目	指 标	总分	评分方法
一、社会经济发展水平（10分）	1. 公共财政能力	(1) 人均可支配财政收入水平/%	2	与所在市（县、区）平均值比较：<110%，0分，每高10%加0.5分，直至满分2分
	2. 能耗情况	(2) 单位GDP能耗	2	与所在省（区、市）平均值比较：比值>1时0分，比值为1时0.5分，比值每减0.1加0.5分，直至满分2分
	3. 吸纳就业能力	(3) 吸纳外来务工人员的能力/%	2	暂住人口与镇区户籍人口相比，比值为1时，2分，比值每减0.1扣减0.5分，扣完为止
	4. 社会保障	(4) 社会保障覆盖率/%	2	100%时2分，每降低10%扣0.5分，扣完为止
	5. 特色产业	(5) 本地主导产业有特色、有较强竞争力的企业集群，并符合循环经济发展理念	2	优良，2分；一般，1分；较差，0分
二、规划建设管理水平（20分）	6. 规划编制完善度	(6) 镇总体规划在有效期内，并得到较好落实，规划编制与实施有良好的公众参与机制	2	优良，2分；一般，1分；有总体规划，但其他方面较差，0分；无总体规划，一票否决
		(7) 镇区控制性详细规划覆盖率	2	≥100%，2分；60%~80%，1分；<60%，0分
		(8) 绿色低碳重点镇建设整体实施方案	1	有，1分；—；无，0分
	7. 管理机构与效能	(9) 设立规划建设管理办公室、站（所），并配备专职专业规划建设管理人员，基本无违章建筑	2	机构人员齐全且基本无违章建筑，2分；机构或人员不齐全，1分；既无机构也无人员或明显存在违章建筑，0分
	8. 建设管理制度	(10) 制定规划建设管理办法、城建档案、物业管理、环境卫生、绿化、镇容秩序、道路管理、防灾等管理制度健全	2	7项具备，2分；4项具备，1分；3项以下，0分
	9. 上级政府支持程度	(11) 县级政府对创建绿色低碳重点镇责任明确，发挥领导和指导作用，进行了工作部署，并落实了资金补助	4	部署明确、工合理并落实了资金补助，4分；部署明确、并落实资金补助，3分；部署明确但工合理但资金未落实补助资金，1分；无部署，一票否决

类型	项目	指标	总分	评分方法		
二、规划建设管理水平（20分）	10. 镇容镇貌	(12) 居住小区和街道：无私搭乱建现象	1	优秀，1分	良好，0.5分	一般，0分
		(13) 卫生保洁：无垃圾乱堆乱放现象，无乱泼、乱贴、乱画等行为，无直接向江河湖泊排污现象	2	优秀，2分	良好，1分	一般，0分
		(14) 商业店铺：无违规摆设，占道经营现象；灯箱、广告、招牌、霓虹灯、门楼装璜，门面装饰等设置符合建设管理要求	2	优秀，2分	良好，1分	一般，0分
		(15) 交通与停车管理：建成区交通安全管理有序，车辆停靠管理规范	2	优秀，2分	良好，1分	一般，0分
三、建设用地集约性（10分）	11. 建成区人均建设用地面积	(16) 现状建成区人均建设用地面积（m^2/人）	2	≤120，2分	120～140，1分	>140，0分
	12. 工业园区土地利用集约度（注：无工业园区此项不评分）	(17) 工业园区平均建筑密度	1	≥0.5，1分	0.3～0.5，0.5分	<0.3，一票否决
		(18) 工业园区平均道路面积比例/%	1	≤25%，1分	20%～25%，0.5分	>25%，0分
		(19) 工业园区平均绿地率/%	1	≤20%，1分	20%～30%，0.5分	>30%，0分
	13. 行政办公设施节约度	(20) 集中政府机关办公楼人均建筑面积（m^2/人）	2	≤18，2分	>18，0分，一票否决	
		(21) 院落式行政办公区平均建筑密度	2	≥0.3，2分	0.2～0.3，1分	<0.2，一票否决
	14. 道路用地适宜度	(22) 主干路红线宽度/m	1	宽度≤40，1分	宽度40～60，0.5分	宽度>60，0分
四、资源环境保护与节能减排（26分）	15. 镇区空气污染指数（API指数）	(23) 年API小于或等于100的天数/d	1	≥300，1分	≥240，0.5分	<240，0分
	16. 镇域地表水环境质量	(24) 镇辖区水Ⅳ类及以上水体比例/%	1	≥50%，1分	30%～50%，0.5分	<30%，0分
	17. 镇区环境噪声平均值	(25) 镇区环境噪声平均值/[dB（A）]	1	<56，1分	56～60，0.5分	>60，0分
	18. 工矿企业污染治理	(26) 认真贯彻执行环境保护政策和法律法规，辖区内无滥垦、滥伐、滥采、滥挖现象	1	无，1分	轻微，0.5分	严重，0分
		(27) 近三年无重大环境污染或生态破坏事故	1	无，1分	—	有，一票否决

类型	项目	指标	总分	评分方法		
四、资源环境保护与节能减排（26分）	19. 节能建筑	(28) 公共服务设施（市政设施、公共服务设施，公共建筑）采用节能技术	3	3项设施全采用，3分	有1项采用，1分	无，0分
		(29) 新建建筑执行国家节能或绿色建筑标准，既有建筑节能改造计划并实施	1	两项均有，1分	有一项，0.5分	无，0分
	20. 可再生能源使用	(30) 使用太阳能、地热、风能、生物质能等可再生能源，且可再生能源使用户数合计占全镇区总户数的15%以上	3	3项及以上，3分	1~2项，1分	无或使用规模不达标，0分
	21. 节水与水资源再生	(31) 非居民用水全面实行定额计划用水管理	1	是，1分	—	否，0分
		(32) 节水器具普及使用比例/%	1	≥90%，1分	80%~90%，0.5分	<80%，0分
		(33) 城镇污水再生利用率/%	1	≥10%，1分	<10%，0.5分	无，0分
		(34) 镇区污水管网覆盖率/%	2	≥90%，2分	80%~90%，1分	<80%，0分
		(35) 污水处理率/%	2	≥80%，2分	60%~80%，1分	<60%，0分
	22. 生活污水处理与排放	(36) 污水处理达标排放率100%	1	是，1分	—	否，0分
		(37) 镇区污水处理费征收情况	1	收费价格大于直接处理成本，收取率可实现保本微利，1分	收费价格大于直接处理成本，收取率无法实现保本支平衡，0.5分	收费价格小于直接处理成本，0分
	23. 生活垃圾收集与处理	(38) 镇区生活垃圾收集率/%	2	≥90%，2分	70%~90%，1分	<70%，0分
		(39) 镇区生活垃圾无害化处理率/%	2	≥80%，2分	60%~80%，1分	<60%，0分
		(40) 镇区推行生活垃圾分类收集的小区比例/%	1	≥15%，1分	0%~15%，0.5分	无，0分
五、基础设施与园林绿化（18分）	24. 建成区道路交通	(41) 建成区道路网密度适宜，且主次干路间距合理	2	优秀，2分	一般，1分	较差，0分
		(42) 非机动车出行安全便利	2	良好，2分	一般，1分	较差，0分
		(43) 道路设施完善，路面及照明设施完好，雨箅、井盖、盲道等设施建设维护完好	2	优秀，2分	良好，1分	一般，0分

类型	项目	指标	总分	评分方法		
五、基础设施与园林绿化（18分）	25. 供水系统	（44）饮用水水源地达标率100%	1	是，1分	—	否，0分
		（45）居民和公共设施供水保证率/%	2	≥95%，有备用水源，2分	90%~95%，1分	<90%，0分
	26. 排水系统	（46）新镇区建成区实施雨污分流，老镇区有雨污分流改造计划	2	是，2分	—	否，0分
		（47）雨水收集排放系统有效运行，镇区防洪功能完善	2	无水患现象，2分	有部分水患，1分	雨季水患严重，0分
	27. 园林绿化	（48）建成区绿化覆盖率/%	1	≥35%，1分	—	否，0分
		（49）建成区街头绿地占公共绿地比例/%	2	7.50%，2分	25%~50%，1分	<25%，0分
		（50）建成区人均公共绿地面积/（m²/人）	2	≥12，2分	8%~12%，1分	<8，0分
	28. 建成区住房情况	（51）建成区危房比例/%	1	≤5%，1分	5%-15%，0.5分	≥15%，0分
六、公共服务水平（9分）	29. 教育设施	（52）建成区中小学校建设规模和标准达到《农村普通中小学校建设标准》要求，且教学质量好，能够为周边学生提供优质教育资源	2	优秀，2分	基本达标，1分	较差，0分
	30. 医疗设施	（53）公立乡镇医院至少1所，标准达到《乡镇卫生院建设标准》要求，且能够发挥基层卫生网点作用，能够满足居民预防保健及基本医疗服务需求	2	优秀，2分	基本达标，1分	较差，0分
	31. 商业（集贸市场）设施	（54）建成区至少拥有集中便民集贸市场1座，且市场管理规范	2	优秀，2分	一般，1分	较差，0分
	32. 公共文体娱乐设施	（55）公共文化设施至少1处：文化活动中心、图书馆、体育场（所）、影剧院等	1	4项都有，1分	1~3项，0.5分	全无，0分
	33. 公共厕所	（56）建成区公共厕所设置合理	1	合理，1分	一般，0.5分	无，0分
七、历史文化保护与特色建设（7分）	34. 历史文化遗产保护	（57）辖区内历史文化资源，依据相关法律法规得到妥善保护与管理	1	良好，1分	一般，0.5分	较差，0分
		（58）已评定为"国家级历史文化名镇"，并制定《历史文化名镇保护规划》，实施效果好	2	评定为国家级历史文化名镇，且实施效果好，2分	评定为省级历史文化名镇，实施效果一般，1分	较差，0分

类型	项　目	指　标	总分	评分方法		
七、历史文化保护与特色建设（7分）	35. 城镇建设特色	（59）城镇建设风貌与地域自然环境特色协调	1	良好，1分	一般，0.5分	较差，0分
		（60）城镇建设风貌体现地域文化特色	1	良好，1分	一般，0.5分	较差，0分
		（61）城镇主要建筑规模尺度适宜，色彩、形式协调	1	良好，1分	一般，0.5分	较差，0分
		（62）已评定为"特色景观旅游名镇"，并依据相关规划及规范进行建设与保护	1	良好，1分	一般，0.5分	较差，0分

附录 2：

中国绿色建筑一览表

序号	项目名称	地点
1	世邦魏理仕中国北京办公室	北京
2	开利北京办公室	北京
3	卡特彼勒公司北京办事处	北京
4	挪威船级社北京办公室	北京
5	HOK 建筑设计有限公司北京办公室	北京
6	穆式建筑室内设计有限公司北京办公室	北京
7	Redhat 中国办事处	北京
8	北京嘉里中心	北京
9	ACCORD21 北京总部	北京
10	可口可乐北京福田新厂区	北京
11	帝斯曼中国办事处	北京
12	华能总部	北京
13	诺基亚中国总部	北京
14	奥的斯电梯办公室	北京
15	奥的斯电梯厂房	北京
16	PW-CEA 引擎围护公司	北京
17	北京奥运村	北京
18	幸福二村	北京
19	北京朝阳区酒仙桥 18 号	北京
20	北京财富广场二号办公楼	北京
21	北京财富国际中心	北京
22	北奋融科资讯中心 B 座	北京
23	北京崇外六号地块金融商业中心项目	北京
24	北京家乐福	北京
25	中海广场	北京
26	中国国际贸易中心三期	北京
27	光华路 SOHO	北京
28	美国健赞北京中心	北京
29	芳草地写字楼	北京
30	北京赛洛城	北京
31	北京环球金融中心	北京
32	北京节能环保中心能源电力中心	北京
33	北京奥林匹克村	北京
34	中国生命研究和发展中心	北京

序号	项目名称	地点
35	Cobra 北京办公楼	北京
36	复兴门内大街 4-2 号项目	北京
37	健赞公司北京中心	北京
38	北京当代万国城	北京
39	北京沿海 – 赛洛城	北京
40	Gensler 北京办公室	北京
41	渣打银行北京分行	北京
42	北京宝马 4S 展示店	北京
43	北京中粮集团后沙峪项目	北京
44	万通天竺新新家园	北京
45	Arc8x 上海圆创设计规划咨询有限公司办公室	上海
46	DNA 上海中心	上海
47	伊顿上海办事处	上海
48	HOK 建筑设计有限公司上海办公室	上海
49	英特飞上海办公室	上海
50	庄臣泰华施中国有限公司总部	上海
51	穆式建筑室内设计有限公司上海办公室	上海
52	Mi2 建筑室内设计有限公司上海办公室	上海
53	必和必拓上海办公室	上海
54	泛太设计集团上海办公楼	上海
55	柏诚工程技术有限公司上海办事处	上海
56	罗克韦尔自动化有限公司上海办事处	上海
57	瑞安广场 25 楼	上海
58	瑞安广场 26 楼	上海
59	Square Foot International	上海
60	同济联合广场	上海
61	东方海港国际大厦	上海
62	通用电气办公楼张江二期	上海
63	可口可乐（上海）紫竹科学园区	上海
64	陶氏化学上海办事处	上海
65	汇亚大厦	上海
66	廖创兴金融大厦 29 楼	上海
67	李肇勋国际室内设计顾问有限公司	上海
68	上海绿地集团总部大楼	上海
69	天目西路 147 号	上海
70	卢湾区 65 号工程	上海
71	黄浦区 155 街坊项目	上海

序号	项目名称	地点
72	上海丁香路 778 号项目	上海
73	东方海港国际大厦	上海
74	上海富士康总部	上海
75	嘉里中心北楼	上海
76	创智天地二期	上海
77	嘉里浦东办公中心	上海
78	上海淮海中路办公楼项目	上海
79	上海节能环保产业园 B1 项目	上海
80	上海节能环保产业园 B2 项目	上海
81	上海国金中心	上海
82	上海大中里商场	上海
83	张江高科技园区，East Parcel	上海
84	中国招商银行引用卡中心	上海
85	中国招商银行办公楼	上海
86	埃克森美孚亚太中心	上海
87	通用上海高科技厂区	上海
88	大中里酒店 T3 项目	上海
89	大中里酒店 T5 项目	上海
90	大中里酒店 T6 项目	上海
91	大中里办公楼项目	上海
92	上海卢湾 107、108 地块项目	上海
93	上海妮维雅工厂	上海
94	上海斜土路 547 号	上海
95	西门子上海中心	上海
96	上海交大绿色能源实验室	上海
97	上海罗氏诊断产品（上海）有限公司	上海
98	上海浦东香格里拉酒店	上海
99	上海汇亚大厦	上海
100	贝卡尔特上海办公室	上海
101	BH Architects 上海 SOHU 办公楼	上海
102	Hassell 上海设计室	上海
103	赫曼·米勒上海家具展厅	上海
104	NBBJ 上海设计公司	上海
105	美国 JWDA 建筑设计事务所上海公司	上海
106	静安区 54A 项目	上海
107	明基 D 座建筑	上海
108	金桥宁桥路 615 号项目	上海

序号	项目名称	地点
109	浦江国际金融中心	上海
110	上海漕河泾兴园技术中心	上海
111	巴斯夫中国办公楼	上海
112	巴斯夫研发中心	上海
113	外高桥港机办公室	上海
114	穆式建筑室内设计有限公司广州办公室	广州
115	西门子广州办公室	广州
116	广州创意中心	广州
117	侨鑫集团珠江新城 1 层项目	广州
118	易道广州办公室	广州
119	玛氏食品（中国）有限公司广州分公司	广州
120	普华永道会计师事务所广州办公室	广州
121	箭牌广州办公室	广州
122	广州利通广场	广州
123	玛氏食品广州办公室	广州
124	东莞美时家具有限公司展示厅	东莞
125	东莞环球经贸中心	东莞
126	可口可乐东莞办公室	东莞
127	可口可乐佛山工厂	佛山
128	佛山萨克米机械有限公司	佛山
129	佛山岭南天地项目	佛山
130	珠海励志办公楼	珠海
131	泰格公寓	深圳
132	深圳万科中心	深圳
133	深圳铜陵雅园酒店	深圳
134	深圳中航城办公楼	深圳
135	世纪中心 1 号办公楼	深圳
136	深圳沙河世纪假日广场	深圳
137	平安国际金融中心	深圳
138	中国工程院深圳办公楼	深圳
139	深圳京基金融中心	深圳
140	深圳嘉里中心	深圳
141	飞利浦研发中心	深圳
142	杜比深圳办公室	深圳
143	天津中钢国际广场 TJ 办公室	天津
144	APS 天津工厂	天津
145	渣打（天津）科技信息营运服参有限公司	天津

序号	项目名称	地点
146	中钢国际广场	天津
147	泰达时尚广场	天津
148	罗叠亚国际马球会大酒店	天津
149	天津恒隆广场	天津
150	天津环亚国际马球会大酒店办公楼	天津
151	天津环亚国际马球会大酒店 E 幢建筑	天津
152	天津泰达 MSDG2 区项目	天津
153	波音天津工厂	天津
154	开利天津办公中心	天津
155	天津喜来登酒店	天津
156	天津高银 117 大厦	天津
157	天津高银俱乐部	天津
158	天津嘉里中心项目	天津
159	天津泰达 H2 建筑	天津
160	天津于家浦建筑	天津
161	中移动天津办公室	天津
162	AUO 天津能源中心	天津
163	重庆天地新城	重庆
164	重庆化龙桥片区 B11-I/02 地块超高层项目	重庆
165	重庆天地	重庆
166	重庆化龙桥 B11-I/02 二期	重庆
167	重庆化龙桥 B11-I/02 二期塔楼	重庆
168	重庆化龙桥 B11-I/02 三期塔楼	重庆
169	重庆千禧年建筑	重庆
170	重庆天成大厦	重庆
171	奥的斯电梯重庆工厂	重庆
172	北京银行数据服务中心	西安
173	陕西科技发展中心	西安
174	南京城开御园	南京
175	缤特力厂房	苏州
176	缤特力办公楼	苏州
177	普尔市电源苏州工厂	苏州
178	Stryker 苏州公司	苏州
179	腾飞苏州创新园	苏州
180	苏州国际金融中心	苏州
181	太湖高尔夫俱乐部之家	苏州
182	苏州大金 E-MAX 空调工厂	苏州

序号	项目名称	地点
183	Johnson and Johnson GFS 苏州工作室	苏州
184	UL-CCIC 办公楼及实验室工程	苏州
185	扬州制造设施有限公司	扬州
186	特灵空调太仓工厂	太仓
187	特灵空调太仓办公楼	太仓
188	无锡市崇安区人民中路办公楼	无锡
189	无锡节能大厦	无锡
190	无锡欧尚集团	无锡
191	EDC 昆山数据中心	昆山
192	昆山开发区工厂项目	昆山
193	昆山开发区办公楼项目	昆山
194	卡特彼勒徐州项目	徐州
195	广州摩丁散热系统	常州
196	欧美中心 EAC	杭州
197	杭州坤和中心	杭州
198	杭州来福士广场	杭州
199	西湖天地 2 期工程	杭州
200	中国湿地博物馆	杭州
201	淘宝城	杭州
202	杭州西子 United Mansion	杭州
203	杭州临平绿色科技馆	杭州
204	杭州西溪湿地生态旅游中心	杭州
205	西湖美麓酒店	杭州
206	西湖美麓度假村	杭州
207	浙江旅游展示中心	杭州
208	法国促进工商业发展总公司中国分公司杭州办事处	杭州
209	杭州西溪湿地生态家园	杭州
210	杭州钱江路庆春路办公室项目	杭州
211	西湖锦绣天地	杭州
212	宁波 PMI Shining Star 新厂房	宁波
213	济南恒隆广场	济南
214	JCI 芜湖厂房	芜湖
215	Tri-state 合肥工厂	合肥
216	合肥屯溪路 193 号	合肥
217	AREVA 武汉工厂	武汉
218	AREVA 武汉办事处	武汉
219	可口可乐武汉新厂区	武汉

序号	项目名称	地点
220	武汉天地城	武汉
221	汉东湖高新光谷·芯中心	武汉
222	武汉泛海城市广场	武汉
223	武汉天地	武汉
224	武汉天地5号楼	武汉
225	湖南铁姆肯公司	湖南
226	华远金外滩项目	长沙
227	厦门湖滨东路25号	厦门
228	厦门财富中心	厦门
229	成都凯迪克城市广场	成都
230	成都中汇广场2号楼	成都
231	EDC成都数据中心	成都
232	百事郑州工厂	郑州
233	可口可乐郑州工厂	郑州
234	乐松购物中心	哈尔滨
235	沈阳皇城恒隆广场	沈阳
236	大连沿海国际中心	大连
237	固特异轮胎中国办公室	大连
238	格特拉克办公楼	南昌
239	贵阳国际会展中心	贵阳
240	Liberty服装工厂	金泰
241	广州珠江新城	贵阳
242	百事昆明工厂	昆明
243	百事兰州工厂	兰州
244	三亚香格里拉饭店	三亚
245	三亚太阳谷高尔夫球场	三亚

编　后　语

　　环境是人类赖以生存的条件，是人类社会持续发展的基础，建筑作为能耗最大的一种人类活动，其在设计建造以及使用过程中对环境的影响是非常巨大的。

　　随着哥本哈根世界气候大会的召开，"低碳"成了一个流行词。以"节能、环保、绿色、低排放"等为特点的"绿色低碳建筑"也以一种全新的姿态高调登场。绿色低碳建筑是指在建筑材料和设备制造、施工建筑和建筑物使用的整个生命周期内，减少石化能源的使用，提高能效，降低二氧化碳排放量。目前，绿色低碳建筑已逐渐成为国际建筑界的主流趋势。一个容易被忽略的事实是：建筑在二氧化碳排放总量中几乎占了50%，这一比例远远高于运输和工业领域。因此，在发展低碳经济的道路上，建筑的"节能"和"低碳"注定成为绕不开的话题。

　　研究表明，全球建筑行业及相关领域造成了70%的温室效应，从建材生产到建筑施工，再到建筑的使用，整个过程都是温室气体的主要排放源。据统计，中国每建成$1m^2$的房屋，约释放出0.8t的碳。另外，建筑中采暖、空调、通风和照明等方面的能源都参与其中，碳排放量很大。在引领世界新潮流的低碳世博映照下的中国城市节能，却是一块"大短板"。目前，在中国城乡430多亿平方米的既有建筑中，达到节能标准的仅占5%左右，而新建筑有90%以上属于高能耗。许多强制性的建筑节能设计标准虽然制定出来，但是这些标准的执行率还比较低。不少地方追求奢华成风，大量使用远距离的高档原料（包括进口原料），造成建筑能源和建筑材料的浪费。

　　然而，对于大多数普通市民来讲，绿色建筑究竟代表了什么？它们对我们生活又将带来怎样的改变和多大的实际意义？我们又将如何判定自己身处的建筑是否"绿色"？尽管历经了以"城市，让生活更美好"的上海世博会，尽管已经见识过了电动公交车，也体验过了各种以低碳、环保为主题的世博会的各色场馆的有趣之处，但不可否认的是，大多数人对于绿色建筑的概念，似乎仍停留在太阳能光伏发电、雨水收集、少开空调节能减排等简单的认知上，而一些节能产品价格高于普通产品的事实也让"绿色"概念难以真正融入精打细算过日子的老百姓心中。

　　根据不完全统计，我国已建成符合绿色建筑标准的大约有245栋（见本书附录2和图A-1）。其中上海有69栋、北京44栋、天津20栋、江苏省23栋、广东省、浙江省各17栋、深圳12栋，上述各省市建成绿色建筑共202栋，占全国的82%。其他省市至今还没有绿色建筑案例的大有所在。

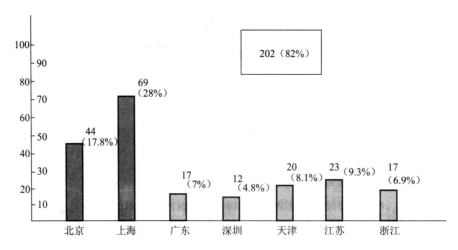

图 A-1　我国主要省市建成的绿色建筑分析图

　　回忆起13年前的1999年北京第20届UIA大会就曾指出"走可持续发展之路是以新的观念对待21世纪建筑学的发展，这将带来又一个新的建筑运动……"。时至今日，可持续发展的思想已成为人类社会的共同追求。我们作为建筑、城市和人类居住环境的设计、建设和管理者，理应肩负起历史的重任，为保护好我们的地球环境、人类的美丽家园而不懈地努力。可以预见，21世纪必将成为人类由"黑色文明"过渡到"绿色文明"的世纪。

造成目前各省市推广绿色建筑发展不平衡的原因是多方面的。我国交叉学科研究的风气不盛，很多关键问题往往无人问津，造成了从事建筑科研的人员虽然不少，可是空白的研究领域却依然很多。一些建筑在设计时盲目推崇国外不同气候区那些"能耗杀手式"的建筑模式，导致了建筑能耗的成倍增长。另外，有些开发商对建设低碳建筑不太感兴趣，主要是担心成本过高。事实上，只需增加一点点成本，甚至完全不增加成本，就可以在大多数类型的建筑中融入可持续设计的理念。事实上，低碳建筑的终极目标是节能和低排放，这里的"节"与"低"，不一定要使用很多高科技，它不仅仅是环境绿化那么简单，也不等同于造价昂贵，更不是简陋难看。因此，应尽快建设绿色低碳建筑项目，实现节能技术创新，建立建筑低碳排放体系，注重建设过程的每个环节，有效控制和降低建筑的碳排放，使建筑物有效地节能减排并达到相应的标准。毫无疑问，建筑行业必须加快发展低碳模式，直接或间接地降低能源消耗，以达到节能减排的效果，成为低碳经济时代的中流砥柱。

与发达国家相比，我国的绿色建筑发展时间较晚，无论是理念还是技术实践与国际标准还有很大的差距。虽然目前发展势头良好，在政策制度、评价标准、创新技术研究上都取得了一定的成果，各地也出现了一批示范项目，但我国绿色建筑发展总体上仍处于起步阶段，地区发展不平衡、总量规模比较小，现有的绿色建筑项目主要集中在沿海地区、经济发达地区以及大城市。目前，推动建筑节能、发展绿色建筑已成为社会共识，但绿色建筑的推广仍存在很多不利因素。

当前发展绿色建筑存在的主要问题有：

1. 认识理念仍有局限

一是不少地方尚未将发展绿色建筑放到保证国家能源安全、实施可持续发展的战略高度，缺乏紧迫感，缺乏主动性，相关工作得不到开展。二是由于发展起步较晚，各界对绿色建筑理解上的差异和误解仍然存在，对绿色建筑还缺乏真正的认识和了解，简单片面地理解绿色建筑的含义。如认为绿色建筑需要大幅度增加投资，是高科技、高成本建筑，我国现阶段难以推广应用等。关于绿色建筑真正内涵的普及工作仍然艰巨。

2. 法规标准有待完善

绿色建筑在我国处于起步阶段，相应的政策法规和评价体系还需进一步完善。国家对绿色建筑没有法律层面的要求，缺乏强制各方利益主体必须积极参与节能、节地、节水、节材和保护环境的法律法规，缺乏可操作的奖惩办法规范。

绿色建筑与区域气候、经济条件密切相关，我国各个地区气候环境、经济发展差异较大，目前的绿色建筑标准体系没有充分考虑各地区的差异，不同地区差别化的标准规范有待制定。因此，结合各地的气候、资源、经济及文化等特点建立针对性强、可行性高的绿色建筑标准体系和实施细则是当务之急。

3. 激励政策相对滞后

相对于各种法规、标准和规范的不断出台，激励优惠政策配套相对滞后。尽管目前已经实行可再生能源在建筑中规模化应用的财政补贴政策，但支持建筑节能和绿色建筑发展的财政税收长效机制尚未建立，对绿色建筑缺乏补贴或税收减免等有效的激励，很难提高企业开发绿色建筑的积极性。制度与市场机制的结合度有待提高。

对于企业来说，虽然绿色建筑更加节能与环保，从长远来说更加经济，但绿色建筑的设计与建造本身可能会增加一定的成本，加上目前消费者偏重商品房的价格、位置与安全，对于绿色建筑所体现的节能、环保、健康价值认知不够。尽管政府不断加大绿色建筑的推广力度，但企业在法律不强制、政策不优惠、受众没要求的客观环境下，限于急功近利的心态和责任意识的不足，同时考虑绿色建筑所带来的初期投资增加，多数没有自觉开发绿色建筑的动力。对于消费者来说，由于绿色建筑的建造成本通常高于普通建筑，这部分附加成本往往会转化成用户的负担，在相关税收优惠不足以抵消购房成本的增加额时，绿色建筑难以赢得绝大多数市场。因此，在绿色建筑发展初期，政府如何通过制度建设，运用有效的激励机制，充分调动各方的积极性，是目前面临的一大挑战。

4. 技术选择存在误区

在绿色建筑的技术选择上还存在误区，认为绿色建筑需要将所有的高精尖技术与产品集中应用在建筑中，总想将所有绿色节能的新技术不加区分地堆积在一个建筑里。一些项目为绿色而绿色，堆砌一些并无实用价值的新技术，过分依赖设备与技术系统来保证生活的舒适性和高水准，建筑设计中忽视自然通风、自然采光等措施，直接导致建筑成本上升，在市场推广上难以打开局面。

总之，面对全球能源危机和日趋严重的环境污染，在发展低碳经济、力推建筑节能的大背景下，绿色建筑将成为当前和未来的趋势及目标，具有广阔的发展前景。

参 考 文 献

［1］ GB/T 50378—2006 绿色建筑评价标准．中国建筑工业出版社，2006.

［2］ JGJ/T 229—2010 民用建筑绿色设计规范．中国建筑工业出版社，2011.

［3］ 中国城市科学研究会．绿色建筑 2010. 中国建筑工业出版社，2010.

［4］ 中国建筑科学研究院．中国最新绿色建筑一百案例．中国建筑工业出版社，2011.

［5］ 中国建筑学会建筑师分会建筑技术专业委员会．2008 绿色建筑与建筑新技术．中国建筑工业出版社，2008.

［6］ 深圳市标准 SJG 10—2003 深圳市居住建筑节能设计规范．2003.

［7］ 王清勤．绿色建筑评估体系简介．中国建筑节能网，2011.

［8］ 徐至钧、司炳文主编．地基处理新技术——孔内深层强夯．中国建筑工业出版社，2011.